ポリマーナノコンポジットの開発と分析技術

Development & Characterization Techniques of Polymer Nanocomposite

監修：岡本正巳
Supervisor : Masami Okamoto

シーエムシー出版

刊行にあたって

　本書の前身である『ポリマー系ナノコンポジットの新技術と用途展開』が刊行されて10年余が経過した。その間に起こったナノコンポジット分野の技術革新をまとめ，新たに情報発信する目的から，今回『ポリマーナノコンポジットの開発と分析技術』を出版することとなった次第である。

　世界規模で急速な発展を遂げた日本のオリジナルである高分子系クレイナノコンポジットは，新しい用途に展開されつつ，クレイ化学の基本原理を基軸とした新規な研究が創出され始めている。加えて，日本が先導して開発してきたカーボンナノチューブは現実的な応用開発に軸足をおいて，この25年間に着実に産業化へ向けて進展してきている。そして，植物中のセルロースナノファイバーを補強材に利用したナノコンポジット研究が勢いよく発進し，現在さらに進歩のスピードが速まっているように見受けられる。こちらも日本発のアイデアであることは特筆される。これらのアイデアを着実に産業化するところが日本人の強みであることは，読者の皆さんのよく知るところである。

　チップ増強ラマン散乱法に代表される，近年の分析手法の発展の恩恵を享受することで，ナノコンポジット研究がこれからも益々発展することが期待される。

　ナノコンポジット研究に，多くの日本の研究者，技術者が関わっている。この分野における日本の寄与は目覚ましい。本書の各章はナノコンポジット研究を広くカバーし，そのテーマにふさわしい執筆者により，わかりやすく解説されていると思われる。本書が，ナノコンポジット研究に興味を持つ方々に，少しでもお役に立つことができれば幸いである。

　最後に本書の刊行にあたり，国内外で活躍されておられるその分野での第一人者に執筆をお願いし，快くご執筆頂いたことに編集者としてあらためて深く感謝いたします。また企画，出版に関しては㈱シーエムシー出版編集部の伊藤雅英氏の熱意とご尽力に厚くお礼申し上げます。

2016年9月

岡本正巳

執筆者一覧（執筆順）

上田 一恵	ユニチカ㈱　樹脂事業部　樹脂生産開発部　部長
岡本 正巳	豊田工業大学　大学院工学研究科 高分子ナノ複合材料研究室　研究教授
棚橋　満	名古屋大学　大学院工学研究科　講師
堀内　伸	㈲産業技術総合研究所　ナノ材料研究部門 接着・界面現象研究ラボ
髙嶋 洋平	甲南大学　フロンティアサイエンス学部　助教
鶴岡 孝章	甲南大学　フロンティアサイエンス学部　講師
冨田 知志	奈良先端科学技術大学院大学　物質創成科学研究科　助教
赤松 謙祐	甲南大学　フロンティアサイエンス学部　教授
芝田 正之	大日精化工業㈱　事業開発本部　機能材開発部　部長
小池 常夫	島貿易㈱　営業第二本部　技術アドバイザー
藤井　透	同志社大学　理工学部　機械システム工学科　教授
大窪 和也	同志社大学　理工学部　エネルギー機械工学科　教授
仙波　健	㈱京都市産業技術研究所　高分子系チーム　研究副主幹
陣内 浩司	東北大学　多元物質科学研究所　計測部門　教授
西辻 祥太郎	山形大学　大学院有機材料システム研究科　助教
浅野 敦志	防衛大学校　応用科学群　応用化学科　教授
中嶋　健	東京工業大学　物質理工学院　教授
尾崎 幸洋	関西学院大学　理工学部　教授
佐藤 春実	神戸大学大学院　人間発達環境学研究科　准教授
長尾 大輔	東北大学　大学院工学研究科　教授
日髙 貴志夫	山形大学　地域教育文化学部　教授
吉本 尚起	㈱日立製作所　研究開発グループ　基礎研究センタ 主任研究員
西澤　仁	西澤技術研究所　代表
西谷 要介	工学院大学　工学部　機械工学科　准教授
川口 正剛	山形大学　大学院有機材料システム研究科　教授

目 次

【第Ⅰ編 ナノコンポジット材料の開発】

第1章 クレイナノコンポジット

1 ポリアミド系クレイナノコンポジット ……………………上田一恵… 3
 1.1 はじめに ………………………… 3
 1.2 ナイロン6クレイナノコンポジットの作製方法 ………………… 3
 1.3 ナイロン6クレイナノコンポジットの物性,特長 ……………… 4
  1.3.1 軽量で高剛性,高耐熱性 …… 4
  1.3.2 吸水特性,バリア性能 ……… 5
  1.3.3 色調 ………………………… 6
  1.3.4 成形性 ……………………… 7
  1.3.5 リサイクル性 ……………… 8
  1.3.6 物性のまとめ ……………… 8
 1.4 NANOCON® の応用例 …………… 9
  1.4.1 軽量高強度用途 …………… 9
  1.4.2 良外観用途 ………………… 9
 1.5 今後の展開 …………………… 9
2 クレイナノコンポジット材料の現状と将来展望 ……………岡本正巳… 11
 2.1 はじめに ……………………… 11
 2.2 PCN材料の構造制御と現状の技術課題 …………………………… 12
  2.2.1 高分子鎖の層間挿入 ……… 12
  2.2.2 層状有機修飾フィラーの層剥離を目的とした研究例 ……… 16
  2.2.3 完全な層剥離型PCN ……… 18
  2.2.4 メソ構造(ネットワーク)形成 … 20
  2.2.5 ポリ乳酸をベースにしたPCNにおける結晶化過程のダイナミクス ………………………… 22
  2.2.6 微細発泡体と2次加工 …… 25
  2.2.7 クレイ化学の基本原理を基軸とした新規な研究 …………… 27
  2.2.8 クレイを使った再生医療・組織工学の研究 ………………… 31
 2.3 まとめと展望 ………………… 32

第2章 無機材料ナノコンポジット

1 ポリプロピレン/親水性シリカ系ナノコンポジットの簡易調製法と機械的特性 ……………………棚橋 満… 37
 1.1 はじめに ……………………… 37
 1.2 無機ナノフィラーの表面疎水化処理フリーの有機/無機系ナノコンポジットの簡易調製法 ………… 38
  1.2.1 従来のブレンド法 ………… 38
  1.2.2 ナノフィラーの表面疎水化処理フリーの新規ブレンド法の開発戦略と概要 ………………… 39
 1.3 新規手法によるポリプロピレン/シリカ系ナノコンポジットの調製 ………………………………… 40

- 1.3.1 予備作製した易解砕性シリカナノ粒子弱集合体の特性 …… 40
- 1.3.2 溶融混練により達成されるポリプロピレン中でのシリカナノ粒子集合体の解砕・分散性 …… 42
- 1.4 親水性表面を有するコロイダルシリカが分散したポリプロピレン／シリカ系ナノコンポジットの機械的特性 …… 43
  - 1.4.1 対象コンポジット …… 43
  - 1.4.2 本系ナノコンポジットのiPP結晶化度 …… 44
  - 1.4.3 静的引張り特性 …… 45
  - 1.4.4 耐衝撃性 …… 49
- 1.5 まとめと今後の展望 …… 50
- 2 高分子／金属ナノコンポジットの構造制御と機能 ……堀内 伸…… 53
  - 2.1 はじめに …… 53
  - 2.2 昇華性金属錯体を用いたポリマー／金属ナノコンポジットの作製 …… 53
  - 2.3 高分子フィルム内部への金属ナノ粒子の集積化・パターニング …… 56
  - 2.4 金属ナノ粒子の集積化による発現機能 …… 59
  - 2.5 おわりに …… 62
- 3 金属ナノ粒子分散ナノコンポジット材料 髙嶋洋平，鶴岡孝章，冨田知志，赤松謙祐 …… 63
  - 3.1 はじめに …… 63
  - 3.2 従来プロセスでの金属ナノ粒子／ポリマーナノコンポジットの作製 …… 63
  - 3.3 ポリイミドをマトリックスとするナノコンポジットの作製 …… 64
    - 3.3.1 マトリックスしてのポリイミド …… 64
    - 3.3.2 ポリイミド樹脂の表面改質を利用する金属イオンの導入 …… 65
    - 3.3.3 水素還元処理による金属ナノ粒子の合成 …… 66
  - 3.4 ナノ粒子サイズと粒子間距離の制御 …… 67
  - 3.5 In Situ 合成法の応用 …… 68
  - 3.6 おわりに …… 69

第3章　カーボンナノチューブナノコンポジット

- 1 CNT複合導電性プラスチックナノコンポジット材料 ……芝田正之…… 71
  - 1.1 開発の背景 …… 71
  - 1.2 分散処理技術 …… 72
    - 1.2.1 分散剤処方 …… 72
    - 1.2.2 加工法 …… 72
  - 1.3 分散の評価と分散の効果 …… 74
    - 1.3.1 分散評価法 …… 74
    - 1.3.2 分散の効果 …… 76
  - 1.4 CNTナノコンポジットの応用事例 …… 77
    - 1.4.1 導電性 …… 77
    - 1.4.2 成形性 …… 77
  - 1.5 今後の展開 …… 78
- 2 CNT充填エポキシ樹脂繊維強化複合材料 ……小池常夫…… 80
  - 2.1 CNT充填エポキシ樹脂繊維強化複合材料について …… 80
  - 2.2 局在化CNT充填エポキシ樹脂繊維強化複合材料 …… 81

2.2.1 繊維織物等へのCNTグラフトによる局在化……………… 82	ブリッド化手法……………… 89
2.2.2 層間補強によるCNT/繊維ハイブリッド化手法……………… 86	2.2.4 エレクトロスピニング法によるCNT/繊維ハイブリッド化手法……………………… 90
2.2.3 電着法によるCNT/繊維ハイ	2.3 あとがき……………………… 93

第4章 セルロースナノファイバーナノコンポジット

1 CNFコンポジットの開発
　　　　　　　藤井 透,大窪和也… 96
　1.1 CNFとは ……………………… 96
　1.2 CNFの活用 …………………… 97
　1.3 エポキシ母材のCNF(物理的)変性によるCFRPの疲労寿命の向上 ……………………………… 98
　1.4 エポキシ母材のCNF変性により,なぜCFRPの疲労寿命が向上するのか？ ……………………… 99
　1.5 CNFの適量添加により,エポキシ樹脂とカーボン繊維界面の接着強度が増す ………………… 100

　1.6 CNFの活用 …………………… 102
2 CNF/熱可塑性樹脂 ……… 仙波 健… 105
　2.1 はじめに ……………………… 105
　2.2 CNFと熱可塑性樹脂混合における課題 ……………………………… 106
　2.3 セルロースの化学変性 ……… 106
　2.4 セルロースと熱可塑性プラスチックの複合化手法 ………………… 108
　2.5 変性CNFの耐熱性樹脂への適用… 109
　2.6 CNF強化樹脂材料のリサイクル特性の評価 ……………………… 111
　2.7 まとめ ………………………… 113

【第Ⅱ編　ナノコンポジット材料の分析】

第5章 電子線トモグラフィによるナノコンポジット三次元観察と解析
陣内浩司

1 はじめに …………………… 117
2 電子線トモグラフィ(TEMT)の概要と分解能 ………………… 118
　2.1 ナノフィラー含有ゴム材料の三次元観察および解析 ………… 119

　2.1.1 元素識別型電子線トモグラフィによるナノフィラーの識別… 119
　2.1.2 三次元画像の精度と定量性…… 122
　2.1.3 ナノフィラー含有ゴム材料の構造解析例 …………………… 124

第6章　超小角X線散乱法によるナノコンポジット解析　西辻祥太郎

1　はじめに ………………………… 129
2　USAXS法 ……………………… 130
　2.1　Bonse-Hartカメラ …………… 130
　2.2　放射光を用いた長距離パスカメラ
　　　　………………………………… 131
3　USAXS法による階層構造の解析 …… 132
　3.1　Bonse-Hartカメラを用いたUSAXS
　　　　測定 ………………………… 132
　3.2　長距離カメラを用いたUSAXS測定
　　　　………………………………… 134
4　さいごに ………………………… 135

第7章　固体高分解能NMR法による高分子複合材料の構造解析
浅野敦志

1　はじめに ………………………… 136
2　PMAA/PVAcブレンドとPK/PAアロイの相溶性解析 ……………………… 137
3　N6/mmt複合材料（ナノコンポジット）のモルフォロジー解析 ……………… 142
4　PVIBE/ε-PL/sapoナノコンポジットの結晶相の融点とラメラ厚 …………… 148
5　最後に …………………………… 150

第8章　ポリマー系ナノコンポジットのAFMによる弾性率マッピング
中嶋　健

1　はじめに ………………………… 152
2　AFMナノメカニカル計測 ……… 153
3　実例1　カーボンブラック充填ゴム …… 155
4　実例2　カーボンナノチューブ充填ゴム
　　………………………………………… 160
5　まとめ …………………………… 162

第9章　チップ増強ラマン散乱法　尾崎幸洋，佐藤春実

1　はじめに ………………………… 164
2　TERSの特徴 …………………… 165
3　TERS装置とチップの特性 …… 166
　3.1　TERS装置の光学配置とその特性
　　　　………………………………… 166
　3.2　チップの作製法 ……………… 167
　3.3　測定装置 ……………………… 167
4　TERSによるポリマーナノコンポジットの研究 …………………………… 168
　4.1　TERSによるポリマーナノコンポジットの研究例1 ……………… 168
　4.2　TERSによるポリマーナノコンポジットの研究例2 ……………… 173
5　終わりに ………………………… 174

【第Ⅲ編　応用】

第10章　高屈折率透明ナノコンポジット薄膜　長尾大輔

1　はじめに …………………………… 177
2　ゾル-ゲル法による結晶性BTナノ粒子の合成 …………………………… 177
3　ポリマーとの複合化のためのBTナノ粒子表面修飾 …………………… 178
3.1　ポリメタクリル酸メチルとBTナノ粒子のナノコンポジット薄膜 …… 179
3.2　ポリイミドとBTナノ粒子のナノコンポジット薄膜 ………………… 181
4　まとめ ……………………………… 183

第11章　電磁波吸収材料のナノコンポジット技術　日髙貴志夫，吉本尚起

1　はじめに …………………………… 185
2　ナノコンポジット粒子の開発 …… 186
3　電磁波吸収ナノコンポジット …… 187
4　体積抵抗率測定法 ………………… 189
5　電磁波吸収測定法 ………………… 190
5.1　空洞共振法 …………………… 191
5.2　マイクロストリップライン法 … 193
5.3　同軸管法 ……………………… 193
5.4　自由空間法 …………………… 194
6　おわりに …………………………… 195

第12章　ナノコンポジットを用いた難燃材料　西澤　仁

1　はじめに …………………………… 197
2　ナノコンポジット難燃材料とその特徴 ……………………………… 197
3　難燃材料に使用されるナノフィラーの種類と特徴 ………………… 197
4　ナノコンポジットの製造法 ……… 199
5　ナノコンポジット難燃材料の難燃機構とその特性 ………………… 201
5.1　ナノコンポジット難燃材料の難燃機構と難燃性 ………………… 201
6　難燃性ナノコンポジットの最近の研究動向 ……………………… 205
7　従来難燃系とナノフィラーの併用難燃系の研究動向 ……………… 206

第13章　ナノコンポジットを用いたトライボマテリアル　西谷要介

1　はじめに …………………………… 207
2　ナノコンポジットを用いたトライボマテリアル ………………… 208
2.1　カーボンナノファイバー充填系 … 208
2.2　ナノ炭酸カルシウム充填系 …… 211
3　多成分系複合材料 ………………… 213
3.1　多成分系複合材料のトライボロジー的性質 ………………………… 213

3.2 多成分系複合材料のトライボロジー的性質に及ぼす混練手順の影響 …… 214	4 おわりに ……………………………… 217

第14章　有機・無機ハイブリッドナノ微粒子の創成　　川口正剛

1 はじめに ……………………………… 220	3 ミニエマルション法による ZrO_2 内包高分子微粒子の合成 ………………… 230
2 微粒子集積法を用いた透明ポリメタクリル酸ブチル–ZrO_2 ハイブリッドラテックス膜の合成 ……………………… 223	4 おわりに ……………………………… 231

第I編

ナノコンポジット材料の開発

第1章 クレイナノコンポジット

1 ポリアミド系クレイナノコンポジット

上田一恵*

1.1 はじめに

　物質がナノレベルの大きさになると，特異な性質を示す例は種々報告されており，高分子の中にナノレベルのフィラーを分散させた場合にも優れた物性が得られることが知られている[1]。

　しかしながら，ナノレベルに分散させることは技術的には難しく，特に無機フィラーを高分子中にナノ分散させて量産・販売している例はまだそれほど多くない。このような状況下，我々はエンジニアリングプラスチックであるナイロン6に無機フィラーであるクレイをナノ分散させる技術を確立し，数千トン規模で生産している。

　近年では，当初に目指した用途以外に，特徴ある用途展開が進んでいる。本稿では，ナイロン6のクレイナノコンポジット作製における技術的ポイントと，その物性，さらにはその実用化例と，最近新たに展開し始めた応用例を紹介する。

1.2 ナイロン6クレイナノコンポジットの作製方法

　ナイロン6は，原料であるε-カプロラクタム（以後ε-CLと記載）を開環してアミノカプロン酸（以後6-ACAと記載）としたのち，6-ACAが脱水重縮合反応でポリマー＝ナイロン6が合成される。ナノコンポジット化工程の第一ステップとして，このε-CLと6-ACAが混在する状態でクレイと混合させる。クレイは層状シリケート（層状珪酸塩）が適しており，層間にナトリウムなどのイオンが存在すると，このイオンに替わってε-CLや6-ACAが層内に侵入する。シリケートの層間で重合が進むにつれ，層間距離が大きくなり，シリケートの1層・1層が秩序を失ってバラバラになる。最終的に1層1層バラバラになったシリケートがナイロン6中に分散した物質が得られる。シリケートの1層の厚みは約10Å＝1nmであり，厚みが1nmしかない板状のシリケートがナイロン6中に分散したクレイナノコンポジットが作製される。以上のフローを図1に模式的に示す。

　クレイを混合する以外は，通常のナイロン6の生産工程とほぼ同じであり，クレイの価格以外はあまりコストがかからない。コスト競争力のあるナノコンポジットが作製できる。

＊　Kazue Ueda　ユニチカ㈱　樹脂事業部　樹脂生産開発部　部長

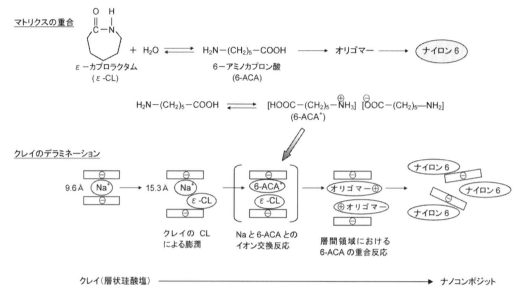

図1 ナイロン6重合とナノコンポジットナイロン6の生成様式

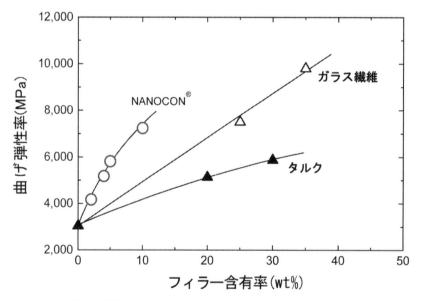

図2 強化ナイロン6のフィラー含有率と曲げ弾性率の関係

1.3 ナイロン6クレイナノコンポジットの物性，特長

1.3.1 軽量で高剛性，高耐熱性

図2に，種々の強化ナイロン6のフィラー含有量と曲げ弾性率の関係を示す。ナイロン6クレイナノコンポジットである当社のNANOCON®（ナノコン）は，フィラー量が少なくても高い

第1章 クレイナノコンポジット

表1 ナノコンポジットナイロン6 NANOCON® と各種ナイロンとの物性比較

	ISO試験法	単位	NANOCON M1030DH	PA6 + GF15	PA6 + ミネラル35%	PA6 ニート
密度	1183	g/cm^3	1.15	1.23	1.40	1.13
吸水率（23℃×50%RH 平衡）	62	%	2.8	2.4	1.8	2.8
引張強度	527-1, -2	MPa	95	120	70	80
引張伸度		%	3	3	3	45
引張弾性率		MPa	4300	5500	6400	2600
曲げ強度	178	MPa	155	170	120	100
曲げ弾性率		MPa	4500	5000	6300	2500
シャルピー衝撃強度（ノッチ有/無）	179-1eA	kJ/m^2	4/57	7/23	3/41	4/NB
荷重たわみ温度（1.8/0.45MPa）	75-1, -2	℃	140/190	190/215	130/200	60/165
線膨張係数（流れ方向）	11359-2	10^{-5}/℃	5.3	4.2	5.0	9.6
成形収縮率 3.2mmt（流れ/直角）	自社法	%	1.0/1.2	0.3-0.5/0.8-1.0	0.4/0.8	1.5/1.6

曲げ弾性率を示しており，成形品の軽量化に貢献する。また，ナノコンポジットでは，結晶化速度（特に降温時）や結晶化度も高くなるため，成形品の耐熱指標である荷重たわみ温度は，高荷重（1.8MPa）時に 140℃（非強化ナイロン6は60℃，通常無機化合物強化35%では130℃）と，高い耐熱性を示す（表1）。

この他にもクリープ特性に優れるなどの特長があり，以上のような物性から，高剛性，高耐熱性の部品の軽量化を図ることができ，種々の部品へ採用が進んでいる。

1.3.2 吸水特性，バリア性能

ナイロン6の欠点として，吸水率が高く，吸水後の強度物性低下が大きいことや寸法安定性が悪いと言ったことが挙げられる。当社のNANOCON®は，無機の結晶構造を持つシリケートが板状で高分子中に分散していることから，シリケートが邪魔板となって，水がナイロン中を拡散する速度を低下させる。図3には種々の強化ナイロン6について，吸水率と寸法変化率，吸水時間と吸水率の関係を示す。ナノコンポジットでは吸水時間が長くかかること，吸水しても寸法変化率が低いことが特長であり，従来のナイロン6の欠点をカバーしている。

水と同様に，各種のガスや，液体類に対するバリア性にも向上がみられる。図4には，ナイロン6がよく使用される自動車用途を想定し，模擬ガソリンの透過量を測定した結果を示す。ナイロン6自体は長鎖アルキルのナイロン12等よりもバリア性が高いが，ナノコンポジットにすることで劇的な透過率の低下が見られる。シリケートによる邪魔板効果に加え，ナノコンポジットは，自由体積エネルギーがかなり低下するとの報告もあり[2]，相乗的に炭化水素系の物質に対するバリア性が向上したものと推測している。

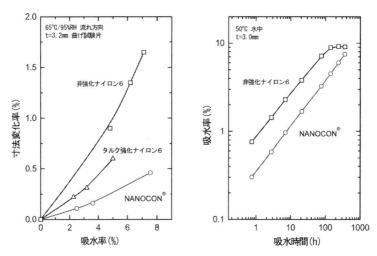

図3　強化ナイロン6のフィラー含有率と曲げ弾性率の関係

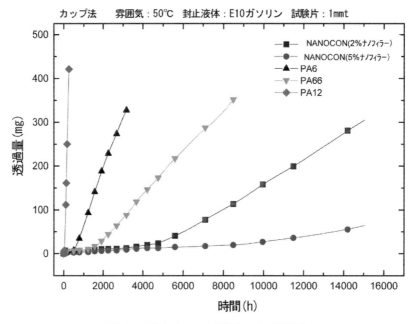

図4　各種ナイロンの模擬ガソリン透過量

1.3.3　色調

ナノコンポジットの最大の特長である，強化フィラーがナノサイズで分散していることで，成形品の表面では光が内部まで侵入して，しかも乱反射を起こしにくいこと，結晶化度が高いにもかかわらず結晶化速度が高いために結晶が微細となって，光の反射を防ぐことなどから，表面外観は非常に美麗である。顔料などを添加しなければ，半透明であり，逆に顔料などの添加時には

第1章　クレイナノコンポジット

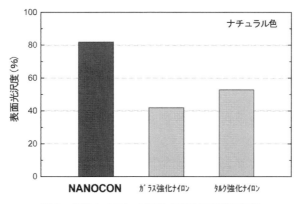

図5　各種ナイロン6射出成形品の表面光沢度

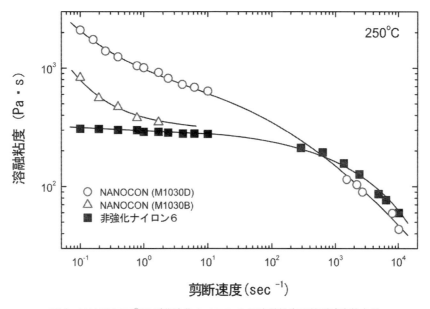

図6　NANOCON® 及び非強化ナイロン6の溶融粘度の剪断速度依存性

顔料の発色がよく，美しい外観を得ることができる。図5には表面光沢率を示す。従来の強化ナイロン6に比べて非常に高い光沢度を示す。

近年，この特長を生かしたメタリック調外観を示すグレードを上市しており，好評を博している。応用例の項目でくわしく述べる。

1.3.4　成形性

ナイロン6クレイナノコンポジットの興味深い特徴の一つに，溶融粘度が低いせん断速度領域で上昇することがある。図6にはせん断速度を変化させた時の溶融粘度を示す。非強化ナイロン6とNANOCON® を比較すると，高せん断速度領域では両者の溶融粘度は似通っているが，低

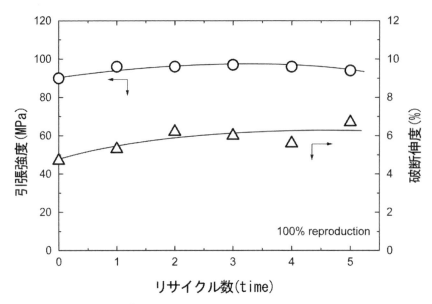

図7 NANOCON®の100%リサイクル時の繰り返し回数と引張強度変化

せん断速度領域では,NANOCON®のみ著しく増大している。この特徴は,射出成形などの成形時に,樹脂が金型内に充填される最後のせん断速度が低下したときに粘度が上昇してバリが出にくいというメリットをもたらす。工業製品においてバリが出ないと言うことは,大きな加工メリットである。

1.3.5 リサイクル性

射出成形では,不要となるランナーやスプールなどを再利用できると,原料コストを安く抑えることができて大きなメリットとなる。しかしながら,一般によく用いられているガラス繊維強化ナイロンでは,再利用時にガラス繊維が折れてしまい,初期設定の強度から低下してしまう欠点がある。一方,強化材が非常に小さいナノコンポジットの場合は,強化材が折れたり壊れたりすることがなく,何回リサイクルしても高分子が劣化しない限り強度は低下しない。リサイクル数を5回まで100%再利用したときの引張強度,破断伸度を図7に示す。ほとんど劣化は見られず,ナノコンポジットはリサイクルがしやすいと言うことが示された。

1.3.6 物性のまとめ

以上の特徴を表1に,物性一覧として,従来の強化ナイロン6と比較して示す。平衡吸水率は,従来の強化ナイロン6では無機フィラーが大量に添加されることで見かけ低下しているが,ナノコンポジットではこれまでに示したように吸水速度は低下し,吸水時の寸法変化も低目となる。

このように優れた特徴を持つナイロン6クレイナノコンポジットの応用例を次に示す。

第1章 クレイナノコンポジット

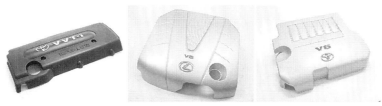

各種エンジンカバー

タイミングベルトカバー

カップホルダー

図8 ナノコンポジットナイロン6 NANOCON® の採用事例

1.4 NANOCON® の応用例

1.4.1 軽量高強度用途

図8には,軽量高強度の特徴を活かして採用された例を示す。近年,自動車の軽量化ニーズは大きく,従来金属が使用されていたものが,ガラス繊維高充填の樹脂に変わり,さらに軽量化のために NANOCON® が採用されてきている。ガラス繊維が非常にコストパフォーマンスに優れているため,すべての部品を置き換えるには至っていないが,今後も軽量化ニーズは大きいものと考えられる。

1.4.2 良外観用途

図9には,NANOCON® にアルミ顔料をコンパウンドして作製した高輝度メタリック材料の成形品の写真を示す。自動車の内装材としての採用が増えているほか,強度を活かしたインサイドドアハンドル,住宅の水回りの装飾部品など応用範囲が広がりつつある。本樹脂だけで,良好な外観が得られることから,塗装やメッキを必要としない,環境配慮マテリアルと認識いただいている。

1.5 今後の展開

ナイロン6クレイナノコンポジットは,ナノサイズのフィラーにより,軽量ながら強度や耐熱性に優れたポリマーである。意匠性にも優れ,メタリック調の色合いを出せることから塗装レス・メッキレスの加工工程にも対応して,採用を伸ばしつつある。さらに,最近ではさらにいくつかの技術を組み合わせることで,射出発泡用途への展開も目指しており,さらなる軽量化へ向けたニーズに対応しようとしている。

自動車シフトレバー部品と搭載車

図9　ナノコンポジットナイロン6　NANOCON®（メタリック調）の採用事例

　地球環境の保全に向けた様々なニーズに対応すべく，今後もさらなる応用技術の開発に取り組んでいく予定である。

文　　　献

1)　中條澄,「ポリマー系ナノコンポジットの技術動向」, シーエムシー出版（2007）
2)　L. A. Utracki, *et al, Macromolecules,* **36**(6), PP2114-2121（2003）

2 クレイナノコンポジット材料の現状と将来展望

岡本正巳*

2.1 はじめに

　世界規模で急速な発展を遂げた高分子系クレイナノコンポジット（PCN）は多機能複合材料を目指してこれまで技術発展し，実用化されてきたことは読者の皆さんのよく知るところである[1]。一方でカーボンナノチューブ（CNT）やフラーレンなどの中空ナノ粒子も，その発見以来[2]，ナノテクノロジーの基盤材料として広く研究開発の対象となってきた（図1）。クレイとCNTはともにナノサイズのフィラーとして高分子マトリックスに分散し，ナノコンポジット材料を創出してきた[1]。最近では，2つ以上の異種フィラーを組み合わせ，相乗効果を期待したナノコンポジットの研究も盛んに行われている[3~5]。例えば，水中における単層グラフェンの分散を安定させるために，クレイを巧妙に利用した報告がある[6]。19世紀に開発された鉛筆の芯の製造法がグラファイト・クレイの組み合わせの起源とされているが，それが21世紀において別の目的で再び巡り会う結果となっている。

　PCN材料は，1991年から研究がスタートし，いまも盛んに研究が推進されている。Web of Scienceによるキーワード検索（Polymer, Clay, Nanocomposite）を行うと，これまでに4200件の研究報告があり，ここ5年間では約300件の報告数で推移している（図2）。これまでに多数のPCN研究の総説や解説書が出版された[7~17]。

　ナイロン6クレイナノコンポジット[18]が世界で最初に工業化されて以来，機械的な補強材としての使用が最も一般的であった。しかし，この補強効果に加えて材料の熱変形温度も同時に改善されることから，エンジンブロック付近の金属部品に代わる材料として軽量化をもたらした（図3）。

　さらに，General Motors社も自動車用ポリプロピレン（PP）クレイナノコンポジットを発表し，高耐衝撃性と低線膨張係数を合せ持つ材料開発に成功し，Hummer H2 SUT車や，Acura TL車に搭載した[19, 20]。これらPCNを使用することで軽量化が実現でき，当時において，年間の自動車生産におけるCO_2排出が50億キログラム削減出来ると予想された（図3）[21]。

　クレイは難燃性添加剤に対してほぼ普遍的に相乗効果をもたらすことが明らかになっている[22]。このことから難燃性ポリエチレンクレイナノコンポジットが開発されて電線被覆材料として自動車に搭載された。2007年においては，自動車以外のビル建築や航空宇宙産業にも展開が始まっていたが[23]，クレイ化学の基本原理に基づく制約が，電子伝導性や熱伝導性を必要とする用途や光学的用途で使用することを妨げている。

　PCNは機械的特性，可燃特性やガスバリア性を改善する目的で今後も使用されていくと思われるが，将来的には，本当の意味での多機能性発現に焦点を当て研究しなければならない。

＊　Masami Okamoto　豊田工業大学　大学院工学研究科　高分子ナノ複合材料研究室　研究教授

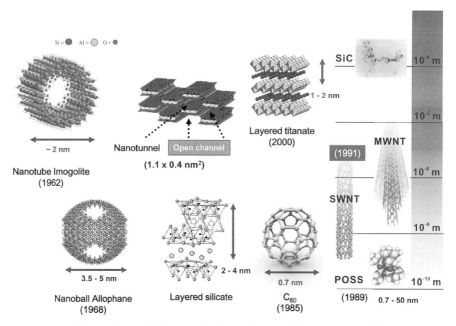

図1 ポリマー系ナノコンポジットに使われる主なナノフィラー[1]
　　（　）内の数字は発見または合成された年を表す。

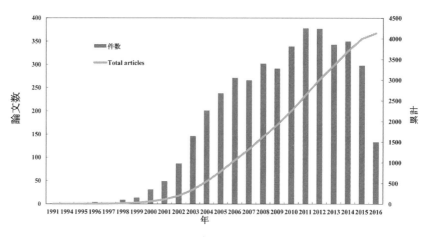

図2　Web of Science にてキーワード（Polymer, Clay, Nanocomposites）検索より抽出された過去25年間に発表されたクレイ系ナノコンポジットに関する年代別研究論文数。キーワード検索では4200件の論文がヒットした。

2.2　PCN材料の構造制御と現状の技術課題

2.2.1　高分子鎖の層間挿入

　ほとんどのナノコンポジットは二軸押出機を使った溶融混練りにて調製されている[1,7]。比較的短時間でクレイ層間に高分子鎖の挿入，閉じ込めが完了される（Melt intercalation）[24]。クレ

第1章　クレイナノコンポジット

Toyota and Mitsubishi engine covers and gasoline tank
injection-molded from PA-6/clay nanocomposite.

(d) GM's 2004 Chevrolet Impala

(c) Noble Polymers' Forte polypropylene/clay nanocomposite
seat backs for 2004 Acura TL

(e): Geoflow's linear low density polyethylene/clay nanocomposite drip emitter
for irrigation tubing ensures timed release of herbicide from the plastic.

(f): Putsch and Sud-Chemie jointly prepared Elan XP,
a compound of polypropylene and polystyrene compatibilized by clay,
which is used as an interior air vent for the Audi A4 and a Volkswagen van.

(g): Due to the good flame retardancy of polymer/clay materials,
Nexans' introduced cable jacketing nanocomposite,
the first such product for plenum cable used in office buildings.

図3　ナノコンポジットの応用例
(a)トヨタ，三菱エンジンカバー，(b)ガソリンタンク，(c)2004年 Acura TL（シートバック）に採用された PP 系ナノコンポジット，(d)2004年）Chevrolet Impala に採用された PP 系ナノコンポジット (e-g) Sud-Chemie 社などの難燃性ポリエチレン系ナノコンポジット。自動車以外の産業にも展開された。

イ層間には予めマトリックス高分子と相溶性の良好な有機カチオン（インターカラント）がイオン交換法によって挿入され，用いられている。しかし構造制御の因子としては，両者間の相溶性（エンタルピー）は重要ではないことが報告されている[25,26]。

　これまでの Melt intercalation の考え方としては，鎖のもつエントロピーバランスも支配的であるとされてきた。つまり，有機処理されたクレイへの層間挿入において高分子ランダム鎖のエントロピーは失われるが（3D→2D），有機カチオン（インターカラント）鎖のエントロピーが増大することで，結果として系全体のエントロピーは補償されていると言う考え方であった[27]。しかし現実にはクレイ（モンモリロナイト：MMT）粒子が高分散したナノコンポジットが調製できた場合でも，そのときのクレイ層間隔は，もとの値と比較して拡幅せず，むしろ縮小した結果も報告されている（後述されている，図6の⊿Opening を参照）。

　このような結果を矛盾することなく説明するにはクレイ層間におけるインターカラントのナノ構造を理解する必要があり，異なった層電荷密度を持った（無機合成された）他のナノフィラーが研究対象として取り挙げられた[28]。同時にインターカラントの分子の大きさについて，その安定構造をシミュレーションにより予測して，クレイ層間におけるインターカラントのX線回

折,熱分析結果と比較しながら検討が行われた[25,26]。

インターカラント修飾された,これら異なった層電荷密度のナノフィラーはいずれも図4に描かれたようなInterdigitated layer構造をとる[25,28~30]。

同じインターカラントを用いて修飾されても,その層内部の構造と層間隔は大きく異なる。つまり,層電荷の値が大きいナノフィラーではインターカラントは密に充填されインターカラン

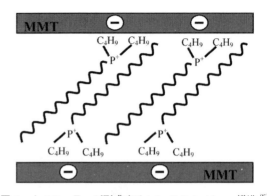

図4 ナノフィラーが形成するInterdigitated layer構造[25]

トの配向角度は大きくなり,結果として層間隔(≡インターカラントが占める厚み,Layer opening)が広がることになる。一方層電荷密度の小さなクレイ(MMT,合成マイカ:syn-FH($Na_{0.66}Mg_{2.6}Si_4O_{10}(F)_2$))では配向角度の小さなInterdigitated layer構造が優先的であることがわかり,これらの構造と挿入されているインターカラントの結晶化度(ΔH)との間には強い相関があることも見出されている[25,30]。

高分子鎖の挿入はインターカラント分子との相溶性とインターカラント分子間に存在している空隙が原因で発現するナノフィラーの毛管作用から起こると考えられている。最新の研究結果によると前者よりも後者のほうがMelt intercalationには支配的に作用していると推察される[26]。そしてInterlayer openingが小さいものほど,高分子鎖の挿入は起こりやすく,結果としてクレイ粒子が高分散したナノコンポジットを調製することができるのである[25]。Interlayer opening(つまり配向角度)が大きいと高分子鎖はインターカラントによる立体障害を受けてMelt intercalationしにくい状況が起こるものと考えられる。ここで無理にでも高分子鎖が挿入される場合は配向角度が大きく変化し,結果として層間隔の縮小が起こることになる。またたとえ拡幅してもその変化量(Δ opening)は挿入されているはずの高分子鎖の分子サイズ(PLAの場合は0.76×0.58 nm^2)と比較して小さくなる(図5)。ほとんどの研究者はこの事情を理解することなく"Melt intercalationが進行した"と論文では報告している[1,7]。ナノフィラーの層電荷密度とインターカラントの分子サイズはナノコンポジットを調製する上で最も重要なナノ構造制御因子である。初期の層間隔(Initial interlayer opening)が小さいほどMelt intercalation後の変化量が大きいことは,ナノフィラーの毛管作用がIntercalationの原因であることの証拠である。

さらに注目すべきは,挿入後の層間隔(≡インターカラントと高分子鎖が占める厚み,Final interlayer opening)である。異なる層電荷密度のナノフィラーを異なる分子サイズをもつインターカラントで修飾し,異なった高分子(7種類)をMelt intercalationさせた結果,得られたfinal interlayer openingは系によらず,およそ2 nm程度の値に落ち着いている(その結果を図6に示してある)。この理由はおそらく層間に働く力,つまり負の圧力であると考えられる。2つ

第1章 クレイナノコンポジット

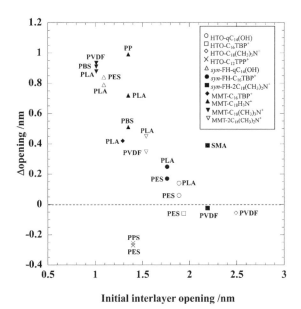

図5 様々なポリマーを melt intercalation させた結果[28]

PBS: poly(butylene succinate), PVDF: poly(vinylidene fluoride), PP: polypropylene, PLA: poly(L-lactide), PES: sulfonated poly(ethylene terephthalate) copolymer, SMA: poly[styrene-co-(maleic anhydride)], PPS: poly(p-phenylenesulfide)。各種インターカラント(N-(cocoalkyl)-N,N-[bis(2-hydroxyethyl)]-N-methyl ammonium (qC$_{14}$(OH)), octadecylammonium ($C_{18}H_3N^+$), octadecyl tri-methylammonium ($C_{18}(CH_3)_3N^+$), dioctadecyldimethylammonium ($2C_{18}(CH_3)_2N^+$), and n-octyl tri-phenyl phosphonium cations ($C_{12}TPP^+$))で修飾されているナノフィラー(HTO, syn-FH そして MMT)が用いられている。

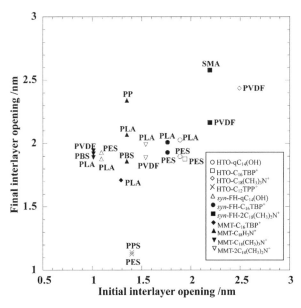

図6 様々なポリマーを melt intercalation させた場合における挿入後の層間隔[28]

の壁の間に働く界面自由エネルギーを考慮して，この圧力を見積もった結果，およそ−24 MPa（圧力損失）となり大気圧（～0.1 MPa）の20倍以上大きいことがわかった。この力によって高分子鎖のMelt intercalationは制限されていると推察される[26, 28, 31]。またMelt intercalation法では高分子が溶融しているためにずり応力は最大でも0.1 MPa程度[25]（PLAの場合では，混練温200℃に対応）となり，せん断力でナノフィラーの層を剥離させるにはかなり工夫が必要である。よってMelt intercalation法では層間挿入型ナノコンポジットは創れても，層剥離型のナノコンポジットを創ることは容易でない理由がここにある。

そこで，従来のMelt intercalation法ではない，固相状態を利用した全く新しい手法でナノフィラーを高度に分散させる技術が最近になって報告された[28, 32]。

2.2.2 層状有機修飾フィラーの層剥離を目的とした研究例

様々な特徴をもった層状有機修飾フィラー（Organically modified layered filler：OMLF）を含むPCN材料に関する研究が広く行われてきた[1, 7]。OMLFをフィラーとするPCNでは，フィラーの各層が完全に剥離してポリマーマトリックス中に分散している状態が理想的であるとされている。GardolinskiとLagaly[33]は，剥離（Exfoliation）と層剥離（Delamination）の違いについて，Exfoliationは大きな凝集体が小さな粒子に分解されることであり，Delaminationは粒子を構成する1枚1枚の層が分離する変化であると定義した（図7）。しかしながら，ポリマーマトリックス中でOMLFを完全に層剥離させることは十分には達成されておらず，依然としてナノコンポジット研究における難題となっている。このため，現在も斬新なナノコンポジット作製法の研究が進められている。

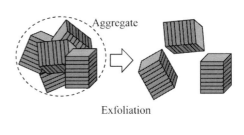

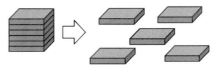

図7 剥離（exfoliation）と層剥離（delamination）の違い[33]

その中で超臨界CO_2を用いたものがある[34, 35]。マトリックスのナイロン6中に様々な有機イオンで修飾されたMMTを分散させることを目的として，タンデム型の押し出し機に超臨界CO_2を注入する実験が行われた[34]。超臨界CO_2を使用しない場合，印加された圧力はポリマーの自由体積を減少させることでポリマー鎖間の相互作用を増加させる。その結果，溶融粘度が増加することでMMTの層剥離を改良できるが，超臨界CO_2を使用した場合は溶融粘度が減少するためMMTの分散は改良されなかった。

その他の興味深いアプローチとしては，ポリマーナノコンポジットの作製中に超音波を印加するものがある。これはポリマーとMMTの溶融相に超音波を印加するものであり[36]，マトリックスの熱可塑性プラスチック中におけるOMLFの層間挿入と剥離，分散を向上させる方法とし

て報告されている。PP をベースにしたポリマーナノコンポジットで同様な実験を行った例では[37]，最大出力と周波数がそれぞれ300 W と 20 kHz の超音波発生器を用いる方法が試みられている。超音波処理（100 W）の後に PP マトリックス中にケイ酸塩層が分散したと述べているが，透過型電子顕微鏡（TEM）観察結果からは超音波振動は OMLF の層剥離に対してわずかな効果しかないことがわかる。超音波振動処理についてはカーボンナノチューブ（CNT）の分散にも検討されているが，超音波振動により CNT や OMLF が損傷し破壊されることが問題になっている[38,39]。

したがって，溶融混練中の超臨界 CO_2 の注入や超音波処理では，一旦ナノフィラーの状態が決まってしまうと，ナノフィラーの分散状態が改良されない。現状では，ポリマーマトリックス中へのナノフィラーの分散は OMLF の選択に左右されているのが現実である。

これに関連し，斎藤らは Poly（p-phenylenesulfide）（PPS）をマトリックスとするポリマーナノコンポジットの創製法を報告した[28,31]。彼らの手法は，温度調節機能を持ったホットプレスを用いて，PPS と OMLF の混合粉末に PPS の融点よりも低い150℃または室温にて7-33 MPa の圧縮力を30秒間加えるものである。調製されたサンプルは，PPSマトリックス中に厚さ40-80 nm のケイ酸塩ナノフィラーが分散していた。マトリックスポリマーを固相の条件で処理することから Solid-state processing と名付けたこの手法は，ケイ酸塩層の層剥離と分散を達成可能な方法であることがわかった。Wang ら[40〜42]は，パン型ミルを用いた同様な方法（Solid-state shear processing）を報告しているが，TEM 観察結果を見る限り，PP マトリックス中でのタルクの層剥離は達成されていない。

Torkelson ら[43]は，連続処理可能な方法（Solid-state shear pulverization）によって PP マトリックス中にグラファイトを分散させることで，PP に比べて弾性率が100％増加する結果を得た。彼らは高いせん断と圧縮力を繰り返し印加することによってナノフィラーが分散したポリマーナノコンポジットを得ることができたと報告している。

剥離形ナノコンポジットを創製するための最も重要な要素は，OMLF 層間のナノ空間に作用する負の圧力（毛管力）を弱めることである。毛管力を弱めることは，OMLF とポリマーの効果的な混練を制御し層剥離を達成するために非常に重要な役割をもつ。Solid-state processing はナノ空間の毛管力を弱め，層状フィラーを層剥離させる革新的な技術になりうる。OMLF の層剥離が成功すればポリマーナノコンポジットの応用範囲は格段に広がることが期待される。

斎藤らは PP パウダー（平均粒径約 $5\mu m$，融点151℃）と（tri-n-butyl phosphonium（C_{16}TBP）カチオンにて修飾された）OMLF の混合粉末（重量比95：5）を作製し，混合粉末を PP の融点よりも十分に低い65℃に加熱したアルミナ乳鉢で8時間すりつぶしを行なった[32]。

Solid-state processing 前後のモルフォロジーを評価するため，180℃にて偏光顕微鏡（POM）観察を行った。図8(a)は溶融混練によって作成されたサンプルの POM 観察結果を示している。溶融混練サンプルの POM 写真からは凝集構造がはっきりと見て取れるが，8時間 solid-state processing を行ったサンプル（図8(b)）では良い分散を示しており，その高速フーリエ変換

(FFT)パターンは未処理（溶融混練）サンプルと比べて等方性を持つ弱い散乱を示す。このことはsolid-state processing中に分散しているフィラーの粒子サイズが小さくなっていることを意味している。

図9はPOMと同じサンプルのTEM写真とそのFFTパターンを示している。図中の黒い線は層状ナノフィラーの断面である。図9(a)（未処理サンプル）では約3 μmの厚さを持つ大きな凝集構造がみられる。一方，図9(b)においては，ナノメートルサイズの厚さをもった層が観察野全体に分布している。図9(c)では3-7 nmの厚さと50-200 nmの長さを持つ不規則で層剥離したケイ酸塩層がみられる（平均厚さ5.8 nm，平均長さ67 nm）。ケイ酸塩層の剥離が観察されたことは非常に興味深い。加えて，2軸混練機を用いたSolid-state processingも行っている。50℃，50 rpmで5時間の混合処理によって，ケイ酸塩層の分散モルフォロジーはアルミナ乳鉢の場合と同様な傾向を示し，OMLFの層剥離に成功している。

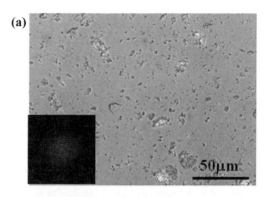

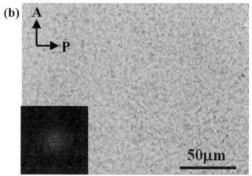

図8　偏光顕微鏡にて観察されたsolid-state processing前後のモルフォロジー変化[32]
(a)solid-state processing処理前，(b)solid-state processing処理（8時間）。図中左下には対応するフーリエ変換パターンが示されている。

これらの結果から，Solid-state processingはナノ空間中にはたらく毛管力（〜24 MPa）を克服し，ポリマーマトリックス中にOMLFを分散させうる非常に効果的な方法であることが確認された。

その他のSolid-state processing法としては古くから行なわれているBall millingがある。しかし，ミル中ではOMLFは破壊されはするものの，分散は全く改善されない。一方CNTでは，ミル中にCNTの破壊は進行するがNH_4HCO_3を介在させることで，アンモニア，二酸化炭素，水が生成してCNTのin-situアミノ化が可能となるChemo-mechanical法となる。CNTの場合は少し事情が異なる様である[44]。

2.2.3　完全な層剥離型PCN

OMLFの完全な層剥離を溶融混練だけで得ることは困難である。多くの論文では溶融混練中に部分的に剥離が起こった非常に小さな領域を観察しているにすぎない。従って，ナノ構造制御のメカニズムの理解と，ナノフィラーが個々に層剥離したナノコンポジット材料の創製という

第1章 クレイナノコンポジット

PCN研究のゴールからは遥かに遠い所に位置している。PCNにおける層状フィラーの層剥離は材料物性の改良を制御するための究極の目標である。

一方,完全な層剥離型PCNの報告は文献に数例[18,45,46]ある（図10）。いずれも重合過程から創製されている。ナイロン6をベースにしたPCN（N6C3.7：MMT量＝3.7 wt%）の重合上りのペレットから超薄切片（～80 nm）を切り出し,12-tungstophosphoric acid処理を80℃,2時間行った後にTEM観察した結果が報告されている（図10）。ナイロン6の結晶ラメラが白く細長く分散しており,そのラメラの内側に黒く線状に存在しているMMT粒子（矢印）が観察された。MMT粒子はラメラによって挟まれる形となっており,ラメラの成長は分散したMMT粒子の両側で起こっていることが観察された。クレイ層を包み込むように厚さ2 nm程度の結晶化した領域を形成している（拡大図参照）。つまりすべてのクレイが結晶化時の核形成に関与している（この様な結晶核剤は希少である）。

PCNにおいて分子動力学（Molecular dynamics：MD）シミュレーションにてナノコンポジットのクレイ界面近傍の分子鎖の運動性や界面構造が予測されている[46,47]。その結果では,クレイ界面からおよそ3 nmまでは分子鎖のセグメント運動性が極端に束縛されており[47],N6C3.7の場合,約12℃ガラス転移温度の上昇が観測されている[46]。MMT端面のSi-OH基がナイロン6分子鎖との間

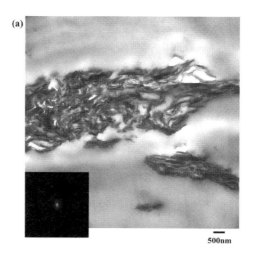

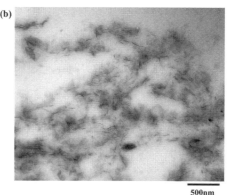

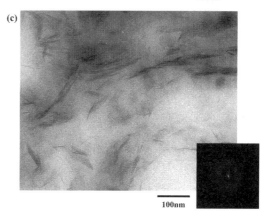

図9 透過型電子顕微鏡にて観察されたsolid-state processing前後のモルフォロジー変化[32]
(a) solid-state processing処理前,(b),(c) solid-state processing処理（8時間）。図中左下には対応するフーリエ変換パターンが示されている。

ポリマーナノコンポジットの開発と分析技術

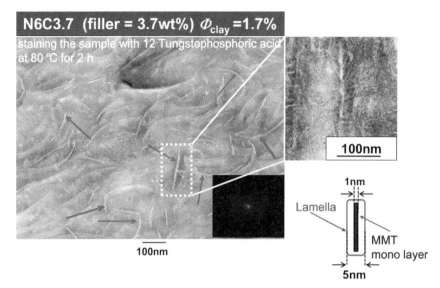

図10　ナイロン6/クレイナノコンポジットの透過型電子顕微鏡像[46]
図中右下には対応するフーリエ変換パターンが示されている。クレイ量は3.7wt%（N6C3.7）。ナイロン6のラメラ結晶が白く長く分散しておりその中に黒く線状に存在しているのが単層剥離したクレイ（厚さは1 nm）（拡大図）。単層剥離したクレイは柔らかい（平均曲率：0.008 nm^{-1}）。最近の研究ではその剛性率は2-30 GPa程度であると報告[46]。

の強力な界面相互作用を誘発していると推定され，この相互作用がナイロン6分子鎖セグメントの分子運動を束縛している。

　図中右下はTEM像のFFTパターンを示している。2次元TEM像から隣接しているフィラー間の相関距離（ζ）が測定され，その値は20 nmであった。ナイロン6の分子量に対するポリマー鎖の広がり（慣性半径：$<S^2>^{0.5}$）はおよそ9 nmであることから，ポリマー鎖のランダムコイルサイズ（$2<S^2>^{0.5}$）とζ値とはほぼ同じ大きさであることがわかる[46]。

　PCNの自由体積をPVT測定から評価してクレイとポリマーとの相互作用を考察している興味ある報告がある[48,49]。N6C1.6（MMT量＝1.6 wt%）の密度はナイロン6のそれと比較して0.88%増加しているにもかかわらず，逆に自由体積は（液体状態で）14%も低下していることが報告されている。これはポリマー・ポリマー間の相互作用よりクレイ・ポリマー間の相互作用が10倍強いことから説明されている。既に説明したようにクレイ・クレイ間隔はコイルサイズと同程度であるのでN6CN3.7のナノ構造は特異的な構造と言える。またポリスチレン系ナノコンポジットについては自由体積の低下は5%程度起こっていると報告されている[49]。さらに，陽電子消滅法にて自由体積を評価する試みが始まっている[50,51]。

2.2.4　メソ構造（ネットワーク）形成

　ナノフィラーであるクレイ粒子が高分散した場合にはナノフィラーによって形成されるNetwork構造の存在がポリマー鎖のダイナミクスに対して大きく影響することが予測される。

第1章 クレイナノコンポジット

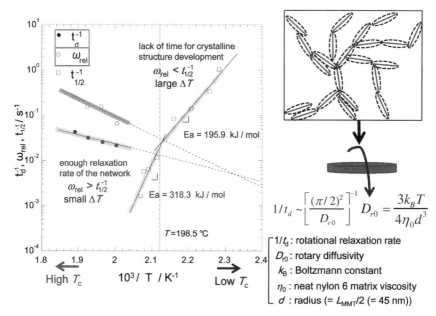

図11 完全層剥離型 N6C3.7 における半結晶化時間（$t_{1/2}$），MMT 粒子の回転緩和時間（$1/t_d$），ネットワーク構造の緩和時間（$1/\omega_{rel}$）の温度依存性[45]

しかしこれまでは，このメソ構造（Network）の形成とその構造解析についての詳細な研究はほとんど行われていない。Network 構造解析はナノコンポジットを創製するのと同様に困難であることが知られている。必要な全情報を一つの解析技術だけでは得ることはできない。レオロジー測定は間接的な手法ではあるが，ナノフィラーとポリマーマトリックスとの界面近傍での相互作用や構造の時間発展を調査するための有力な手法として確立されている。加えて，透過電子顕微鏡を画像処理しさらにフーリエ変換して X 線散乱実験と比較検討してより明確なナノスケールとメソスケール構造の情報を得ることが可能になる[46,52,53]。

PCN における結晶化過程のダイナミクスを検討するために，光散乱測定による等温結晶化過程の追跡からインバリアント解析から半結晶化時間（$t_{1/2}$）を見積もり，またレオロジー測定から MMT 粒子の回転緩和時間（$1/t_d$）を，更にネットワーク構造由来の緩和時間（$1/\omega_{rel}$）が評価された（図11）。N6C3.7 ではナイロン 6 マトリックスにおける単層 MMT の回転運動は完全に阻害されていることがわかり，ネットワーク構造の形成が確認されている[45]。

それぞれの緩和速度と結晶化速度の温度依存性より求められた MMT 粒子の回転緩和時間の範囲は，225-255℃の温度領域で，およそ 0.02-0.04 s^{-1} であり，これらの値は実際の ω_{rel} の値 0.066-0.25 s^{-1} と比較して小さく，ネットワーク構造の緩和の起源は単純な MMT 粒子のブラウン運動ではない。また，200-210℃の温度範囲において，ネットワークの緩和速度と結晶化速度を比較すると前者の方が十分高い値であることから，ネットワーク構造の影響を受けないで結晶化できる。クレイ面に対して Epitaxial 成長が起こり，結果として一種の Shish-kebab 構造が作

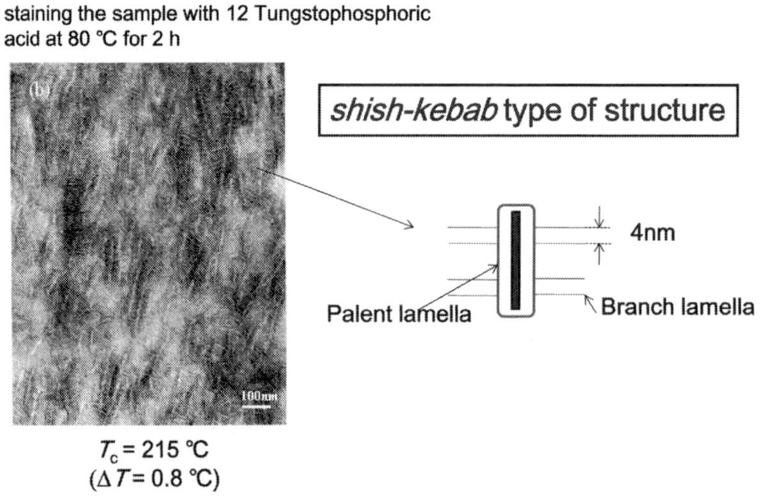

図12 215℃にて等温結晶化させられた N6C3.7 の透過型電子顕微鏡像 [45]

られる（図12）。

α 型結晶（実測結晶弾性率＝168 GPa）よりも延性な γ 晶（実測結晶弾性率＝28 GPa）からなる3次元構造は N6C3.7 の耐衝撃性を向上させることにつながるものと考えられる[54]。さらにこのケイ酸塩層との相互作用は N6C3.7 の高い熱変形温度（高荷重 1.81 MPa にて約 145℃）を発現している。結晶温度が 160-190℃ の大きな過冷却を伴う結晶化条件では，結晶構造成長の時間不足のために，γ 晶の安定成長をも妨げる要因となる。

時間分解型フーリエ変換赤外分光法にて，N6C3.7 の結晶化のダイナミックスが分子レベルにて明らかにされている[55]。ナイロン6単独では結晶化温度への温度ジャンプ後，まずナイロン6鎖の水素結合が形成されてから，α 晶由来の amide Ⅲ バンドの強度増加が起こり，鎖の折り畳みが進行する。一方，N6C3.7 では，温度ジャンプ後，特に低温側（結晶化温度：150-168℃）ではネットワーク構造が鎖の折り畳みを妨げるため，直にフリーの N-H 基伸縮バンド強度が減少し，同時に ν(N-H) バンドの低波数シフトと強度増加が起こる。また γ 晶由来の amide Ⅵ バンド強度もほぼ同時に増加する。このことから，ナイロン6鎖の水素結合と γ 晶の形成が，1秒以下の早い時間内で同時に起こり結晶化が進行している。

2.2.5 ポリ乳酸をベースにした PCN における結晶化過程のダイナミクス

ポリ乳酸系（PLA）はポリエステルであるためにナイロン6をベースにした PCN の様なケイ酸塩層との強固な相互作用は今のところ見出されていない（エステル結合と SiO_4 格子との相性は必ずしも良くないようである）。PLA をベースにした PCN（PLACN）の結晶系は PLA 単独の場合と同じく α 晶であり，低結晶化温度側（結晶化温度＜90℃）ではヘリックスの向きがランダムな Disorder 型 α 晶，高結晶化温度側（結晶化温度＞130℃）ではヘリックスの向きが逆平行にパッキングされた Order 型 α 晶が形成される[56]。中間温度（90℃＜結晶化温度＜130℃）では

第1章　クレイナノコンポジット

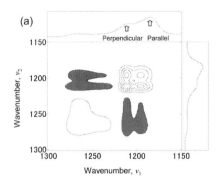

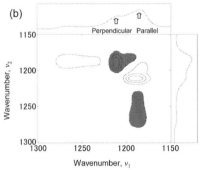

図13　105℃での等温結晶化過程における
PLAの二次元相関スペクトル[57]
(a)同時相関二次元スペクトル，(b)異時相関二次元スペクトル。交差ピークの符号が負の場合は灰色，逆に正の場合は白色。

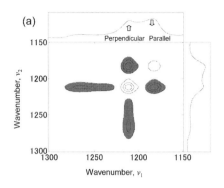

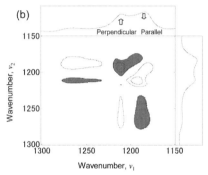

図14　105℃での等温結晶化過程における
PLACNの二次元相関スペクトル[57]
(a)同時相関二次元スペクトル，(b)異時相関二次元スペクトル。交差ピークの符号が負の場合は灰色，逆に正の場合は白色。

それらが混在することになる。時間分解型フーリエ変換赤外分光法にて測定されたPLACNの結晶化過程のダイナミクス（結晶化温度：105℃）のスペクトル情報を，相互相関解析を用いて二次元相関スペクトルに変換した（図13，14）[57]。1212と1182 cm^{-1}は共にC-O対称伸縮振動とCH$_3$の逆対称横揺れ振動のカップリング振動（ν_{as}(C-CO-O)+r_{as}(CH$_3$)）に帰属され，前者はヘリックス(c)軸に対して垂直なモード（E_1）であり，逆に後者は平行なモード（A）である[58]。中間温度（結晶化温度：105℃）にて等温結晶化させるとPLACNとPLA単独の場合では同時相関と異時相関二次元スペクトル（波数（ν_1，ν_2）依存性）との間には顕著な違いが見られる。対角線上に位置する同時相関ピークの強度は，動的信号の自己相関関数であり，その波数での分子振動の遷移モーメントの再配向の程度，つまり局所的回転運動のし易さに対応している。対角線から外れた位置にある同時相関交差ピークの出現は2つの波数で測定されて動的赤外二色差の時間変動が同期（相互作用）していることを意味する。交差ピークの符号が負の場合（灰色）は，お互いの垂直方向に同時に再配向している。

異時相関二次元スペクトルは上述の同時相関関数の虚部に当り，交差ピークのみで構成されて

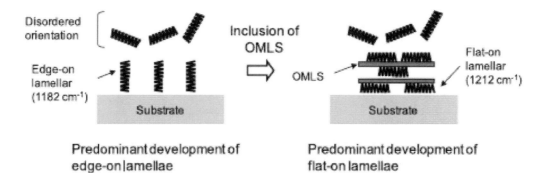

図15 結晶ラメラの成長方向[57]
Edge-on lamellar 型成長は基盤に対してヘリックスが垂直に配向して成長する（PLA 単独の場合）。一方，Flat-on lamellar 型成長は基盤に対してヘリックスが平行方向に優先して配向して成長する（PLACN の場合）。

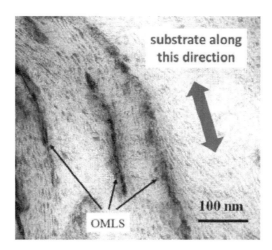

図16 105℃にて等温結晶化させられた PLACN の透過型電子顕微鏡像[57]
12-tungstophosphoric acid 処理を 80℃，5 時間行っている。

いる。これは異なった遷移モーメントの再配向過程が，完全には同期していない，つまり相互作用や化学基の連結が存在していないことを意味する。符号は，同時相関スペクトルが配向方向を示すのに対して，異時相関スペクトルでは順番を表す。それが正の場合（白色）は v_1 に対する遷移モーメントの再配向が v_2 のそれに先行している。逆に負（灰色）であれば，v_2 が先に配向する。図13，14 から PLACN（syn-FH 量＝2.1 wt%）の結晶化過程において E_1 と A 両モード間の垂直同時再配向が PLA 単独の場合と比較して顕著であることから，結晶ラメラの成長はナノフィラー表面に対して平行方向に優先して起こる（Flat-on lamellar）（図15）。このことは TEM 観察結果と一致している（図16）。

この結果より PLACN の熱変形温度は N6C3.7 に見られる様な向上は期待できないと結論づけ

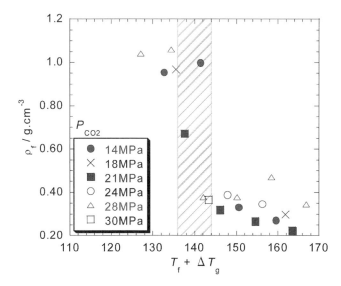

図17 異なった含浸圧力で得られたポリ乳酸系ナノコンポジット発泡体の密度（ρ_f）と発泡温度（$T_f + \Delta T_g$）との関係[61]

ている[59]。低荷重値は融点に強く依存するため差が現れ難いが，中間荷重ではクレイによる補強効果で何らかの耐熱性向上が期待できる。Ray らは様々な荷重で測定された PLACN の熱変形温度を報告している。予想どおり中間荷重（0.98 MPa）にて，各種クレイを用いた系（MMT 量〜4 wt%）において PLA 単体と比較して約 40℃ もの顕著な熱変形温度の向上が見られる。

2.2.6 微細発泡体と2次加工

超臨界 CO_2 を利用したナノコンポジット発泡体創成は注目すべき研究分野である。特にナノフィラーが核形成効果を発現してセル数密度を激増させることが報告されてから[60]，研究は益々活発化している。ある限られた条件で発泡成形を行うと，セル形成の初期成長過程において密度がほとんど低下することなく超微細（ナノ）セル構造が形成されていることが見出されている[61]。つまりセルの合一を阻止することがナノセル構造を構築するためには重要な要素である。そしてこのナノセル構造創製にはポリプロピレンよりも剛性率の高い PLA が適している。セル形成条件を詳細に検討した結果，半結晶性ポリマーの融点より少し低い温度領域でマイクロセル構造からナノセル構造への劇的な転移が起こる領域が存在することが見出された。図17はナノコンポジット発泡体の密度と発泡温度との関係を示してある。ここでは超臨界 CO_2 が含浸することで低下したガラス転移温度を Gibbs-DiMarzio らの理論を使って補正してある。140 ± 4℃ をしきい値にして転移が起こっていることがわかる。低温領域で得られたナノセル構造は高温領域で得られたマイクロセル構造と比較してセルが不均一な分布をしている。電子顕微鏡観察からボイドは必ず MMT 近傍から形成されていることが確認できる。発泡での核剤効果が証明されている。平均のセル径は 200 nm，セル数密度は 5×10^{13} 個/cm^3 である（図18）。

新規ナノセル構造体はこれまでのマイクロセル構造体では発現されなかった軽量・高剛性特性が見出されている。図19はPLAナノセル構造体（PLA/MMT-ODAとPLA/MMT-SBE）で得られた発泡体における比弾性率（K_f/K_p）と密度比（ρ_f/ρ_p）との関係を示している[62]。図中の実線は力学モデルから予測される値である。ナノセル構造体（$\rho_f/\rho_p \sim 0.8$）は力学モデルの予想を遥に上回り高い補強効率を示す。ほぼ同程度の相対密度をもつナノセル構造体で比較すると、より大きな補強効率はより小さなセル径で発現している。このことはWeaireらの予測と良い一致を示している[63]。ナノセル構造体はPLA発泡体と比較して5倍以上（23→122 J/m）の衝撃強度が発現する。エラストマーを添加することなくナノセル構造体のみで衝撃強度の向上がはかれることは、既にシミュレーションにて確認されているが、PLA単体よりも高い剛性率で、なお耐衝撃性が付与された材料が創成されている（図20）。

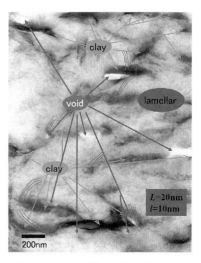

図18 ナノセル構造の電子顕微鏡像。
L：長周期, l：ラメラ厚 [61]

しかし構造材料としての用途を考えると、3次元ナノ多孔体をより高精度に加工することが要求される。そのために近年大きく発展してきた、ラピッド製造（Rapid Manufacturing：RM）法を用いて、ナノセル構造体の2次加工を行い新しい構造材料の創製とその加工プロセスを構築することが検討されている。RM法は製品の設計、生産サイクルの短縮を目指して開発された革

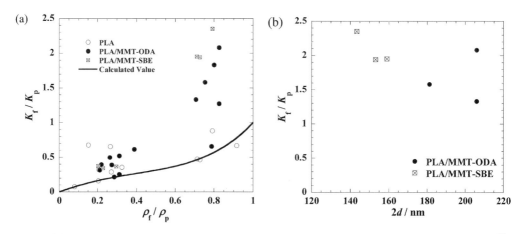

図19 (a)ポリ乳酸系ナノコンポジット発泡体における比弾性率（K_f/K_p）と密度比（ρ_f/ρ_p）との関係[62]，(b)同程度の相対密度をもつナノコンポジット発泡体における比弾性率（K_f/K_p）とセル径（$2d$）との関係。

第1章　クレイナノコンポジット

新的な加工方法で，従来の射出成形では実現不可能な3次元複雑構造体を容易に創製するための技術としてこれまで発展してきた。RM法ではCADを用いて複雑な形状の成形体を設計し，高分子材料の微粒子（約 50 μm）を積層して選択的レーザー焼結（Selective Laser Sintering：SLS）にて界面を融着する。このプロセスを繰り返し（連続層化を）行うことで成形体が得られる（図21，図22）[64～66]。

2.2.7　クレイ化学の基本原理を基軸とした新規な研究

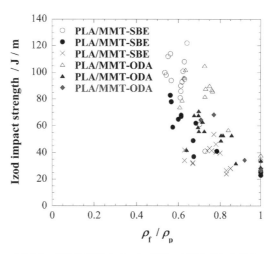

図20　ポリ乳酸系ナノコンポジット発泡体における Izod 衝撃値

天然に存在する粘土鉱物の中にも導電性こそ示さないものの，CNTやフラーレンと類似のサイズ・中空構造をとる物質がいくつか存在する（図1）。例えばイモゴライト（$Al_2O_3 \cdot SiO_2 \cdot 2H_2O$）やハロイサイト（$Al_2Si_2O_5(OH)_4 \cdot 2H_2O$）はどちらも中空管状粒子で，それぞれ，1 nm と 10-150 nm（鉱床により変動）の内径を有する。さらに中空球状粒子のアロフェン（$(1\text{-}2)SiO_2 \cdot Al_2O_3 \cdot (5\text{-}6)H_2O$）は火山灰土壌に存在し，国内外に広く分布している。

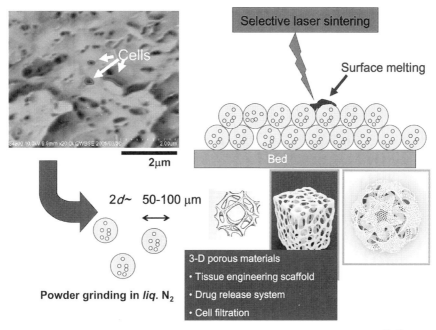

図21　選択的レーザー焼結ラピッド法を用いたナノセル構造体の2次加工 [64～66]

- Bentley Cars ideally positioned to exploit RM
  - Low volume and expensive!
- Have background in custom / bespoke designs
  - Typically for interiors

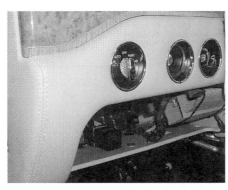

Customised Dashboard

図22 選択的レーザー焼結ラピッド法にて作製されたベントレー車のダッシュボード [64～66]

安価で市販されている園芸用「鹿沼土」の中にも多く含まれる。天然のアロフェン粒子では，Si/Alの原子組成比は0.5-1と変動する。図23に半分に切断したアロフェン粒子の構造模式図を示す[67]。外径は約5 nmであり，内径が約3.8 nmの中空空間を有し，活性炭に匹敵する大きな比表面積（～900 m^2/g）をもつ。典型的な構造は，1層のギブサイト八面体シートを球壁とし，SiO_4四面体がその内側に結合した構造をとると考えられているが，組成によってはSiの位置をAlが置換したAlO_4四面体や重合したSiO_4四面体が構造中に存在することが固体高分解能NMR測定により確認されている。いずれにしても，アロフェン粒子内部では一定の短距離秩序があるものの，アロフェンは低結晶質と見なされている。アロフェンの構造には，特筆すべきもう一つの特長がある。それは，球壁に0.3-0.5 nmのサイズの構造欠陥（貫通孔）が多く存在することである。この構造欠陥の存在が応用展開の鍵であると考えられている。

アロフェンに関する研究の歴史は古く，主に土壌中での物質移動や有害物質の固定を取り扱う土壌学の中で発達を遂げてきた[68]。また，遅くとも1970年代には，その構造，化学組成や基本的な化学的特性を明らかにしようとする研究が活発に行われ，上述のような知見が得られてきた。さらに，1980年代にはその合成法についての検討も

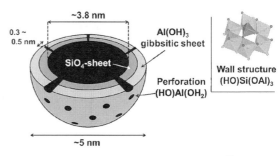

図23 アロフェン粒子の構造模式図 [67]

第1章　クレイナノコンポジット

始められ，現在では水熱法を活用した比較的簡便な大量合成法が見出されている[67, 69]。現在に至るまで，ナノサイズの粒子径，大きな比表面積と高い表面活性を活かし，「吸着」に軸足を置いて，さまざまな工業的応用が検討されている。

(1) アロフェン単体としての研究開発

アロフェンの表面は水との親和性も高く，水蒸気の吸着性能に優れている。水蒸気を湿度条件に応じて自律的に吸脱着させるために必要なメソ孔が粒子間隙にできるため，アロフェンを主原料とした調湿建材がすでに市販されている。また，100℃以下の低温領域においても熱交換可能量を支配する脱水・吸水量が大きく，水蒸気圧が低いため，工場からの廃熱などの低温熱源を利用したヒートポンプ熱交換材としての開発例もある[70]。これらの応用は，微細空間での水分の毛管凝縮（物理吸着）を活かしたものである。一方で特に構造欠陥（貫通孔）部には活性な表面水酸基（$(HO)Al(OH_2)$）が多数存在し，pHに依存した荷電特性（変異荷電）を示すため，土壌学または工業的応用の観点から，有害重金属イオンの静電吸着・保持に関する研究開発例も多い。

有機分子においても，例えばアミノ酸の1つであるアラニンでは，D体に比べL体が選択的にアロフェンに吸着されることが報告されていて，生命体を構成するアミノ酸の大半がL体であることに対する原因解明など，生命の起源に関する学術的興味のほか，光学活性体の分離剤としての研究も進められている[71, 72]。さらに，アロフェンはリン酸イオンを特異的に吸着する。粘土表面と地球生命体の化学的進化との関連性または土壌環境改善という観点から，リン酸基を多く含むDNAとアロフェンとの吸着特性が検討されている[73, 74]。

(2) コンポジットとしての研究開発の動向

極性有機分子の吸着の促進と，それによる光触媒反応および光電流発生効率の向上をめざして，光燃料電池用のアロフェン分散チタニア電極が作製されているが[75]，アロフェンのコンポジットとしての検討例は多くない。

アロフェンの特異な多孔構造・表面化学特性に着目した研究は，単に物質の吸着にとどまらない。ナノキャリヤまたはナノコンテナとしてのより積極的な活用をめざしている研究例もある。その1つに，遺伝子輸送（ジーンデリバリー）担体への活用に向けた研究が報告されている[74, 76]。アロフェンに対してDNA分子が吸着することは先に説明した。図24に，松浦らが初めて観察に成功した一本鎖DNA／アロフェン複合体の透過電子顕微鏡像を示す[74]。約20 nmの径のアロフェンクラスターがDNA分子に吸着した様子が見える。さらにアロフェンクラスターの中にDNA分子が入り込むなど他の複合形

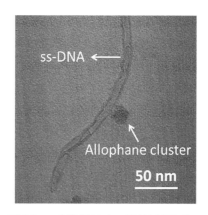

図24　一本鎖DNA（ss-DNA）／アロフェンナノコンポジットの複合形態の一例（TEM観察像）[74]

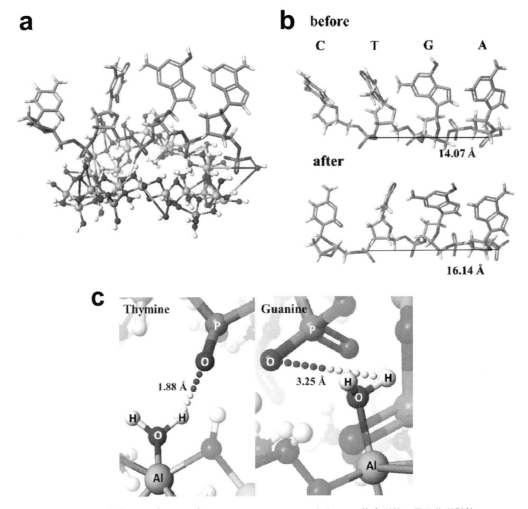

図25 一本鎖DNA（ss-DNA）／アロフェンナノコンポジットの複合形態の量子化学計算
(a)塩基数4のss-DNA（5'-AGTC-3'）とアロフェンのperforation部分を結合した吸着モデル，(b)吸着前後でリン酸骨格の分子鎖長は14.07Åから16.14Åに伸長される．(c)thymineおよびguanineのリン酸基とAl-OH基の間の弱い結合の生成．結合距離はそれぞれ，1.88Åと3.25Å[77]．

態の存在も確認している．吸着メカニズムについては，半経験的分子軌道法によるシミュレーション結果も含めた考察が行われている（図25）[77]．核酸物質は粘土などに吸着されることにより，生分解に抵抗を示すようになることが指摘されており，生命の起源を解明する上で有用な知見を与える．

RNAワールド仮説によると，情報分子と酵素の2つの機能を併せ持ったRNAであるribozymeから，DNAやRNAが誕生したとされている[78]．しかしながら，これらの分子は紫外線やバクテリアなどの外的要因によって即座に破壊されてしまうため，DNAやRNAを守ることが可能

第1章　クレイナノコンポジット

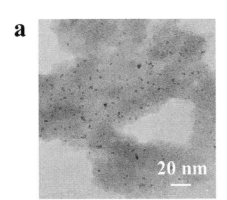 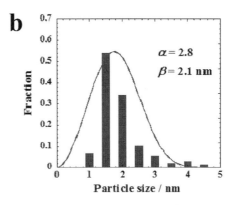

図26　金属白金をアロフェン粒子内または外表面に担持したナノ複合粒子の合成
(a)TEM観察像，(b)金属白金ナノ粒子の粒径分布図（αとβ値（平均粒子径）は
Weibull関数のパラメーター）[81]。

な他の物質が必要である。過去の研究から中空球状で非晶質な粘土鉱物アロフェンがDNAやRNAの保護の役割について議論されている[79]。また，アロフェンは成分的には人体に無害で，これまでの研究では毒性は確認されていないなど，遺伝子輸送担体としてのポテンシャルを有していると考えられる[80]。

一方で粒子表面の構造欠陥に目を移せば，アロフェン球壁の貫通孔を経由する物質の出入りが期待できる。このような特徴を活かした様々な触媒応用に向けた基礎的研究として，金属白金をアロフェン粒子内または外表面に担持したナノ複合粒子の合成が試みており（図26），一部，金属白金がアロフェン粒子内部に存在することを示唆する結果を得られている[81]。アロフェン粒子中空部への白金の孤立複合化や表面化学特性の制御を通した特定のガス（被毒ガスなど）のアロフェン表面への吸着は，熱凝集，貴金属使用量低減，被毒など触媒の諸課題に対する解決法の1つとなりうる。

2.2.8　クレイを使った再生医療・組織工学の研究

今日，ヒトゲノムの解明をはじめとする分子生物学の発展，バイオテクノロジーの革新，さらにナノテクノロジーによるマテリアルサイエンスの躍進がバイオマテリアルの研究分野とその応用分野をきわめて広汎なものにしている。今日注目されている再生医療・組織工学においては優れた機能を有するバイオマテリアルの創成に大きな期待が寄せられており，再生医療・組織工学を支える基盤技術としてなくてはならない材料となっている。種々の機能を備えたバイオマテリアルは，再生医療や組織工学分野への応用だけでなく，病理の解明でも重要である。PCNを再生医療・組織工学の足場材料に利用する研究が行われている[82〜84]。特に骨再生に関する研究事例が多い[84〜87]。骨は再生力が旺盛な組織の1つであるが，骨細胞の足場への付着が起こらないと，アポトーシス（プログラム死）が起こるので，現状では細胞が増殖するための足場が必要となる[88]。再生医療では足場材料の設計・開発は極めて重要な課題である。足場は三次元構造を

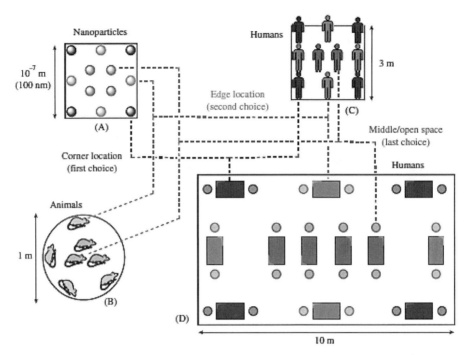

図27 基材上でのナノ粒子の形成過程と生物界における生存本能の相関性[91]
(A)基材上でのナノ粒子の形成,(B)自然界におけるマウスの生存,(C)エレベータ内でのヒトの空間配置,(D)カフェにおける好ましい席の占有順について：順にコーナから端,そして真ん中へと埋まっていく。

もつ多孔質の細胞培養基材であり,造骨細胞の機能を制御して,望みどおりの形状を持つ骨の再生を導く一般的な役割を果たす。

PCN足場の研究では,ヒト間葉系幹細胞やマウス由来骨芽前駆細胞を使っているので,これらの細胞が足場の物性（弾性率）を敏感に感知して,シグナル伝達により骨分化を促進したものと推察される。よってPCNを骨再生の足場に使う必然性は今のところ見当たらないようである。しかしながら,クレイ中に存在するNa^+,Mg^{2+},$Si(OH)_4$,Li^+のイオン等が細胞へ溶け出すことで,骨再生を促進する効果があるという考察がなされている。また,長らく未知の領域であったクレイのin vitro細胞毒性について,最近詳細に検討され報告されている[89,90]。今後の研究成果を待たなければならないが,粘土鉱物と細胞とのクロストークの重要性が指摘されることに期待したい。

2.3 まとめと展望

高分子材料はエレクトロニクス分野から医療分野,さらに低炭素社会や高齢者社会を支えるライフイノベーション技術にまで密接に関わりあっている。PCN材料がそのような社会からの要請に答えるためには,材料開発における縦割りの壁を壊した本当の意味での革新的な多機能材料

第1章 クレイナノコンポジット

の開発を推進すべきである。

そのためには，別方面からのアイデアをわずかにずらして実験事実と並置し，斬新に考え合わせると新しいものが見えるかもしれない。初めは非現実的な実験が予想されても勇敢に挑戦する姿勢が大切である

今年1月，ナノ粒子形成現象と生物の生存本能との相関性に関する論文が報告された[91]。Pdナノ粒子の形成をみると，最初は炭素基材上のエネルギーの高い欠陥部にて進行し（熱力学的安定性），その後，端へと移動する。これは生物界における生存本能（心理学的安定性）に似ているらしい。今のところ両者の間に明確な相関性を示す強い実験証拠はないが，興味ある考察である（図27）。

もう1つの視点から述べると，これまでの研究はそのほとんどが不確かな状態で行われているので，最も積極的に関わっている研究者でさえ，なかなか確信には至らないのが現実である。よってこれまでだれもが諦めていた研究など，本当にその結果が正しいのか積極的に疑ってみることが大切であると個人的には思っている[92]。

近年の分析手法の発展の恩恵を享受することで，PCN材料がこれからも益々発展し，クレイ化学の基本原理を基軸とした新規な研究が創出されることを強く願っている。

文　　献

1) F. Hussain, M. Hojjati, M. Okamoto, R. E. Gorga, *J. Comp Mater*, **40**(17), 1511 (2006).
2) ネイチャーダイジェスト, **13**(4)(2016), **13**(5)(2016).
3) S. Y. Yang, W. N. Lin, Y. L. Huang, H. W. Tien, J. Y. Wang, C. C. M. Ma, S. M. Li, Y. S. Wang, *Carbon*, **49**(3), 793 (2011).
4) Y. Pan, H. Bao, L. Li, *ACS Appl. Mater. Interfaces*, **3**(12), 4819 (2011).
5) A. A. Alhwaigea, M. M. Herberta, S. M. Alhassanc, H. Ishidaa, *Polymer*, **91**, 180 (2016).
6) S. M. Alhassan, S. Qutubuddin, D. A. Schiraldi, *Langmuir*, **28**(8), 4009 (2012).
7) S. Sinha Ray, M. Okamoto, *Progress in Polym. Sci.*, **28**(11), 1539-1641 (2003).
8) L. A. Utracki, "Clay-Containing Polymeric Nanocomposites", Rapra Technology Ltd., Shawbury, London (2004).
9) 岡本正巳（監修），ポリマー系ナノコンポシットの新技術と用途展開，シーエムシー出版 (2004).
10) S. G. Advani Ed., Processing and Properties of Nanocomposites, World Scientific & Imperial College Press, London (2007).
11) E. Ruiz-Hitzky, K. Ariga, Y. M. Lvov Eds., Bio-inorganic hybrid Nanomaterials, Wiley-VCH Verlag GmbH & Co. KGaA, Weinheim (2008).
12) A. K-T. Lau, F. Hussain, K. Lafdi Eds., Nano-and Biocomposites, CRC Press, Taylor and

Francis, New York (2009).
13) L. Avérous, E. Pollet Eds, Environmental Silicate Nano-biocomposites, Springer-Verlag, London (2012).
14) S. Thomas, R. Stephen Eds., Rubber Nanocomposites: Preparation, properties, and application, John Wiley & Sons (Asia) Pte Ltd., Singapore (2010).
15) F. Gao Ed., Advances in polymer nanocomposites: Types and application, Woodhead Publishing Ltd., Cambridge (2012).
16) B. K. G. Theng, Formation and properties of clay-polymer complexes in Developments in Clay Science Vol 4, Elsevier, Amsterdam (2012).
17) V. Mittal Ed., Characterization Techniques for Polymer Nanocomposites, Wiley-VCH Verlag GmbH & Co. KGaA, Weinheim (2012).
18) A. Usuki, M. Kawasumi, Y. Kojima, A. Okada, T. Kurauchi, O. Kamigaito, *J. Mater. Res.*, **8**, 1174 (1993).
19) H. S. Lee, P. D. Fasulo, W. R. Rodgers, D. R. Paul : *Polymer*, **47**, 3528 (2001).
20) H. S. Lee, P. D. Fasulo, W. R. Rodgers, DR. Paul : *Polymer*, **46**, 11673 (2005).
21) QH. Zeng, AB. Yu, GQ. Lu, DR. Paul : *J Nanosci Nanotechnol*, **5**, 1574 (2005).
22) A. B. Morgan, *Polym Adv Technol*, **17**, 206 (2006).
23) Nanocomposites 2007, Brussels, Belgium, March 14-16 (2007).
24) P. Maiti, P. H. Nam, M. Okamoto, N. Hasegawa, A. Usuki, *Macromolecules*, **35**, 2042(2002).
25) O. Yoshida, M. Okamoto, *Macromol. Rapid Commun.*, **27**, 751 (2006).
26) T. Saito, M. Okamoto, R. Hiroi, M. Yamamoto, T. Shiroi, *Macromol. Mater. Eng.*, **291**, 1367 (2006).
27) R. A. Vaia, E. P. Giannelis, *Macromolecules*, **30**, 7990 (1997).
28) T. Saito, M. Okamoto, R. Hiroi, M. Yamamoto, T. Shiroi, *Polymer*, **48**, 4143 (2007).
29) O. Yoshida, M. Okamoto, *J. Polym. Eng.*, **26**, 919 (2006).
30) M. Kajino, T. Saitou, M. Okamoto, H. Sato, Y. Ozaki, *Apply. Clay Sci.*, **48**, 73-80 (2010).
31) T. Saito, M. Okamoto, R. Hiroi, M. Yamamoto, T. Shiroi, *Macromole. Rapid Commun.* **27**, 1472 (2006).
32) T. Saito, M. Okamoto, *Polymer*, **51**, 4238 (2010).
33) J. E. F. C. Gardolinski, G. Lagaly, *Clay Miner.*, **40**, 547 (2005).
34) K. Yang, R. Ozisik R, *Polymer*, **47**, 2849 (2006).
35) R. J. Bellair, M. Manitiu, E. Gulari, R. M. Kannan, *J. Polym. Sci. Polym. Phys.*, **48**, 823 (2010).
36) E. C. Lee, D. F. Mielewski, *R. J. Baird, Polym Eng Sci*, **44**, 1773 (2004).
37) L. Zhao, J. Li, S. Guo, Q. Du, *Polymer*, **47**, 2460 (2006).
38) K. L. Lu, R. M. Lago, Y. K. Chen, M. L. H. Green, P. J. F. Harris, S. C. Tsang, *Carbon*, **34**, 814 (1996).
39) K. Mukhopadhyay, C. D. Dwivedi, G. N. Mathur, *Carbon*, **40**, 1373 (2002).
40) W. Shao, Q. Wang, K. Li : *Polym. Eng. Sci.*, **45**, 451 (2005).
41) W. Shao, Q. Wang, H. Ma : *Polym. Int.*, **54**, 336 (2005).
42) W. Shao, Q. Wang, F. Wang, Y. Chen, *J. Polym. Sci., Polym. Phys.*, **44**, 249 (2006).

第 1 章 クレイナノコンポジット

43) J. Masuda : J. M. Torkelson, *Macromolecules.*, **41**, 5974 (2008).
44) P. C. Ma, S. Q. Wang, J. K. Kim, B. Z. Tang, *J. Nanosci. Nanotechnol.*, **9**, 749 (2009).
45) Y. Katoh, M. Okamoto, *Polymer*, **50**, 4718 (2009).
46) C. Mizuno, J. Baiju, M. Okamoto, *Macromole. Mater. Eng.*, **298**, 400 (2013).
47) W. Xu, Q. Zeng, A. Yu, *Polymer*, **53**, 3735 (2012).
48) R. Simha, L. A. Utraki, A. Garcia-Rejon, *Composite Interfaces*, **8**, 345 (2001).
49) S. Tanoue, L. A. Utracki, A. Garcia-Rejon, J. Tatibouet, K. C. Cole, M. R. Kamal, *Polym. Eng. Sci.*, **44**, 1046 (2004).
50) Y. Wang, Y. Wu, H. Zhang, L. Zhang, B. Wang, Z. Wang, *Macromol. Rapid Commun.*, **25**, 1973 (2004).
51) Winberg PW, Eldrup M, Pederson NJ, van Es MA, Maurer FHJ, *Polymer*, **46**, 8239 (2005).
52) M. Okamoto, "Rheology in polymer/clay nano-composites: Mesoscale structure development and soft glassy dynamics" in Nano- and Biocomposites, A. K-T. Lau, F. Hussain, K. Lafdi Eds., CRC Press, Taylor and Francis, New York, pp.57-78 (2009).
53) L. F. Drummy, Y. C. Wang, R. Schoenmakers, K. May, M. Jackson, H. Koerner, B. L. Farmer, B. Mauryama, R. A. Vaia, *Macromolecules*, **41**, 2135 (2008).
54) G. M. Kim, D. H. Lee, B. Hoffman, J. Kressler, G. Stoppelmann, *Polymer*, **42**, 1095 (2001).
55) T. Ishisue, M. Okamoto, K. Tashiro, *Polymer*, **51**, 5585 (2010).
56) J. Y. Nam, S. S. Ray, M. Okamoto, *Macromolecules*, **36**, 7126 (2003).
57) Y. Ando, H. Sato, H. Shinzawa, M. Okamoto, I. Noda, Y. Ozaki, Vib. *Spectrosc.*, **60**, 158 (2012).
58) E. Meaurio, N. Lopez-Rodriguez, J. R. Sarasua, *Macromolecules* **39**, 9291 (2006).
59) S. S. Ray, K. Yamada, M. Okamoto, K. Ueda, *Polymer*, **44**, 857 (2003).
60) M. Okamoto, P. H. Nam, M. Maiti, T. Kotaka, T. Nakayama, M. Takada, M. Ohshima, A. Usuki, Hasegawa N, Okamoto H., *Nano Lett.*, **1**, 503 (2001).
61) Y. Ema, M. Ikeya, M. Okamoto, *Polymer*, **47**, 5350 (2006).
62) M. Okamoto, "Nano-structure Development and Foam Processing in Polymer/Layered Silicate Nano-composites" in Polymeric Foams: Recent Development in Technology and Regulation, Process and Products S. T. Lee Eds., Taylor and Francis, pp.176-218 (2009).
63) D. Weaire, T-L. Fu J. Rheol, **32**, 271 (1988).
64) Loughborough 大学（英国）の Innovative Manufacturing &Construction Research Center は，1.2M ポンドの研究予算を計上して，選択的レーザー焼結ラピッド製造法による高分子材料の加工に関するプロジェクトを 2007 年から推進している．筆者らは The Royal Society の国際ジョイントプロジェクトに採択され共同研究を推進している．2013 年から研究拠点は Nottingham 大学に移された．http://www.nottingham.ac.uk/engineering-rg/manufacturing/3dprg/index.aspx.
65) R. D. Goodridge, C. J. Tuck, R. J. M. Hague, *Prog. Mater. Sci.*, **57**, 229 (2012).
66) J. Bai, R. D. Goodridge, R. JM. Hague, M. Song, M. Okamoto, *Polymer Testing*, **36**, 95 (2014).
67) F. Iyoda, S. Hayashi, S. Arakawa, J. Baiju, M. Okamoto, H. Hayashi, G. Yuan, *Appl. Clay Sci.*, **56**, 77 (2012).

68) 逸見彰男, 日本土壌肥料學雑誌, **70**(3), 251 (1999).
69) F. Ohashi, S.-I. Wada, M. Suzuki, M. Maeda, S. Tomura, *Clay Miner.*, **37**, 451 (2002).
70) 鈴木正哉, 粘土科学, **42**(3), 144 (2003).
71) H. Hashizume, B. K. G. Theng, A. Yamagishi, *Clay Miner.*, **37**, 551 (2002).
72) 中沢弘基, 生命の起源 地球が書いたシナリオ, 新日本出版社 (2006).
73) K. Saeki, M. Sakai, S.-I. Wada, *Appl. Clay Sci.*, **50**, 493 (2010).
74) Y. Matsuura, F. Iyoda, S. Arakawa, J. Baiju, M. Okamoto, H. Hayashi, *Mater. Sci. Eng. C* **33**, 5079 (2013).
75) H. Nishikiori, M. Ito, R. A. Setiawan, A. Kikuchi, T. Yamakami, T. Fujii, *Chem. Lett.*, **41**, 725 (2012).
76) T. Kawachi, Y. Matsuura, F. Iyoda, S. Arakawa, M. Okamoto, *Colloids Surf. B: Biointerface*, **112**, 429 (2013).
77) Y. Matsuura, S. Arakawa, M. Okamoto, *Apply Clay Sci.*, **101**, 591 (2014).
78) W. Gilbert, *Nature* **319**, 618 (1986).
79) Y. Huang, 22nd Australian Clay Minerals Society Conference (2012).
80) Y. Toyota, Y. Matsuura, M. Ito, R. Doumura, M. Okamoto, S. Arakawa, M. Hirano, K. Kohda, Langmuir, submitted (2016).
81) S. Arakawa, Y. Matsuura, M. Okamoto, *Appl. Clay Sci.*, **95**, 191 (2014).
82) J. I. Dawson, J. M. Kanczler, X. B. Yang, G. S. Attard, R. O. C. Oreffo, *Advanced Mater.* **23**, 3304 (2011).
83) J. I. Dawson, E. Kingham, N. R. Evans, E. Tayton, R. O. C. Oreffo, *Inflammation Regener.*, **32**, 72 (2012).
84) J. I. Dawson, R. O. C. Oreffo, *Advanced Mater.* **25**, 4069 (2013).
85) A. J. Mieszawska, J. G. Llamas, C. A. Vaiana, M. P. Kadakia, R. R. Naik, D. L. Kaplan, *Acta Biomater.* **7**, 3036 (2011).
86) A. K. Gaharwar, S. Mukundan, E. Karaca, A. Dolatshahi-Pirouz, A. Patel, K. Rangarajan, S. M. Mihaila, G. Iviglia, H. Zhang, A. Khademhosseini, *Tissue Engineering*, **20**, 2088 (2014).
87) A. K. Gaharwar, P. J. Schexnailder, B. P. Kline, G. Schmidt, *Acta Biomater.* **7**(2), 568 (2011).
88) M. Okamoto, B. John, *Prog. Polym. Sci.*, **38**, 1487 (2013).
89) P. R. Li, J. C. Wei, Y. F. Chiu, H. L. Su, F. C. Peng, J. J. Lin, *ACS Appl. Mater. Interfaces*, **2**, 1608 (2010).
90) A. K. Gaharwar, S. M. Mihaila, A. Swami, A. Patel, S. Sant, R. L. Reis, A. P. Marques, M. E. Gomes, A. Khademhosseini, *Adv. Mater.*, **25**(24), 3329 (2013).
91) V. P. Ananikox, *Mendeleev Commun*, **26**, 1 (2016).
92) ニュートンの法則は正しいが同時に不完全であり, アインシュタインの理論が適応される光速の世界では成立しないことが証明された.

第2章　無機材料ナノコンポジット

1　ポリプロピレン／親水性シリカ系ナノコンポジットの簡易調製法と機械的特性

棚橋　満*

1.1　はじめに

　ポリプロピレンは代表的汎用プラスチックの一つであり，軽量かつ優れた成形加工性・機械特性，さらには，リサイクル性を含めた環境適合性を有している。このような特徴を有するポリプロピレンは，様々な用途・産業分野で幅広く用いられており，現在も品質向上や用途拡大を図るべく技術開発がなされている。たとえば，ポリプロピレンの主要用途である自動車のバンパやインパネ等の外装・内装部材としての利用を考えると，剛性の向上に加え，耐衝撃性の付与が要求される[1]。この技術課題を克服する材料開発として，ナノサイズの無機フィラーをポリプロピレンに添加して複合化することが試みられている[2〜4]。従来，無機ナノフィラーが均一分散したポリマーコンポジット，すなわちポリマーナノコンポジットを調製する際には，フィラーの親水性（極性）表面の疎水化処理により，疎水性のポリマーマトリックスとの濡れ性を制御してフィラーの凝集を抑制する方法が用いられてきた[5,6]。無機フィラーとの濡れ性が極めて悪い代表的無極性ポリマーであるポリプロピレンをマトリックスとするナノコンポジットも，例外なくこの方法が主たる調製法として採用されている[7,8]。しかしながら，このような疎水化処理はナノコンポジットの製造コストを引き上げる主要因となる。さらには，この方法では，フィラー／ポリマー界面に極性差がほとんど存在しない（フィラーとポリマーの濡れが良く界面付着力が強い）画一的・限定的なフィラー／ポリマー界面を有するナノコンポジットしか創出されない。本来，無機ナノ粒子をフィラーとしてポリマー中に均一分散させた有機／無機系ナノコンポジットは，分散ナノ粒子が数％程度の少量でもマトリックスを構成するポリマー鎖と粒子間の界面は爆発的に大きな面積となり，粒子間の距離はナノオーダーにまで縮まるため，ポリマー鎖とナノ粒子表面間の界面相互作用を積極的に利用した界面設計が可能となれば，ポリマーが本来有する欠点の補完はもとより，特異的かつ多様な特性の発現が期待される。すなわち，ナノフィラーとポリマーマトリックスの多様な界面制御を可能とする自由度が担保されたナノフィラーの表面疎水化処理フリーの新規有機／無機系ナノコンポジット簡易調製法の開発は，製造コストの観点からも，製品に対する特性向上・新機能付与の観点からも，きわめて重要なナノコンポジットに関する材料研究のトピックスである。

　本節では，ポリプロピレン／シリカ系を例にとり，親水性表面を有したコロイダルシリカナノ粒子を表面疎水化することなくポリプロピレン中に均一ナノ分散させるナノコンポジット簡易調

＊　Mitsuru Tanahashi　名古屋大学　大学院工学研究科　講師

製法について解説する。さらに，本節の後半では，この方法にて調製された本系ナノコンポジットの機械的特性についても一部紹介し，大面積の分散ナノシリカ表面とポリプロピレンマトリックス間の界面性状と発現する機械的特性の関係について考察する。最後に，これらの知見から導き出される有機／無機系ナノコンポジットの新機能創出に向けた新たな材料設計指針について言及する。

1.2 無機ナノフィラーの表面疎水化処理フリーの有機／無機系ナノコンポジットの簡易調製法
1.2.1 従来のブレンド法

通常，無機フィラー粒子は凝集塊（強凝集体）として取り扱われるため，従来のナノコンポジット調製技術としては，溶融混練法[9]や溶液混合法[10]に代表されるブレンド法を用いてフィラー凝集塊のサイズダウンを図り，ポリマー中でナノ粒子を分散・固定化させる技術が，実用性・量産性の観点から開発の主流となっている。Rumpf[11]によると，直径 d_p の等球粒子ランダム充填集合体の理論引張り強度 σ_t は，粒子間空隙率（一次粒子間空隙率）ε_P，集合体構成要素としての一次粒子の接触点数の指標となる配位数 $N_C(\varepsilon_P)$，一次粒子間（2粒子間）付着力 F を用いて，

$$\sigma_t = (1-\varepsilon_P) \cdot \frac{N_C(\varepsilon_P)}{\pi d_p^2} \cdot |F| \tag{1}$$

と表される。ここで，F は，集合体を構成する一次粒子の Hamaker 定数 A_H と"カットオフ"距離 D_0 を用いた van der Waals 力

$$F = -\frac{A_H d_p}{24 D_0^2} \tag{2}$$

である[12]ので，σ_t は一次粒子の表面エネルギー γ（$=A_H/24\pi D_0^2$）[13]を用いて，最終的に，

$$\begin{aligned}\sigma_t &= (1-\varepsilon_P) \cdot \frac{N_C(\varepsilon_P)}{\pi d_p^2} \cdot \left|-\frac{A_H d_p}{24 D_0^2}\right| \\ &= \frac{(1-\varepsilon_P) \cdot N_C(\varepsilon_P)}{d_p} \cdot \left(\frac{A_H}{24\pi D_0^2}\right) \\ &= \frac{(1-\varepsilon_P) \cdot N_C(\varepsilon_P) \cdot \gamma}{d_p}\end{aligned} \tag{3}$$

と整理される。式(3)から明らかなように，凝集塊を形成している無機フィラー粒子は，フィラー粒子サイズが小さくなるに従って凝集塊の解砕に要する力（解砕強度）は増加するため，一次粒子単位のナノ分散が非常に困難であることが容易に推測される。マトリックスが疎水性のポリマーである場合には，d_p の値そのものの大幅な低下に加えて，親水性表面を有する無機ナノフィラーと疎水性のポリマーの濡れの悪さに起因する表面エネルギー γ の項の増加により，σ_t はより大きな値となる。すなわち，ブレンドにより発生する限られたせん断力や撹拌力のみでは強凝集体状態の無機ナノフィラーの凝集塊の解砕が極めて困難になるため，ポリマー中での均一ナノ分散は容易ではなく，実用調製法開発において重大な課題となっている。従来は，この課題

第2章　無機材料ナノコンポジット

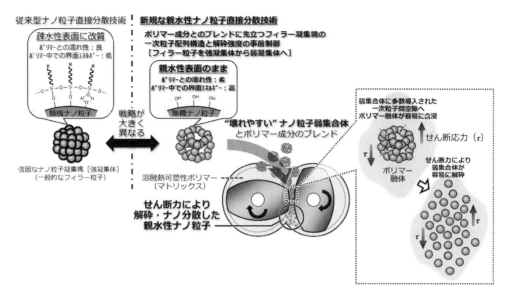

図1　ナノフィラーの表面疎水化処理を用いないブレンド法による
有機／無機系ナノコンポジット簡易調製法と従来法の戦略比較

を克服するために，ナノフィラーの親水性表面の疎水化処理が施されていることは先述の通りであるが[5〜8]，この処理は，ポリマーとの濡れ性の改善（式(3)における表面エネルギーγ項の低下），凝集塊形成のもととなるナノサイズのフィラー一次粒子間凝集力を上回る粒子－ポリマー鎖間の強い結合の形成という点において，フィラー分散性の向上には一定の効果が得られるものの，先述のように，ナノコンポジットの高コスト化が避けられず，コンポジット中への改質剤の混入が材料特性の低下の要因にもなり得る。そして何より，この処理は，分散ナノ粒子をプラスチックとナノコンポジット化した際の機能発現のトリガーとなる可能性を有するナノ粒子の表面活性を失活させる操作とも言え，粒子とポリマー鎖界面設計の自由度を著しく限定することにも繋がることは1.1項で述べた通りである。

1.2.2　ナノフィラーの表面疎水化処理フリーの新規ブレンド法の開発戦略と概要

この新規手法においては，従来法のように式(3)の表面エネルギーγ項を変化させる代わりに，ε_PやN_Cの項に注目し，可能な限りε_Pを大きく（N_Cを小さく）することでσ_tの大幅な低下を促すことを戦略としている[14,15]。この戦略を従来技術と比較し，概念図として図1に示す。新規手法では，この戦略に基づき，マトリックスとなるポリマー成分とのブレンド操作の前に，球状フィラー凝集塊を予め，ブレンド時に容易に解砕されるよう多数の空隙（粒子配列欠陥）を有する無機ナノ粒子の弱凝集構造体（「壊れやすい」易解砕性粒子弱集合体）として予備作製しておく事前工程が設けられていることが大きな特徴となっている。

この調製技術では，ポリマー成分とブレンドするフィラー凝集塊の一次粒子配列を適切に制御して集合体としての解砕強度をどこまで低下させることができるかが，ナノ分散の成否の鍵とな

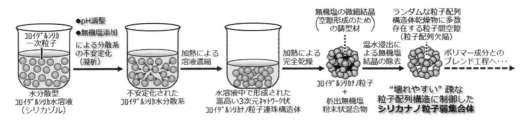

図2　提案されている易解砕性シリカナノ粒子弱集合体の予備作製プロセスの概略

る。この易解砕性粒子弱集合体については，多孔質なシリカゲル生成過程[16]を参考とした図2のようなプロセスフローにより予備作製が試みられている[14, 15, 17～21]。

　図2はフィラーとして球状ナノシリカを用いた場合の予備作製プロセスの概略図である。出発原料として，フィラー成分となる球状コロイダルシリカナノの水分散系（シリカゾル）を用いて，この溶液にpH調整・無機塩添加といった分散系の不安定化操作を行うことでゾル溶液中のシリカコロイド粒子の凝析を促し，液中にて嵩高いコロイダルシリカナノ粒子連珠構造体を形成させる。その後，この溶液を徐々に濃縮することで塩の結晶化とコロイド粒子の凝集を併発させ，コロイダルシリカナノ粒子の3次元ネットワークに無機塩の析出結晶が混在した粉末状混合物を得る。この混合物中の微細な無機塩結晶については，シリカナノ粒子のネットワークの粒子間スペースに優先的に析出し結晶成長するので，シリカナノ粒子ネットワークの粒子間空隙（粒子配列欠陥）形成のための鋳型（テンプレート）の役割を果たす。この塩の結晶を温水浸出により溶出除去すれば，最終的に，粒子間空隙を多数有しつつ，コロイダルシリカナノ粒子が「弱く」接触した3次元ネットワーク状弱凝集体が作製できる。このように分散の観点からはむしろ「負の特性」と認識されることが多いナノ粒子の凝集特性を敢えて積極的に利用して，コロイド溶液の分散系を不安定化しランダム凝集を促すことで，"壊れやすい"疎な粒子配列構造を有する無機ナノ粒子弱集合体（易解砕性粒子弱集合体）を事前作製するユニークな技術が提案されている。さらにこのプロセスでは，ナノサイズの粒状フィラーをミクロンサイズの凝集物としてハンドリングできるため，近年，懸念されているナノ材料の生体への毒性，いわゆる"ナノリスク"の回避にも繋がり，安全な作業環境下でのナノコンポジットの調製が可能となる。

1.3　新規手法によるポリプロピレン／シリカ系ナノコンポジットの調製
1.3.1　予備作製した易解砕性シリカナノ粒子弱集合体の特性

　図2のプロセスフローに則って予備作製した代表的シリカナノ粒子集合体の一次粒子配列状態を，走査型電子顕微鏡（SEM）写真として図3[19]に示す。同図(a)は，一次粒子径190 nmの原料シリカゾルに，無機塩としてKBrをゾル水溶液中濃度として2.6 Mに相当する量を添加（以降，この塩添加条件を［KBr］＝2.6 Mと表記する）し，pHを初期値の約9.3から4に調整することでゾル分散系の不安定化を促して作製したシリカナノ粒子集合体の一次粒子配列構造であ

第2章 無機材料ナノコンポジット

ランダムな一次粒子配列　　最密充填に近い一次粒子配列

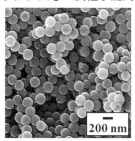
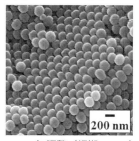

(a) pH調整（pH 9.3 → 4）　　(b) pH無調整（初期pH 9.3）
塩添加（[KBr] = 2.6 M）　　　塩無添加（[KBr] = 0 M）

図3　一次粒子径190 nmのシリカゾルを異なる条件に制御してそれぞれ予備作製された2種類のシリカナノ粒子集合体の一次粒子配列構造（SEM写真）[19]
(a) pH調整（pH 4）と無機塩添加（[KBr] = 2.6 M）操作により不安定化された原料ゾルから作製し，温水浸出による無機塩溶出除去を8回繰り返して得られた集合体，
(b) pH無調整，塩無添加の安定な分散状態の原料ゾルからそのまま作製した集合体

る。一方同図(b)は，比較試料として，同一の原料シリカゾルに対してpH調整と無機塩添加の両操作を施さずに安定な良分散状態を維持したままゾルを乾燥することにより得られた粒子集合体の粒子配列構造である。原料シリカゾルの不安定化操作により，得られる集合体のシリカ一次粒子配列状態が，最密充填に近い規則配列構造から粒子間に大きな粒子配列欠陥（空隙）を多数有するよりランダム配列構造に変化している。

このように原料シリカゾルの分散系の不安定化操作を施して予備作製したシリカナノ粒子集合体の解砕強度σ_tと一次粒子間空隙率ε_pを評価した結果を図4に示す。なお図中黒丸は，図3(a)と同一のゾル条件で作製したのち最終的に温水浸出を8回繰り返して得られたシリカナノ粒子集合体の結果を示しており，白丸は，比較試料と

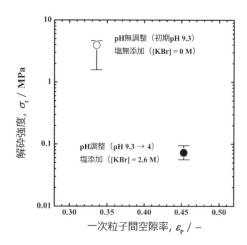

図4　一次粒子径190 nmのシリカゾルを異なる条件に制御してそれぞれ予備作製された2種類のシリカナノ粒子集合体の解砕強度と一次粒子間空隙率の関係
pH調整（pH 4）と無機塩添加（[KBr] = 2.6 M）操作により不安定化された原料ゾルから作製し，温水浸出による無機塩溶出除去を8回繰り返して得られた集合体（●），pH無調整，塩無添加の安定な分散状態の原料ゾルからそのまま作製した集合体（○）

して，図3(b)と同一のゾル条件で作製した最密充填構造に近いシリカナノ粒子集合体の結果を示している。シリカナノ粒子集合体の解砕強度は，㈱島津製作所製MCT-W500を用いた微小圧

縮試験結果から推定された値である。一方，シリカナノ粒子集合体の一次粒子間空隙率は，水銀圧入ポロシメーターにて測定した細孔分布から算出される粒子配列の乱れの指標であり，この値が大きい程ランダムな粒子配列構造となっていることを意味する。

図4の結果は，図3のSEM観察結果を反映しており，原料シリカゾル分散系の不安定化操作により，シリカナノ粒子集合体の一次粒子間空隙率が増加したことで，解砕強度が大幅に（1オーダー以上）低下する結果となっている。図4のプロットは，式(1)や式(3)で表される粒子充填集合体の強度理論式の関係，すなわち，ε_Pが増加しN_Cが低下したことによりσ_tが低値となったことを支持している。この知見は，原料として用いる無機ナノ粒子の水分散型コロイド溶液の安定性を適正に制御することにより，解砕強度が最小となるよう制御された易解砕性無機ナノ粒子弱集合体の作製が可能であることを示唆している。

1.3.2　溶融混練により達成されるポリプロピレン中でのシリカナノ粒子弱集合体の解砕・分散性

一次粒子配列構造と解砕強度について，図4のように異なる特性を有する2種類のシリカナノ粒子集合体を，体積配合率$V_f = 0.05$の条件で，二軸バッチ式混練機（㈱東洋精機製作所製ラボプラストミル，セグメントミキサータイプ：KF15V）を用いてアイソタクチック型ポリプロピレン（本節では以降，iPPと記述する）融体とブレンドすることで，それぞれiPPとシリカナノ粒子との複合化を図った。ブレンド条件としては，iPP融体温度180℃，ミキサーのローター回転数を45 rpmとし，20分間の溶融混練とした。

図5のSEM写真は，それぞれのシリカナノ粒子集合体をiPPと溶融混練した際に得られた試料のiPPマトリックス中におけるシリカナノ粒子集合体の解砕・分散状態を示している。一次粒子間空隙率が小さく解砕強度が高い最密充填構造に近いシリカナノ粒子集合体をフィラーとして用いた場合は，混練時にiPP融体に作用するせん断力では完全解砕されることなく，μmオーダーの未解砕集合体が無数に残存するマイクロコンポジットとなった。これに対して，シリカゾル分散系の不安定化操作を施して作製した一次粒子間空隙率が大きく解砕強度が低く制御されたシリカナノ粒子集合体との混練においては，同じブレンド条件であるにもかかわらず，未解砕集合体はほとんど観測されず，一次粒子単位まで分散されたシリカの数量がマイクロコンポジットの場合と比べて圧倒的に多くなっている。図5より，シリカゾル分散系の不安定化操作を施して作製したシリカナノ粒子弱集合体が易解砕性であること，ならびに，シリカ表面の疎水化処理を用いることなく一次粒子単位分散がおおむね達成されたiPP／親水性シリカ系ナノコンポジットを調製することができることが確認された。

以上の結果より，本項で解説した新規手法を用いれば，サブミクロン程度の一次粒子径のシリカナノ粒子については，親水性表面を有したまま，すなわちマトリックス成分である疎水性ポリプロピレンとの界面エネルギーが高く極性差が著しく大きい状態で一次粒子単位の均一ナノ分散が達成可能である。

第2章　無機材料ナノコンポジット

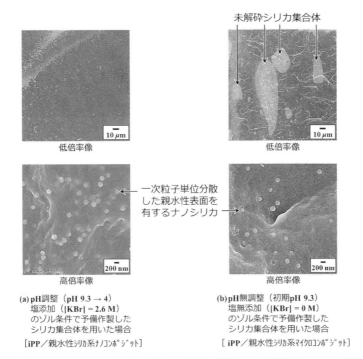

図5　一次粒子径190 nmのシリカゾルを異なる条件に制御して予備作製された2種類のシリカナノ粒子集合体をそれぞれ用いてiPPとの溶融混練により複合化した際のiPPマトリックス中でのシリカ解砕・分散性（SEM写真）
(a)pH調整（pH 4）と無機塩添加（[KBr] = 2.6 M）操作により不安定化された原料ゾルから作製し，温水浸出による無機塩溶出除去を8回繰り返して得られた集合体を用いた場合，(b) pH無調整，塩無添加の安定な分散状態の原料ゾルからそのまま作製した集合体を用いた場合

1.4　親水性表面を有するコロイダルシリカが分散したポリプロピレン／シリカ系ナノコンポジットの機械的特性

1.4.1　対象コンポジット

1.3項にて述べてきた新規手法を用いて調製された親水性表面を有するコロイダルシリカナノ粒子がポリプロピレン中に一次粒子単位分散したコンポジット試料の機械的特性について，静的引張り試験とシャルピー衝撃試験の結果を例にとり，シリカ分散性との関係に注目して解説する。

本項では，$V_f = 0.05$の条件でiPPとブレンドした後，自然冷却により成形固化して得られたシリカ分散性が大きく異なるiPP／親水性シリカ系ナノコンポジット（図5(a)に示される良好なナノシリカ分散性）と同系マイクロコンポジット（図5(b)に示される劣ったシリカ分散性）を評価対象とする。さらに，上記2種類のiPP／親水性シリカ系コンポジットの調製と同条件でiPPのみを溶融混練（空練り）した後に自然冷却により固化成形したシリカ無添加iPPも評価対象として結果を比較・検討する。

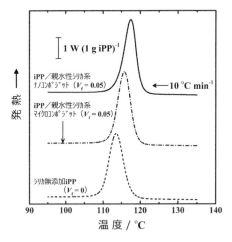
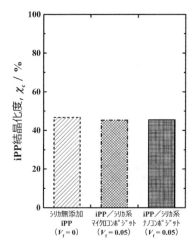

(a) DSC曲線［iPP相1g当たりの熱量に規格化］　**(b)** DSC測定結果から算出したiPP結晶化度

図6　シリカ分散性が大きく異なる2種類のiPP／親水性シリカ系コンポジットおよび
シリカ無添加iPPの非等温DSC測定結果
(a)DSC曲線，(b)DSC測定結果から算出したiPP結晶化度

1.4.2　本系ナノコンポジットのiPP結晶化度

母相となるiPPは結晶性ポリマーであり，固化成形条件により結晶化度や結晶組織が変化する。当然，iPPの結晶化度や結晶組織の微細化の程度は，静的引張り特性および耐衝撃性等の機械的特性に大きな影響を及ぼす[22]。このことを踏まえれば，対象コンポジットの静的引張り試験とシャルピー衝撃試験の結果を議論する前に，親水性シリカ添加の有無やシリカ分散性がiPP相の結晶組織に及ぼす影響をあらかじめ明らかにしておく必要がある。

図6は，シリカ無添加iPPを含む3種類の対象試料の固化成形過程における結晶化挙動を調査するために実施された非等温示差走査熱量測定（DSC）の結果の例である。同図(a)のDSC曲線は，降温速度10℃ min^{-1}，窒素雰囲気の条件の下で測定して得られたものであるが，冷却過程にて観測されるiPP融体の結晶化に起因する発熱ピークから，結晶化の開始温度がシリカ添加の有無やシリカ分散性の違いの影響を受けていることが分かる。図6(b)は，同図(a)のそれぞれのDSC曲線と完全結晶化（結晶化度100%）の仮想状態のポリプロピレンの融解エンタルピー変化（結晶化度依存性の外挿値：$\Delta H_m = 209$ J g^{-1}）[23,24]を用いて，次式(4)から算出される各対象試料におけるiPP相の結晶化度χ_cである。

$$\chi_c \equiv \frac{\int_0^\infty (dH_c/dt)dt}{\Delta H_m} \times 100 \quad (\%) \tag{4}$$

なお，この式のdH_cは微小時間dtにおけるiPP融体の結晶化に伴う発熱量である。算出されたχ_cの値を比較すると結晶化温度とは対照的に，シリカ添加の有無やシリカ分散性の違いに対する明確な依存性は認められず，おおむね45～47%程度となっている。本節で対象としている

第 2 章　無機材料ナノコンポジット

iPP／親水性シリカ系ナノコンポジットやシリカ無添加 iPP の結晶化温度をはじめとした結晶化挙動の考察については割愛する（この考察については，著者が別稿[22]にて詳述しているのでそちらを参照されたい）が，iPP 相の結晶化度はおおむね同一であると見なすことができる。すなわち，対象試料の機械的特性の差異が認められた場合，この原因が iPP 結晶化度の違いによるものであるという可能性は，少なくとも，排除して差し支えがないと判断できる。

1.4.3　静的引張り特性

3 種類の対象試料に対し，室温，クロスヘッド速度 1 mm min^{-1} での条件で静的引張り試験（JIS K 7113 準拠）を実施した結果として，応力-ひずみ線図を図 7 に，各応力-ひずみ線図から求められる引張り特性値（ヤング率，最大点応力，破断ひずみ）を図 8(a)～(c)にそれぞれ示す。マイクロコンポジットおよびナノコンポジットのヤング率は，シリカ無添加 iPP のそれを大きく上回っており，剛性の高いシリカ添加効果が現れているが，シリカ添加効果の程度は両コンポジットで大きく異なっている。図 8(a)の二点鎖線で示した水平線は，Halpin-Tsai の理論式[25～27]（式(5)）をもとに Lewis と Nielsen が提案した粒子充填系の弾性率複合則（Lewis-Nielsen の複合則[28, 29]（式(5)～(8)））を，$V_f = 0.05$ のポリプロピレン／シリカ系に適用した場合のヤング率の理論予測値を示している。

$$E_c = \frac{1 + A \cdot B \cdot V_f}{1 - B \cdot \psi \cdot V_f} \cdot E_m \tag{5}$$

$$A = \frac{7 - 5\nu_m}{8 - 10\nu_m} \tag{6}$$

$$B = \frac{E_f/E_m - 1}{E_f/E_m + A} \tag{7}$$

$$\psi = 1 + \left(\frac{1 - V_{f,\max}}{V_{f,\max}^2}\right) \cdot V_f \tag{8}$$

ここで，上式中の E_c, E_m, E_f はそれぞれコンポジット，マトリックス成分，フィラー成分の弾性率，ν_m はマトリックス成分のポアソン比，$V_{f,\max}$ は球状フィラーのランダム充填を仮定した最大充填分率（= 0.637）である。これら式(5)～(8)に母相であるシリカ無添加 iPP の室温におけるヤング率の実測値（= 2.33 GPa, 図 8(a)参照）とポアソン比の実測値（= 0.41, JIS K 7161-1 に準拠した引張りモードにて測定）ならびにシリカのヤング率の報告値（= 94 GPa）[30]を代入することにより得られた理論予測値に比べ，iPP／親水性シリカ系マイクロコンポジットはおおむね同一のヤング率となっている。これに対して，新規手法により調製した iPP／親水性シリカ系ナノコンポジットにおいては，理論予測値を大きく上回るヤング率の向上を達成している。親水性コロイダルシリカがフィラーとして均一ナノ分散している本系ナノコンポジットは，図 5(a)に示されるように，分散シリカ粒子と iPP マトリックス界面が明瞭であるとともに，一部界面剥離している様子も見られる。このように，フィラー／ポリマーマトリックス間の濡れ性が極めて悪いため界面付着力が非常に弱いコンポジット系であり，コンポジット全体に作用する引張り応力をフィラー成分が負担することができない材料であると予想されるが，実際には，理論予測値

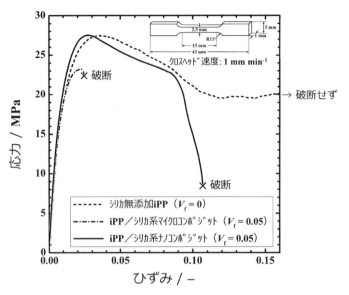

図7 シリカ分散性が大きく異なる2種類のiPP／親水性シリカ系コンポジットおよびシリカ無添加iPPの応力−ひずみ線図
静的引張り試験の供試材の形状と寸法ならびに試験条件は図中に記載

を凌駕する程の高い剛性を有することは本系ナノコンポジットの特筆すべき機械的特性である。

上式(5)〜(8)から明らかなように，コンポジットのヤング率は，理論的にはフィラーの分散サイズに依存しないはずである。しかしながら，新田らの研究グループによると，シリカ／PP系ナノコンポジットにおいて，100 nm以上の粒子径の親水性ナノシリカがPP中に分散している場合は，理論複合則（上式(5)〜(8)）通りにシリカの分散サイズには依存しないものの，26 nmの粒子径の親水性ナノシリカが良好に分散した場合には，理論複合則より高いヤング率となると報告されている[31,32]。この結果については，フィラー寸法がナノオーダーまで小さくなるナノコンポジットにおいては，ミクロンサイズのフィラーが分散した従来のマイクロコンポジットに比べて劇的に粒子間距離が縮まることを考慮して，以下のように考察されている[31,32]。彼らは，自ら調製したナノコンポジットの動的粘弾性測定結果から，結晶相と非晶相が混在するポリプロピレンのような結晶性ポリマーをマトリックス成分とした場合には，このポリマーマトリックスの高次組織（結晶ラメラ間の非晶相）の寸法レベルと同程度まで接近したナノコンポジット中の親水性シリカナノ粒子間に作用する強い引力の相互作用により非晶部の分子運動性が著しく阻害されることを明らかにした。その結果として，当該ナノコンポジットのヤング率に代表される微小変形領域での機械的性質の変化（ヤング率の著しい向上）に繋がったと推測している。本節にて対象としているiPP／親水性シリカ系ナノコンポジットの分散シリカ一次粒子径は190 nmであり，彼らが報告している分散シリカの材料寸法より若干大きなサイズである。しかしながら，シリカ配合率としては彼らより高充填条件となっており，分散シリカナノ粒子間の相互作用が，マ

第2章　無機材料ナノコンポジット

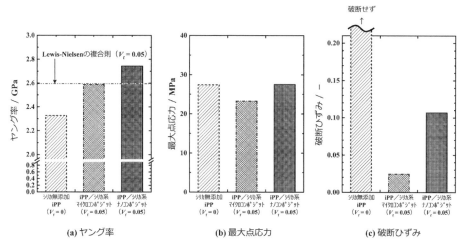

図8 シリカ分散性が大きく異なる2種類のiPP／親水性シリカ系コンポジットおよびシリカ無添加 iPP の静的引張り特性
(a)ヤング率，(b)最大点応力，(c)破断ひずみ

トリックスである iPP の非晶相の分子運動性に及ぼす影響が図8(a)の結果に反映された可能性がある。図8(a)に比較して示されている分散シリカ粒子の粒子間距離が著しく遠距離となるマイクロコンポジットのヤング率については，シリカ無添加 iPP のヤング率に対する増分が小さくなっている事実もこの推察を支持しているように思われる。このような親水性シリカナノ粒子の分散によるポリプロピレンのヤング率向上メカニズムの妥当性を検証するためには，より詳細な研究を行う必要があるが，著者らの研究グループでは，フィラーとポリマーマトリックス間の濡れ性がiPP／親水性シリカ系よりもさらに著しく劣るフッ素ポリマー／親水性シリカ系ナノコンポジットのヤング率においても同様の Lewis-Nielsen の複合則を凌駕するヤング率の向上を観測しており[33,34]，非常に興味深い機械的特性であることに疑う余地はない。

一方，図8(b)，(c)に示される引張り強度に相当する最大点応力や伸び特性である破断ひずみも，親水性ナノシリカの分散性に強く影響を受けている。一般の有機／無機系コンポジットでは，高剛性の無機物の添加が伸びの著しい低下を招く傾向にあり[35~37]，先掲の図7の一点鎖線の応力－ひずみ曲線で示された分散性が劣る iPP／親水性シリカ系マイクロコンポジットにおいても例外ではなく，伸び特性が著しく悪化しており，さらに，引張り強度の低下も認められる。しかしながら，図7の実線で示された親水性シリカナノ粒子が一次粒子単位で均一分散したiPP／親水性シリカ系ナノコンポジットにおいては，マイクロコンポジットのような引張り強度の低下は観測されず，伸び特性も大幅に改善されている。図9にシリカ分散性が異なる両コンポジットの引張り破断面の SEM 写真を示しているが，親水性シリカのナノ分散性が向上することで，不安定な脆性破壊の痕跡を示す平滑な破面（同図(b)）から延性破壊の痕跡を示すディンプル破面（同図(a)）に変化している様子が見られる。

図9 シリカ分散性が大きく異なる2種類のiPP／親水性シリカ系コンポジットの引張り破断面（SEM写真）
(a)iPP／親水性シリカ系ナノコンポジット，(b)iPP／親水性シリカ系マイクロコンポジット

　マイクロコンポジットについては，内部に多数残存するミクロンサイズの未解砕シリカ集合体が材料欠陥として作用するため，この欠陥の応力集中領域から亀裂が発生し，亀裂が急速に伝播して破断に至る脆性的な不安定破壊となったものと判断される。この破壊メカニズムが破断ひずみや最大点応力にも反映され，これらの値も著しく低下したと考えられる。これに対して，ナノコンポジットの場合は，図9(a)からポリマーマトリックスとの界面付着力が弱い分散シリカ一次粒子がディンプル内部に存在していることが観測されたことから，ナノコンポジットの塑性変形時にiPP母相だけが材料変形を生じるため，分散シリカナノ粒子との界面において剥離が容易に進行してボイドが形成したことが推察される。このボイドの形成により，引張り試験の高い応力が分散ナノシリカには伝達されることがなく亀裂の発生には至らなかったこと，ならびに，引張り方向への材料変形の進行とともに界面で発生したボイドが成長することになるが，これらのボイドの多くが合体するまで破断することがなく，ナノコンポジット全体として比較的大きな変形が許容されたこと，の2点により，破断ひずみと最大点応力が増加したものと考えられる。
　以上の結果から，濡れ性が劣る親水性シリカナノ粒子を疎水性のiPPに均一分散させたナノコンポジットでは，
- 界面付着力が極めて弱いこと
- このような特性に影響を及ぼす界面が膨大であること，すなわち，発生するボイド一つ一つの成長は，ナノ寸法の材料変形であるが，分散ナノシリカとiPPマトリックスの広大な界面を有

第2章　無機材料ナノコンポジット

し，ボイドの発生数も膨大なため，これらボイド成長の総和として考えれば，巨視的な材料変形特性である破断ひずみに対して十分な影響力となり得ること
- 分散ナノシリカが非常に接近した状態でiPP中に均一分布していること

という特徴により，一般の有機／無機系コンポジットには見られない剛性と伸び特性の両立を実現している。

1.4.4　耐衝撃性

3種類の対象試料に対し，室温の条件でシャルピー衝撃試験（JIS K 7111準拠）を実施した結果を図10に示す。この結果は，前項の静的引張り試験の破断ひずみの結果を反映しており，マイクロコンポジットでは，耐衝撃性がシリカ無添加iPPに比べて著しく低下しているのに対して，ナノコンポジットでは，耐衝撃性の低下が抑制されているだけでなく，剛性が低く良好な伸び特性を有したシリカ無添加iPPよりさらに優れた耐衝撃特性を有している。

図11が，これら3種類の供試材のシャルピー衝撃破断面のSEM写真である。同図(a)のシリカ無添加PPの破断面に注目すると，破断開始部分である切欠き部から十分離れた領域においては若干ではあるが延性破壊を想起させるディンプル破面となっている。この破面が観測された場合には比較的高いシャルピー衝撃値が得られるものと予想される。

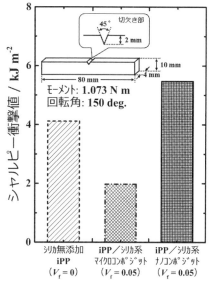

図10　シリカ分散性が大きく異なる2種類のiPP／親水性シリカ系コンポジットおよびシリカ無添加iPPのシャルピー衝撃値
シャルピー衝撃試験の供試材の形状と寸法ならびに試験条件は図中に記載

ところで，図11(c)のiPP／親水性シリカ系マイクロコンポジットの衝撃破断面は，切欠き部近傍から破面全域にわたって平滑な破面となっており，延性破壊はまったく生じておらず脆性的な破壊となったことが示唆される。このことは，図10に示されるシャルピー衝撃値がシリカ無添加iPPに比べて著しく低下していることを支持した結果となっている。なお，このコンポジットの衝撃破断面には，巨大な未解砕シリカ集合体が多数観測されており，瞬時に大変形が生じる材料評価試験であるシャルピー衝撃試験においても，静的引張り試験の場合と同様に，未解砕シリカ残存部での応力集中ならびに亀裂の発生・亀裂の伝播による脆性破壊が生じたものと考えられる。

一方，図11(b)のiPP／親水性シリカ系ナノコンポジットの衝撃破断面は，切欠き部から離れた領域に，図9(a)の引張り破断面と同様の内部にシリカ一次粒子が存在するディンプル破面が

ポリマーナノコンポジットの開発と分析技術

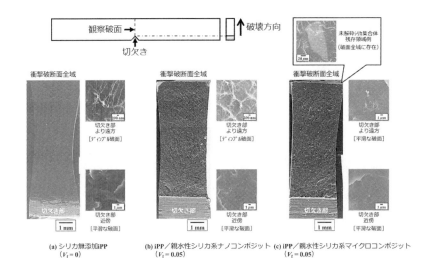

図11 シリカ分散性が大きく異なる2種類のiPP／親水性シリカ系コンポジットおよびシリカ無添加iPPのシャルピー衝撃破断面（SEM写真）
(a)シリカ無添加iPP，(b)iPP／親水性シリカ系ナノコンポジット，(c)iPP／親水性シリカ系マイクロコンポジット

形成されており，シリカとiPPマトリックスの界面剥離によるボイドの形成と成長・合体により起こる延性的な破壊となったことが推察される。すなわち，マイクロコンポジットはもとより，シリカ無添加iPPの場合と比較しても，より延性的な破壊様式となったことが原因で，シャルピー衝撃値が増加し，最も大きな値が得られたものと考えられる。

以上の結果より，iPP／親水性シリカ系ナノコンポジットでは，静的引張り特性の場合と同様に，フィラーとポリマーマトリックスの特異的な界面が形成されることにより，高剛性でありながら耐衝撃性も付与することができる可能性が見いだされた。

本項で紹介した剛性と伸び・耐衝撃性に代表される延性を兼ね備えたiPP／親水性シリカ系ナノコンポジットに関する知見は，分散させる無機ナノフィラーとポリマーマトリックス間の界面制御が，これからの有機／無機系ナノコンポジットの新機能創出のキーテクノロジーとなり得ることを示唆している。

1.5 まとめと今後の展望

本節では，iPP／親水性シリカ系ナノコンポジットを例にとって，このナノコンポジットの簡便な調製を実現する新規手法，ならびにナノフィラーとポリマーマトリックス間の界面制御により通常の有機／無機系コンポジットには見られない特性が発現することを解説した。ただし，発現される材料特性・機能は，本節で紹介した機械的特性だけに限定されるものではないと思われる。たとえば，シリカ／エポキシ樹脂系ナノコンポジットについては，本節で取り上げた濡れ性が悪く相互作用が極めて小さい親水性ナノシリカとiPPマトリックス界面が形成されるナノコ

第2章 無機材料ナノコンポジット

ンポジットとは逆の材料設計方針に基づいて，新機能を創出することが試みられている。具体的には，フィラーである親水性シリカとマトリックスであるエポキシポリマー鎖の界面にシリカ表面水酸基由来の化学的相互作用を導入することにより，分散ナノシリカ周辺のエポキシポリマー鎖の熱運動を強く拘束（α分散やβ分散を抑制）することで，結果としてエポキシ樹脂の線熱膨張係数を，複合則の理論予測値以上に効果的に低減することに成功している[38,39]。

このように，大面積のナノフィラーとポリマーマトリックスの界面を上手く活用した機能性有機／無機系ナノコンポジットを創製するためには，多様な性状の界面設計にも対応可能なナノコンポジット簡易調製技術の確立が必要不可欠となる。この意味で，本節にて解説した簡便なポリマーとのブレンド法による表面疎水化処理フリーの親水性無機ナノ粒子均一分散法は，ナノフィラーの表面状態に自由度を持たせたままナノレベルでの分散・固定化が達成されるため，フィラー／ポリマー界面制御型ナノコンポジットの有用な調製技術の一つとなり得るものと考えられる。ただし現状では，本節にて取り上げたナノコンポジット調製技術については，一部の架橋型エポキシ樹脂中への100 nm以下のシリカナノ粒子については一次粒子単位分散に成功している[38]ものの，iPPをはじめとした熱可塑性ポリマーとの溶融混練では，サブミクロンを下回る一次粒子径のシリカナノ粒子集合体の完全解砕の達成には至っていない。親水性フィラーのさらなる分散性向上に向けては，シリカナノ粒子弱集合体の予備作製段階におけるシリカゾル分散系の不安定化操作条件をさらに精査することも試みられている[15]。今後のナノ粒子の創製および制御技術に関する研究・開発が進み，より解砕しやすい弱集合体の予備作製ならびに樹脂中への分散粒子径のさらなるサイズダウン・高精度な配列制御が達成されることで，ポリプロピレン／シリカ系をはじめとした有機／無機系ナノコンポジットの活躍の幅が大きく拡がることを期待したい。

文　　献

1) 藤田祐二，未来材料，**5**(10)，9-13（2005）
2) 野村学，プラスチックス，**46**(10)，45-49（1995）
3) 今西秀明ほか，高分子論文集，**58**，480-485（2001）
4) 永田員也，成形加工，**15**，46-50（2003）
5) 永田員也，接着の技術，**17**(3)，54-59（1997）
6) 相馬勲ほか，初歩から学ぶフィラー活用技術 — 二十一世紀の素材を創る，pp.123-209，工業調査会（2003）
7) M. Z. Rong *et al.*, *Polymer*, **42**, 3301-3304（2001）
8) G. Z. Papageorgiou *et al.*, *Thermochimica Acta*, **427**, 117-128（2005）
9) たとえば，F. Yang and G. L. Nelson, *Polym. Adv. Technol.*, **17**, 320-326（2006）

10) たとえば，P. Dittanet and R. A. Pearson, *Polymer*, **53**, 1890-1905（2012）
11) H. Rumpf, *Chem. Ing. Tech.*, **42**, 538-540（1970）
12) J. N. Israelachvili, "Intermolecular and Surface Forces, 3rd edn.", pp.254-256, Academic Press（2011）
13) J. N. Israelachvili, "Intermolecular and Surface Forces, 3rd edn.", pp.275-280, Academic Press（2011）
14) M. Tanahashi, *Materials*, **3**, 1593-1619（2010）
15) 棚橋満ほか，粉体工学会誌，**51**，142-152（2014）
16) R. K. Iler, "The Chemistry of Silica: Solubility, Polymerization, Colloid and Surface Properties, and Biochemistry", p.174, Wiley-Interscience（1979）
17) 棚橋満ほか，日本金属学会誌，**70**，365-373（2006）
18) M. Tanahashi et al., *Polym. Adv. Technol.*, **17**, 981-990（2006）
19) 渡邉佑典ほか，高分子論文集，**63**，737-744（2006）
20) M. Tanahashi et al., *J. Nanosci. Nanotechnol.*, **7**, 2433-2442（2007）
21) 棚橋満ほか，材料，**58**，408-415（2009）
22) 棚橋満，ポリプロピレンの構造制御と複合化，成形加工技術，pp.204-218，技術情報協会（2016）
23) U. Gaur and B. Wunderlich, *J. Phys. Chem. Ref. Data*, **10**, 1051（1981）
24) R. P. Quirk and M. A. A. Alsamarraie, "Polymer Handbook, 3rd edn.", pp.V/27-V/33, Wiley Interscience（1989）
25) S. W. Tsai, U. S. Government Rept., AD 834851（1968）
26) J. E. Ashton et al., "Primer on Composite Materials: Analysis", pp.72-94, Technomic Publishing Co., Inc.（1969）
27) J. C. Halpin, *J. Compos. Mater.*, **3**, 732-734（1969）
28) T. B. Lewis and L. E. Nielsen, *J. Appl. Polym. Sci.*, **14**, 1449-1471（1970）
29) L. E. Nielsen, *J. Appl. Phys.*, **41**, 4626-4627（1970）
30) M. F. Ashby and D. R. H. Jones, "Engineering Materials: An Introduction to their Properties and Applications", p.31, Pergamon Press, Inc（1980）
31) 飛鳥一雄ほか，成形加工，**16**，617-622（2004）
32) 新田晃平，成形加工，**18**，114-117（2006）
33) M. Tanahashi et al., *J. Nanosci. Nanotechnol.*, **9**, 539-549（2009）
34) 棚橋満，シリカ微粒子の特性と表面改質および分散・凝集の制御，pp.317-337，技術情報協会（2009）
35) A. Morikawa et al., *J. Mater. Chem.*, **2**, 679-689（1992）
36) A. Morikawa et al., *Polym. J.*, **24**, 107-113（1992）
37) Y. Chen and J. O. Iroh, *Chem. Mater.*, **11**, 1218-1222（1999）
38) 広田和真ほか，日本接着学会第51回年次大会講演要旨集，pp.87-88，日本接着学会（2013）
39) M. Tanahashi and K. Hirota, "Proc. 17th European Conference on Composite Materials（ECCM17）[ISBN 978-3-00-053387-7]", (8 Pages, MON-4_NAP_2.06-17.pdf [Download datum from ECCM17 Website]), European Society for Composite Materials（ESCM）（2016）

2 高分子／金属ナノコンポジットの構造制御と機能

堀内 伸*

2.1 はじめに

　金属ナノ粒子は，同一金属のバルク材料とは異なる物理的，化学的物性を示すことが広く知られている。粒径が 10 nm 以下のシングルナノサイズとなった時，サイズに依存した光学的，化学的（触媒作用等），磁気的性質が発現する。この様な微小な材料を高性能・高機能性材料として応用展開するためには，ポリマー等の媒体中に良好な分散性を保った状態で固定化することが重要になる。

　金属ナノ粒子をポリマーマトリックス中に固定化したポリマーナノコンポジットは，あらかじめ用意したナノ粒子粉体を溶融混練等によりポリマー中に分散させる方法と金属ナノ粒子の前駆体となる金属塩や金属錯体をポリマーに溶解させ，前駆体をその場で還元することにより得ることができる[1,2]。前者の方法では，凝集体のない良好な分散を得ることは一般的に困難であり，前駆体となる金属化合物をポリマー内で還元する方法が高密度，かつ均一な分散を得ることが可能である。

　筆者らは，ポリマー／金属コンポジットの調整方法として，昇華性金属錯体をポリマーフィルムに輸送することにより，数ナノメートルの大きさの金属微粒子を高密度に均一分散させる方法を見出した。本稿では，本手法の原理とポリマー中での金属ナノ粒子の分散制御，さらに，得られたポリマー／金属ナノコンポジットの特徴的な物性について紹介する。

2.2 昇華性金属錯体を用いたポリマー／金属ナノコンポジットの作製

　金属塩を溶液中で還元剤，保護剤とともに熱処理することにより金属塩を還元し，金属ナノ粒子を合成するコロイド法は，粒径や形状が制御された金属ナノ粒子を安価に大量合成する方法として古くから知られている。一方，アセチルアセトナート基を配位子とする一部の金属錯体（図1）は，還元剤等の添加剤を用いることなく，有機媒体中で還元され，金属ナノ粒子が形成されることが知られている[3]。それらの金属錯体自身は不活性ガス雰囲気下では 200℃ 以上の温度まで安定であるが[4]，有機媒体中では，熱分解温度が低下し，媒体の沸点以下の温度にまで金属錯体の熱分解温度が低下する。有機媒体が高分子フィルムの場合，金属錯体を溶解した高分子フィルムを窒素雰囲気下で熱処理するだけで，均一な粒径の金属ナノ粒子を分散させることが可

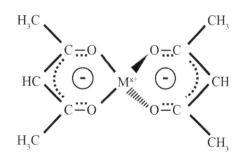

図1　アセチルアセトナートを配位子とする金属錯体

---

*　Shin Horiuchi　(国研)産業技術総合研究所　ナノ材料研究部門　接着・界面現象研究ラボ

ポリマーナノコンポジットの開発と分析技術

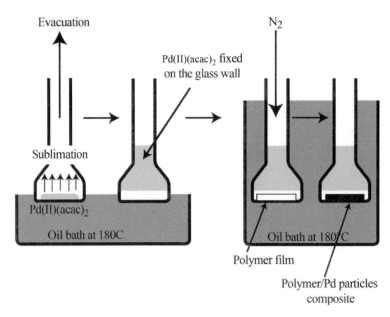

図2 金属錯体蒸気によるポリマーフィルムへの金属ナノ粒子の導入方法

能である[5]。

我々は、昇華性金属錯体であるパラジウム（Ⅱ）ジアセチルアセトナート（Pd(acac)$_2$）を蒸気として高分子フィルムに導入することにより、金属ナノ粒子を安定にフィルム内部に分散させる方法を見出した[6~13]。図2に本手法の概略を示す。10 mg程度のPd(acac)$_2$をガラス管に入れ、真空に引きながら180℃のオイルバスにガラス管の底面を漬けると、Pd(acac)$_2$は昇華し、上部で冷却され、ガラス管内壁に付着する。この様にあらかじめPd(acac)$_2$を付着させたガラス管にポリマーフィルムを導入し、ガラス管を窒素置換した後、全体を180℃のオイルバスに漬けると、Pd(acac)$_2$は蒸気となり、ポリマーフィルム内部へ浸透する。Pd(acac)$_2$はポリマーへ浸透すると同時に還元され、30分～2時間で10 wt%程度のPdナノ粒子がフィルム内部に分散する。図3aに、Pd(acac)$_2$蒸気を30分間作用させた厚さ約100 μmのポリスチレン（PS）フィルム内部に形成したPdナノ粒子の分散状態をTEM写真により示す。図3bは画像から見積もった粒径分布であり、粒径約4 nmで分布の狭い金属ナノ粒子をフィルム内部に安定に分散させることが可能である。粒径はポリマーの還元力の強さなどの条件により2~10 nmとなり、還元力が強いポリマー程、粒径が小さくなく傾向がある。図3は、各種ポリマーフィルムへのPdナノ粒子の導入量を金属錯体蒸気の作用時間に対するプロットである。ナイロン6の還元力は特に高く、30分間の作用により、13 wt%のPdナノ粒子が分散する。あらかじめ、Pd(acac)$_2$をポリマーに溶解させ、加熱処理により金属ナノ粒子を分散させることも可能であるが、金属錯体のポリマーへの溶解度が限界となり、高密度の分散体を得ることはできない。一方、蒸気として導入する場合は、処理時間と共に導入量を上げることが可能である。Pd(acac)$_2$のバ

第 2 章　無機材料ナノコンポジット

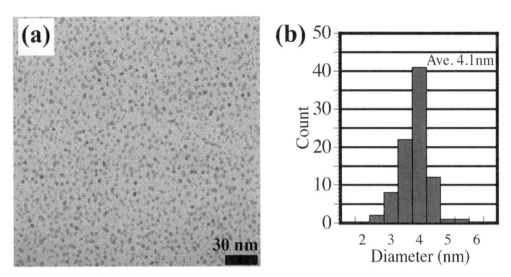

図3　(a)Pd(acac)$_2$ 蒸気 30 分間の作用により PS フィルム内部での Pd ナノ粒子の分散状態，および(b)粒径分布を表すヒストグラム

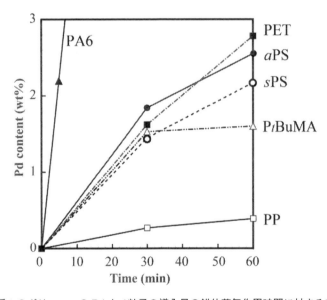

図4　種々のポリマーへの Pd ナノ粒子の導入量の錯体蒸気作用時間に対するプロット

ルクでの熱分解温度は 200℃ 以上であるため，高分子自身が金属錯体の熱分解温度を低下させ，還元剤として作用していることを意味している。ガラス転移温度が 180℃ 以下の高分子であれば，Pd ナノ粒子の合成は可能である。また，中心金属が Pt，Co，Cu の錯体も，同様に還元され，ナノ粒子が分散することを確認しているが，本稿では Pd ナノ粒子に関する結果を中心に概説す

る。

　Esumi らは,溶液中での Pd（acac）$_2$ の無触媒での還元による Pd 微粒子の形成を報告している[3]。特に,メチルイソブチルケトンでは,その沸点である116℃という低温で Pd（acac）$_2$ が熱分解,還元され,Pd 微粒子が安定に分散することを報告している。ポリマーに蒸気として導入された Pd（acac）$_2$ の熱分解及び Pd 金属微粒子の形成は,溶液中での反応と同様であると考えられる。また,Pd（acac）$_2$ の熱分解の結果生成される化合物は明らかではないが,Gross らはパラジウムアセテートの熱分解に伴う生成化合物として,酢酸と2酸化炭素の検出を報告しており[14],Pd（acac）$_2$ も同様の機構によると推測している。

2.3　高分子フィルム内部への金属ナノ粒子の集積化・パターニング

　ポリマーフィルム内での錯体蒸気の吸収と還元反応の同時進行により,金属ナノ粒子の高密度・微分散化が得られる。図5は,ポリマーフィルム内での金属錯体の状態変化を紫外・可視分光吸収測定により解析した結果である。330 nm にみられるピークは Pd（acac）$_2$ によるものであり,PS フィルムの場合,錯体の吸収によるこのピークが60分まで増大すると同時に,長波長側にテーリングを起こし,2時間後には錯体のピークがほとんど無くなり,金属微粒子に特有なブロードな吸収となる。一方,PMMA では,錯体の吸収によるピークが時間と共に増大するが,PS でみられた長波長側のブロードな吸収は60分間みられず,その後錯体によるピークが減少し,最終的には PS の場合と同様にブロードな吸収スペクトルとなる。この様な挙動の違いから,PS においては,Pd（acac）$_2$ の錯体蒸気の吸収と同時に金属微粒子への還元反応が進行するのに

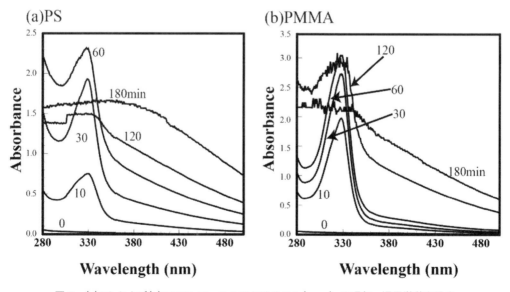

図5　(a)PS および(b)PMMA フィルムにおける Pd（acac）$_2$ の吸収・還元挙動を示す紫外・可視光吸収スペクトル

第 2 章　無機材料ナノコンポジット

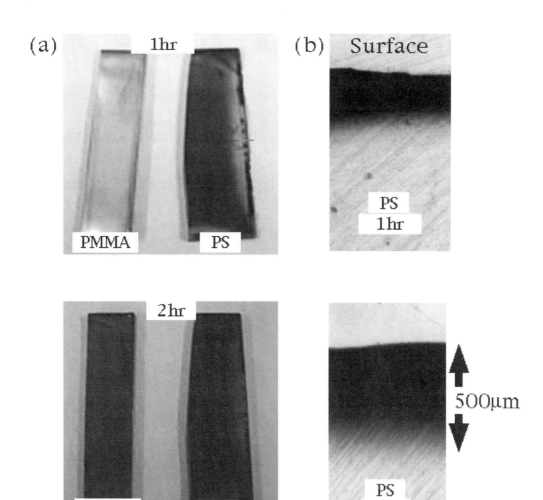

図 6　(a) PS および PMMA フィルムの錯体蒸気の吸収・還元によるフィルム外観の変化，および (b) 約 1 mm 厚の PS シートに対して処理を行った後の断面

対し，PMMA では錯体の吸収とその還元反応の間に時間差があることがわかる。

　PS と PMMA ホモポリマーに対して錯体蒸気接触法による処理を 30 分および 2 時間行ったフィルムを図 6a に示す。30 分後の PMMA は透明であるのに対し，PS は 30 分後に既に黒く不透明になる。2 時間後には両者とも黒くなり，金属微粒子がフィルム内に形成されていることがわかり，吸収スペクトルで示された挙動と一致する。また，図 6b は 1 mm 程度の厚い PS シートに対して処理を行った後の断面を示した。錯体蒸気はフィルム内部に浸透するため，かなり深くまで金属微粒子が形成され，2 時間後には 100 μm に達する。

　金属錯体に対するポリマーの還元力は，高分子の化学構造により異なるため，ポリマーブレンドやブロック共重合体に本手法を適用すると，相対的に還元力が強い相で優先的に還元が起こ

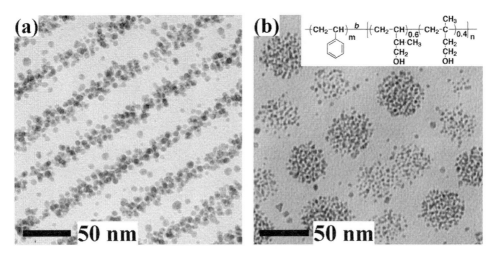

図7 ブロックコポリマーフィルム内部に形成されたPdナノ粒子の3次元規則配列
(a)PS-b-PMMA, (b)PS-b-PIOH

る[6,7]。よって，相分離構造をテンプレートとして，金属ナノ粒子をフィルム内部に集積化することが可能である。PSとポリメチルメタクリレート（PMMA）によるジブロック共重合体では，相対的に還元力の強いPS相にPdナノ粒子が形成し，相分離パターンを反映した集積パターンを得ることが可能である。図7aは，Pd(acac)$_2$蒸気に2時間作用されたPS-b-PMMAジブロックコポリマー（Mn＝47,000/40,000）フィルムの断面TEM像である。錯体蒸気がフィルム内部にまで浸透し，PSラメラに優先的にPdナノ粒子が集積し，金属相のナノ積層構造が得られる。還元力の強いPS相において吸収されたPd(acac)$_2$が速やかに還元を受け消費される。一方，PMMA相に吸収された金属錯体は還元されずに存在し，これがPS相に移行し，還元される。最終的にPS相に選択的に金属微粒子が形成され，配列が得られる。PSとPMMAでは，相対的に還元力が強いPS相に選択的にPdナノ粒子が配置されるが，アルコール性ヒドロキシル基を有するジブロックコポリマーであるPS-b-PIOHでは，図7bに示すように，Pd微粒子はPS相ではなく，PIOHドメイン内で選択的に成長し，規則的に配列化していること。また，PS-b-PMMAに比べ，Pd微粒子の成長がきわめて速く，15分で多くの微粒子がドメイン内に凝集する。また，本手法では，金属錯体蒸気はフィルム内部にまで吸収されるため3次元状の配列が得られることになる。

さらに，PMMAについては，UV光もしくは電子線照射により，還元力が向上するため，リソグラフィーの手法により，金属ナノ粒子をパターニングすることが可能である[8〜10]。

第2章　無機材料ナノコンポジット

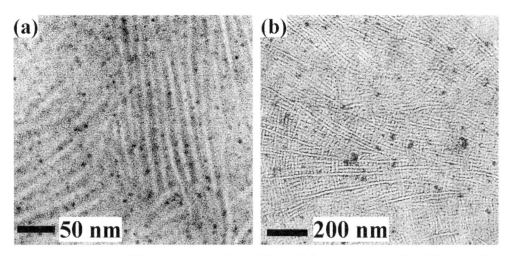

図8　(a) sPS, および (b) iPP での Pd ナノ粒子の分散。四酸化ルテニウムによる染色試料の TEM 像

2.4　金属ナノ粒子の集積化による発現機能

本手法はポリアミド（PA6），ポリエチレンテレフタレート（PET）等の汎用性樹脂，熱硬化性エポキシ樹脂に対しても適用でき，幅広いポリマー／金属の組み合わせが可能である。また，ポリイミド等のガラス転移温度（Tg）の高い材料に対しては，金属錯体は内部に浸透せず，表面に金属ナノ粒子が堆積する。非晶質のアタクティックポリスチレン（aPS）では，図3a に示すように，Pd粒子の分散はランダムであるが，結晶性高分子であるシンジオタクティックポリスチレン（sPS）やアイソタクティックポリプロピレン（iPP）では，ナノ粒子が結晶ラメラ間の非晶部に局在する（図8)[11]。

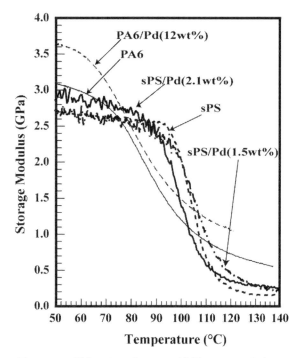

図9　DMA 測定によるポリマー／金属ナノコンポジットの貯蔵弾性率の温度変化

高分子フィルム内部に金属ナノ粒子を安定に分散化，集積化することによる材料特性は，金属ナノ粒子がマトリックスポリマーの物性・機能を与える効果，及び，金属ナノ粒子が高分子に保護

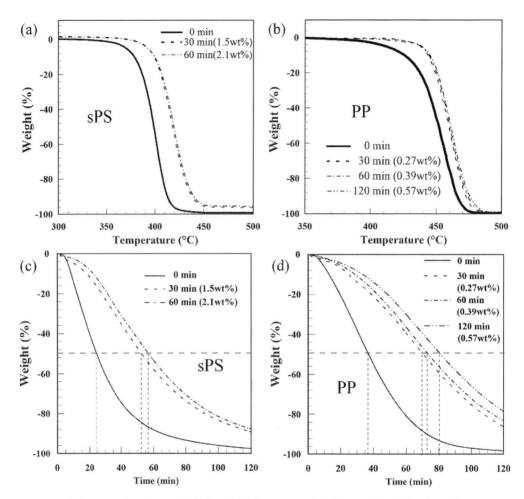

図10 Pdナノ粒子を導入したsPS及びPPフィルムの窒素雰囲気下でのTGA曲線
(a), (b)昇温速度10℃/minでの重量変化。(c), (d)360℃及び400℃での等温熱処理での重量変化。錯体蒸気接触時間及びPdナノ粒子の導入量を図中に記載した。

されることにより発現する機能の2つの側面から考えることができる。本稿では，金属ナノ粒子の微分散によるポリマーの物性への影響について概説する。

本手法により金属ナノ粒子をマトリックスポリマーに導入する際，ポリマーの分子量低下，化学構造の変化が起こらないことはMALDO-TOF MAS及びFT-IRによる分析により確認しており，金属錯体の還元に伴い，ポリマーの劣化は起こらないようである。図9は，PA6とsPSフィルムへのPdナノ粒子導入による弾性率に対する影響を動的粘弾性（DMA）測定により検討した結果である。貯蔵弾性率はPdナノ粒子の導入により向上するが，Tgは若干の低下が見られる。Tgの低下はおそらく残存する未還元のPd (acaca)$_2$によると考えられる。

金属ナノ粒子を高分子フィルムに安定に分散させることにより，金属ナノ粒子が高分子の熱分

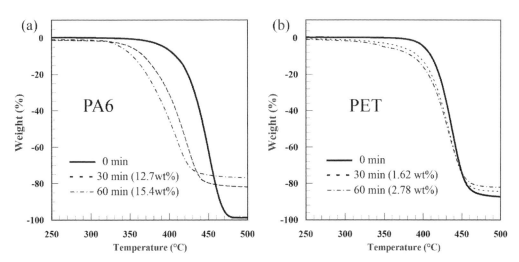

図11 Pdナノ粒子を導入した(a)PA6及び(b)PETフィルムのTGA曲線
昇温速度10℃/minでの重量変化。錯体蒸気接触時間及びPdナノ粒子の導入量を図中に記載した。

解挙動に大きな影響を与えることを見出した。図10に，窒素雰囲気下，昇温及び一定温度下での sPS と iPP フィルムの熱重量（TGA）測定結果を示す。昇温測定による残渣量からPdナノ粒子の導入量を見積もると，sPSは2時間の処理で4.4 wt%，PPでは0.57 wt% となる。どちらのポリマーにおいても導入されるPdナノ粒子は微量であるが，添加により，熱分解開始温度が大きく上昇することがわかる。さらに等温下での重量減少速度を測定すると，どちらのポリマーにおいても，極めて少量のPdナノ粒子がポリマーの熱分解を遅延させることが明らかである。ポリマーの分子構造を変化させずに，金属ナノ粒子が導入され，かつ，微量のPdナノ粒子によりポリマーの熱分解が抑制される。数ナノメートルの金属ナノ粒子をポリマー中に分散させると，ポリマー分子鎖の運動性に大きな影響を与えることが示唆される。しかし，PA6やPETでは，図11に示すように，逆にPdナノ粒子により熱分解が促進される。これらの効果の要因を明らかにするため，異なる昇温速度でのTGA測定結果による反応速度論的解析により，熱分解における活性化エネルギーと衝突因子を算出し，高分子の熱分解に対するPdナノ粒子の効果を考察した。熱分解が促進されるPA6では，Pdナノ粒子の導入により，熱分解活性化エネルギーが減少するのに対し，熱分解が抑制される sPS や PP では，Pdナノ粒子の導入により，衝突因子の増大が顕著であることが明らかになった。この結果，ごく微量のPdナノ粒子による高分子の熱分解抑制効果は，金属ナノ粒子による高分子の分子熱運動の抑制により，ラジカル分解反応が抑制されること，一方，熱分解が促進されるナイロン6では，活性化エネルギーが減少することから，Pdナノ粒子がこれらのポリマーの熱分解反応に対して触媒活性を有していることが示唆される。

2.5 おわりに

　金属ナノ粒子をドライプロセスにより数百ミクロンの厚みのポリマーフィルムに多様な集積パターンとして導入することが可能である。ブロック共重合体では，自己組織的に金属ナノ粒子をナノレベルの周期的パターンに集積化することが可能である。さらに，高融点の結晶性ポリマーに対しては，結晶構造を保持した状態で，金属ナノ粒子を無溶媒で導入することが可能であり，不溶，不融のポリマーに対しても金属ナノ粒子を導入することが可能である。また，本稿では触れなかったが，光や電子線照射によりポリマーの構造を変化させると，金属錯体に対する還元力をコントロールでき，フォトリソグラフィや電子線リソグラフィーにより高分子薄膜内部に任意の金属凝集パターンを作製することが可能である。薄膜内に固定化された Pd ナノ粒子は触媒性能を有し，無電解めっきによる金属薄膜パターンを得ることが可能である。ナノサイズの金属粒子をポリマー中に分散させることにより，ポリマー分子鎖の運動性に大きな影響を及ぼすことから，力学物性や熱物性の優れたコンポジット材料が得られる可能性がある。

文　　献

1) A. Heilmann, "Polymer Films with Embedded Metal Nanoparticles", Springer-Verlag, Berlin (2003)
2) "Metal-Polymer Nanocomposites", L. Nicolais and G. Carotenuto, Eds., Wiley, New Jersey (2005)
3) K. Esumi, T. Tano, K. Meguro, *Langmuir*, **5**, 268 (1989)
4) Y. Nakao, *J. Colloid Interface Sci.*, **171**, 386 (1995)
5) Y. Nakao, *Chem. Lett.*, **766** (2000)
6) S. Horiuchi, M. I. Sarwar, and Y. Nakao, *Adv. Mater.*, **12**, 1507 (2000)
7) S. Horiuchi, T. Hayakawa, T. Fujita and Y. Nakao, *Langmuir*, **19**, 2963 (2003)
8) S. Horiuchi, T. Hayakawa, T. Fujita and Y. Nakao, *Adv. Mater.*, **17**, 1449 (2003)
9) D. Yin, S. Horiuchi, *Chem. Mater.*, **17**, 463 (2005)
10) D. Yin, S. Horiuchi, M. Morita, A. Takahara, *Langmuir*, **21**, 9352 (2005)
11) J. Lee, Y. Liao, R. Nagahata, S. Horiuchi, *Polymer*, **47**, 7970 (2006)
12) J. Lee, D. Yin, S. Horiuchi, *Chem. Mater.*, **17**, 5498 (2005)
13) J. Y. Lee, S. Hhoriuchi, *Thin Solid Films*, **515**, 7798 (2007)
14) M. E. Gross, A. Appebaum, P. K. Gallagher, *J. Appl. Phys.*, **61**, 1628 (1987)

3 金属ナノ粒子分散ナノコンポジット材料

髙嶋洋平[*1]，鶴岡孝章[*2]，冨田知志[*3]，赤松謙祐[*4]

3.1 はじめに

　固体マトリックス内で金属／半導体ナノ粒子が分散したナノコンポジット材料は，光学デバイスやセンサーなどのナノエレクトロニクスの分野への応用に向けて精力的に研究されている。ナノコンポジットの性能はマトリックスおよびナノ粒子単体の性質のみならず，コンポジットの微細構造にも大きく影響される。具体的には，ナノ粒子のサイズや濃度などの微視的なものから薄膜の場合における膜厚，ミクロサイズのラテックス粒子などにおける粒子サイズなどの巨視的なものまで含まれており，それらを制御可能な合成法の開発が強く求められている。マトリックスとしては，ガラスなどに代表される無機物から有機系マトリックスまでさまざまなものがあるが，有機高分子は高い構造設計性を有しているという点でナノコンポジットのマトリックスとして適しているといえる。本節では，我々がこれまで合成してきたナノ粒子／ポリイミドフィルムコンポジットについて，その合成プロセスから機能展開までを概観する。

3.2 従来プロセスでの金属ナノ粒子／ポリマーナノコンポジットの作製

　これまでの金属ナノ粒子／ポリマーナノコンポジットの合成に関しては，化学的手法，物理的手法およびそれらを組み合わせた手法が用いられている。最もシンプルな方法としては，まず金属ナノ粒子とポリマーを別々に合成し，その後，複合化させるというものである。その複合化は，特定の溶媒にそれぞれを分散，溶解させ，鋳型に導入する，もしくは基板上にコートして乾燥させることで行われる[1]。一方，物理的手法には，プラズマ重合によるポリマー合成と金属の真空蒸着またはスパッタリングを組み合わせたコンポジット薄膜合成などがある[2~5]。前者の方法は金属ナノ粒子のサイズや構造をコンポジット合成とは独立して制御することが可能であること，大量合成が容易であることなどが長所としてあげられるが，ポリマー内におけるナノ粒子の空間分布を制御するのが難しいこと，溶媒に対するナノ粒子とポリマーの分散性の違いによってコンポジット内のナノ粒子濃度の制御が難しいことなどが欠点となる。後者の方法は，高価な装置および高エネルギーを必要とするため実用性が低いうえ，得られた薄膜の微細構造を制御するのも一般に困難である。

　このような背景のもと，金属ナノ粒子の原料となる金属イオンをポリマーマトリックスまたはモノマーに担持させ，そのマトリックスを直接，化学的還元または加熱処理を行うことで金属ナ

---

*1　Yohei Takashima　甲南大学　フロンティアサイエンス学部　助教
*2　Takaaki Tsuruoka　甲南大学　フロンティアサイエンス学部　講師
*3　Satoshi Tomita　奈良先端科学技術大学院大学　物質創成科学研究科　助教
*4　Kensuke Akamatsu　甲南大学　フロンティアサイエンス学部　教授

ポリマーナノコンポジットの開発と分析技術

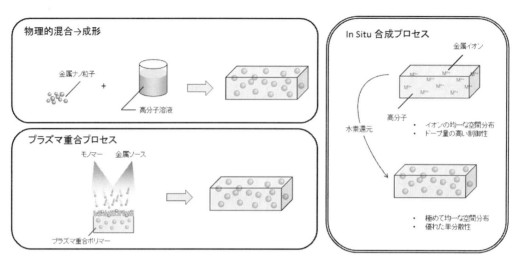

図1 金属ナノ粒子／高分子ナノコンポジットの作製に用いられる代表的なプロセス

ノ粒子を析出させる方法が注目されている。本手法は，In Situ 合成と呼ばれるものであり[6〜11]，特にコンポジット薄膜合成を得意とすることから，デバイスに必要な大面積基板の作製において有望であると期待されている（図1）。金属イオンをポリマーマトリックス内またはモノマー自身に担持させる方法については過去さまざまな例があり，有機金属錯体を利用するもの[6]，金属塩を混合するもの[7]，もしくはポリマー電解質にイオンを導入するもの[8,9] などが報告されている。錯体や塩は加熱分解あるいは気相還元により用いたマトリックス内で金属ナノ粒子となり，結果として金属ナノ粒子が分散したナノコンポジット薄膜が得られる。

また本手法は，マトリックス内部で金属ナノ粒子を形成させることから，材料ロスが少なく省エネルギー性に優れている。またナノ粒子の原料である金属イオンがマトリックス内部で均一に存在していることからナノコンポジット内におけるナノ粒子の空間分布を極めて均一にすることができるという利点を有している。

3.3 ポリイミドをマトリックスとするナノコンポジットの作製
3.3.1 マトリックスしてのポリイミド

有機ポリマーは，その高い構造設計性の点で優れているものの，熱的な安定性の低さがマトリックスとして使う上での問題点となる。実際，金属イオンとして貴金属イオンを用いた場合にはその還元温度が低いこともあり大きな問題にはならないものの，還元（あるいは熱分解）温度の高い金属イオンを用いる場合には，その還元過程において，マトリックスであるポリマーの分解が同時に起こることがわかっている。つまり，マトリックスの耐熱性もナノコンポジットを作製するうえで非常に重要である。そのような背景のもと，我々は，耐熱性の高いポリマー材料の一つであるポリイミド樹脂に着目してきた。

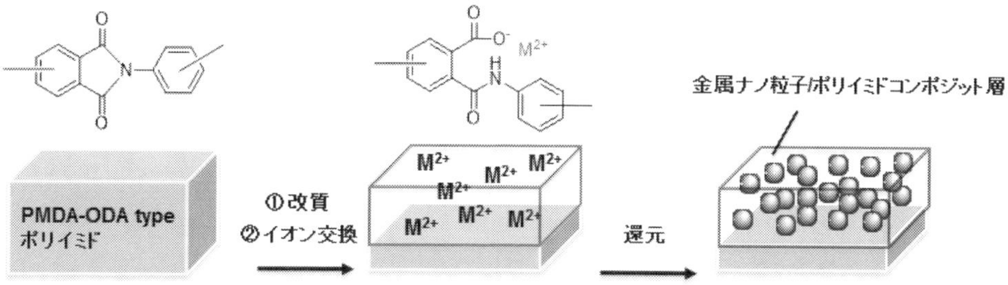

第2章　無機材料ナノコンポジット

図2　樹脂中における金属ナノ粒子形成プロセス

　ポリイミド樹脂自身は耐熱性，化学安定性，電気的および機械的特性に優れており，エレクトロニクスデバイスにおける層間絶縁材料として実用化が達成されている材料である[12]。つまり，これらの優れた物性を有するポリイミド樹脂と種々の金属ナノ粒子を均一に複合化することができれば，新しい電子・光学デバイスを作製できる可能性がある。実際の我々のナノコンポジットの合成プロセスは，(1)ポリイミド樹脂の前駆体であるポリアミック酸（イミド環が開裂した状態）の状態で金属イオンを導入し，(2)加熱分解還元または水素ガスによる気相還元によりナノ粒子形成させる，の2段階からなる（図2）。(1)において，ポリアミック酸を経由している理由は金属イオンを定量的に担持させるためであり，ポリアミック酸のカルボキシル基をイオン交換基として利用し，イオン交換反応によって種々の金属イオンをポリアミック酸内に導入している。しかしながら，ポリアミック酸は一般に N-メチル-2-ピロリドンや N, N-ジメチルアミドなどの高沸点の極性有機溶媒にしか溶解しないため，スピンコートなどにより薄膜化させた場合に問題が生じる。つまり，残存する溶媒を取り除くために高温が必要であり，その結果，蒸発が不均一に起こるため，形成したナノ粒子の膜内分布が均一にならないことが多い。

3.3.2　ポリイミド樹脂の表面改質を利用する金属イオンの導入

　ポリイミド樹脂は一般に高い化学的安定性を有しているが，比較的高濃度のアルカリ水溶液で処理することにより，イミド環が開裂し，カルボキシル基とアミド結合が形成することがわかっている[13]。つまり，ポリイミドの前駆体であるポリアミック酸の状態に戻すことが可能である（ただし，処理直後は金属塩の状態であり，アルカリ中のカチオン種が導入されている）。この点に着目し，我々は，水溶媒下で樹脂表面を化学的に改質することでナノコンポジット層を作製するという手法を採用している[10, 11]。この改質処理において，アルカリ水溶液はイミド環への加水分解反応を進行させながら膜中に浸入していくため，改質層（ポリアミック酸層）とポリイミド樹脂との界面は処理時間に対して直線的に膜内部の方向に移動していく（図3A）。この加水分解反応の速度は，処理時間だけではなく，アルカリ水溶液の濃度や温度によってもコントロールすることが可能であり，改質層の厚さは厳密に制御することができる。また，この手法では，水溶液を用いて固体状態であるフィルムを処理するため，改質層には有機溶媒は含まれず，形成したカルボキシル基に対応した数の金属イオンを改質層に導入することができる（イオン交換反応

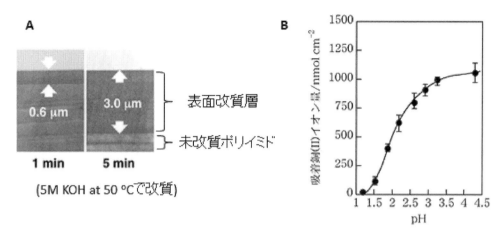

図3 (A)各時間における改質層の厚さ (B)溶液のpHとフィルムに吸着される銅（Ⅱ）イオン量との関係性

は化学量論的に進行するため，一価カチオンではカルボキシル基と等量，二価カチオンでは1/2等量導入される）。なお，前駆体溶液をキャストした場合には残存有機溶媒のため厳密に制御することは困難である。しかしながら本手法は，金属イオンの導入量を厳密に制御できるという点では優れているものの，その導入量がカルボキシル基の数で決定されてしまい改質層中の単位体積あたりのイオン濃度を制御するのは困難であった。そこで，酸を共存させながらイオン交換反応を行ってみたところ，溶液のpHの減少に伴って金属イオン導入量も減少することが明らかとなり，改質層中のイオン濃度も厳密に制御できることがわかった（図3B）。

3.3.3 水素還元処理による金属ナノ粒子の合成

上記の方法にて表面改質層に金属イオンを導入したフィルムを水素雰囲気下で加熱することで，改質層に金属ナノ粒子が形成される。金属イオンは膜中に均一に分布しているので，ナノ粒子は層内で均一に成長し，また，フィルム内での還元された金属原子またはクラスターの拡散距離は短いため，そのサイズ分布も比較的単分散なものとなる。この水素還元を用いたナノコンポジット合成の利点の一つに，マトリックスの構造変化がある。つまり，還元に伴い金属イオンがカルボキレートから脱離するが，それと同時にカルボキレートは水素の酸化によって生じるプロトンと結合することでカルボキシル基となる。さらに，遷移金属イオンを用いる場合水素ガスによる還元温度は一般に150℃以上であるため，形成したカルボキシル基とアミド基との間で脱水縮合反応は容易に起こり（図4A），再イミド化とナノ粒子形成がほぼ同時に進行する。この現象については，赤外反射測定の結果から算出された加熱温度に対するイミド化率[14]のカーブと加熱に対する層内の残存イオン量の減少カーブが200℃～250℃の範囲（銅イオンの場合）で交差し逆転することから確認することができる（図4B）。すなわち，一旦，改質処理により開環したイミド環は，ナノ粒子の形成に伴い再び閉環し元のポリイミド樹脂に戻ることとなる。また，

第2章　無機材料ナノコンポジット

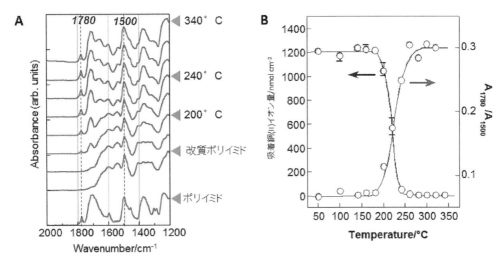

図4　(A)加熱処理前後の改質ポリイミドのIRスペクトル（1780 cm^{-1}のピークはイミド由来，1500 cm^{-1}のピークはポリイミド内のベンゼン環の環伸縮振動由来のものである。）
(B)吸着銅（Ⅱ）イオン量とイミド化率の関係性

この再イミド化反応は，金属イオン種の還元温度の影響を大きく受けることがわかっており，金属イオンの還元反応が一連のプロセスの律速段階となっている。前述のとおり，形成したナノ粒子は膜内で均一に分布しており，耐熱性の低いポリマーマトリックスでは導入が困難であった白金，ニッケル，銅などの金属ナノ粒子もポリイミドをマトリックスとして用いることで複合化させることが可能である。ナノコンポジットの構造パラメーターの一つであるナノ粒子サイズは，熱処理温度を変化させることにより，2〜15 nmの範囲でコントロールすることが可能であり，膜厚については，アルカリ処理の時間および温度を調整することにより，20 nm程度の分解能で10 μm程度まで制御することができる（図5）。

3.4　ナノ粒子サイズと粒子間距離の制御

　金属ナノ粒子間の距離がサイズの数倍程度まで小さくなると，粒子間で電子的相互作用（カップリング）が生じる。その相互作用を制御することは，プラズモン導波路や超高密度磁気メモリを開発する上で重要であるため，近年非常に注目されている。我々は，金属ナノ粒子を触媒とするマトリックスの分解反応を利用してマトリックスの体積を減少させ，その結果，ナノ粒子間の距離を制御することに成功している。このプロセスの最大の利点は，ナノ粒子のサイズを変化させることなく粒子間距離のみを調節できる点にある。つまり，この方法を用いることで，粒子サイズおよび粒子間距離と物性との相関関係を独立に評価でき，物性を正確に理解し制御することが可能となる[15〜17]。粒子間距離は数〜数十nmの範囲で変化させることが可能であり，それにより粒子間のカップリングを制御することが可能である。さらに，ナノ粒子の体積充填率は数〜

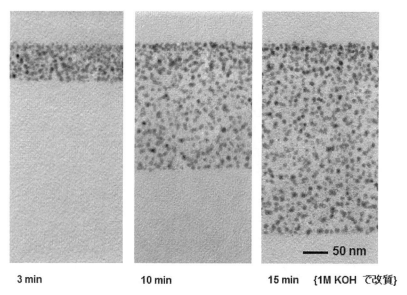

図5 銅ナノ粒子/ポリイミドナノコンポジットの断面TEM画像（平均粒子サイズ 8.0 ± 0.6 nm）

数十％であり溶液系（一般的には1％以下）に比べて高濃度であることが特徴である。この特徴を利用して合成したニッケルナノ粒子分散ナノコンポジット内において，超常磁性による熱擾乱が阻止されるブロッキング温度が，ナノ粒子間隔が減少すると高温側へシフトすることを初めて明らかにしており[17,18]，組成やサイズを最適化することができれば，室温で動作する超高密度磁気メモリや電磁波吸収材料の開発にもつながると期待される。

3.5 In Situ 合成法の応用

ここまで，ポリイミド薄膜内でのナノ粒子合成についてその詳細を述べてきたが，In Situ 合成法は原理上，イオン交換サイトを有しているポリマー全てに適用可能である。例えば，ポリジビニルベンゼンを主骨格として有し，さらにそれらがエステル結合で架橋されたポリマースフィア（以降，DVBスフィア）を用いても同様に内部にナノ粒子を形成させることができる。DVBスフィアもポリイミド樹脂と同様化学的に安定であるが，高濃度のアルカリ水溶液で処理するとエステル結合が加水分解し，カルボキシル基を生じる。以降は前述と同様の方法でイオン交換反応と水素還元処理を行うことで，金属ナノ粒子をスフィア内部に均一に生成させることができる（図6A）[18]。

また，これまで示してきたナノコンポジット作製法とは少し異なりイオン交換反応は利用しないものの，ポリ（2-ビニルピリジン）を主骨格とするpH応答性ポリマーに金属イオンを配位結合によって吸着させ，ジメチルアミンボランを用いて金属イオンを化学的に還元させることによっても金属ナノ粒子/ポリマーコンポジットを作製することに成功している（図6B）[19]。さら

第2章　無機材料ナノコンポジット

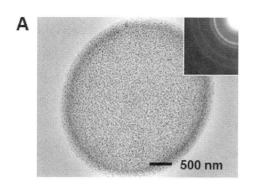 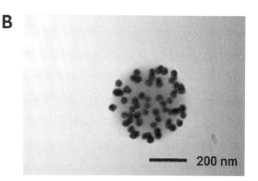

図6　(A)ニッケルナノ粒子分散 DVB マイクロスフィア断面 TEM 像
(B)金ナノ粒子/pH 応答性マイクロゲル複合体の TEM 像

に，本手法を応用することにより，種々のイオン交換基を有する高分子材料中に金属および合金ナノ粒子を分散させ，複合薄膜やナノワイヤーなどの形状を有する複合体を合成することが可能である[20〜23]。

3.6　おわりに

本手法では，イオン交換反応という非常にシンプルな手法を用いて金属イオンをマトリックス内に導入しており，異種金属イオンを同時に導入することによる各種合金ナノ粒子の合成や半導体ナノ粒子の合成も可能である。従来から知られている In Situ 合成法と比べて本手法では，ナノ粒子の高い均一性を保ちつつその微細構造も制御することも可能であり，新しい機能性ナノコンポジットの作製および応用への用途展開が期待できる。

今後は様々な材料系に対して，構造―物性の相関関係を明らかにしデータベース化することによって，望みの物性を有するハイブリッド材料に対する合成指針を提案することを目指している。このデータベースを利用することで，将来的には負の屈折率を持つ左手系メタマテリアル（Left-Handed Materials）の実現も可能であると考えている。

文　献

1) Y. Dirix, C. Bastiaansen, W. Caseri, P. Smith, *J. Mater. Sci.*, **34**, 3859 (1999)
2) A. Heilmann, C. Hamann, *Progr. Colloid Polym. Sci.*, **85**, 102 (1991)
3) P. B. Comita, E. Kay, R. Zhang, W. Jacob, *Appl. Surf. Sci.*, **79/80**, 196 (1994)
4) H. Biedermann, *Vacuum*, **37**, 367 (1987)
5) D. Salz, B. Mahltig, A. Baalman, M. Walk, N. Jaeger; *Phys. Chem. Chem. Phys.*, **2**, 3105

(2000)
6) R. E. Southward, D. W. Thompson, *Chem. Mater.*, **16**, 1277 (2004)
7) Z. Zhang, M. Han, *J. Mater. Chem.*, **13**, 641 (2003)
8) T. C. Wang, M. F. Rubner, R. E. Cohen, *Langmuir*, **18**, 3370 (2002)
9) Y. Gotoh, R. Igarashi, Y. Ohkoshi, M. Nagura, K. Akamatsu, S. Deki, *J. Mater. Chem.*, **10**, 2548 (2000)
10) K. Akamatsu, K. Nakahashi, S. Ikeda, H. Nawafune, *Eur. Phys. J. D*, **24**, 377 (2003)
11) K. Akamatsu, S. Ikeda, H. Nawafune, S. Deki, *Chem. Mater.*, **15**, 2488 (2003)
12) 今井淑夫,横田力男,最新ポリイミド〜基礎と応用〜,日本ポリイミド研究会編,エヌ・ティー・エス (2002), p.327
13) M. M. Plechaty, R. R. Thomas, *J. Electrochem. Soc.*, **139**, 810 (1992)
14) C. A. Pryde, *J. Polym. Sci. Polym. Chem.*, **27**, 711 (1989)
15) K. Akamatsu, H. Shinkai, S. Ikeda, S. Adachi, H. Nawafune, S. Tomita, *J. Am. Chem. Soc.*, **127**, 7980 (2005).
16) S. Tomita, K. Akamatsu, H. Shinkai, S. Ikeda, H. Nawafune, C. Mitsumata, T. Kashiwagi, M. Hagiwara, *Phys. Rev. B*, **71**, 180414, 1-4 (2005)
17) S. Tomita, P. E. Jonsson, K. Akamatsu, H. Nawafune, H. Takayama, *Phys. Rev. B*, **76**, 174432,1-6 (2007)
18) K. Akamatsu, S. Adachi, T. Tsuruoka, S. Ikeda, S. Tomita, and H. Nawafune, *Chem. Mater.*, **20**, 3042 (2008)
19) K. Akamatsu, M. Shimada, T. Tsuruoka, H. Nawafune, S. Fujii, and Y. Nakamura, *Langmuir*, **26**, 1254 (2010)
20) K. Akamatsu, M. Fujii, T. Tsuruoka, S. Nakano, T. Murashima, H. Nawafune, *J. Phys. Chem. C.* **116**, 1794 (2012)
21) T. Matsushita, Y. Fukumoto, T. Kawakami, T. Tsuruoka, T. Murashima, T. Yanagishita, H. Masuda, H. Nawafune, K. Akamatsu, *RSC Advances*, **3**, 16243 (2013)
22) I. Toda, T. Tsuruoka, J. Matsui, T. Murashima, H. Nawafune, K. Akamatsu, *RSC Advances*, **3**, 16243 (2014)
23) R. Shimizu, T. Kawakami, Y. Takashima, T. Tsuruoka, K. Akamatsu, *RSC Advances*, **6**, 18895 (2016)

第3章　カーボンナノチューブナノコンポジット

1　CNT複合導電性プラスチックナノコンポジット材料

芝田正之*

1.1　開発の背景

CNTは表1に示すような優れた機能を有するナノカーボンであり，CNTナノコンポジットとしての様々な用途展開を期待されている。しかし，以下の課題があり市場の拡大が充分ではなかった。

(1) 材料価格

当初は高価な材料であったが，CNTメーカーの努力により低価格化が進んでいる。例えば，汎用MWCNTの価格は，添加量換算で既存の導電カーボンブラックと比肩しうるレベルに近付いている。今後の市場の拡大により，CNTは更に価格競争力を増すものと期待される。

(2) 安全性

CNTの安全性が議論されてきた。特に日本ではアスベスト問題と絡めて発がん性が論議されたため，諸外国に比べ市場拡大が遅れた面は否めない。

しかし，一昨年世界的な権威であるIARC（国際ガン研究機構）において，CNTの発がん性に関する研究報告のレビューが行われ，SWCNT及びMWCNTがグループ3（但し，個別銘柄であるMWNT7はカーボンブラックと同じ2B）にレイティングされた。その結果，CNTは微粉体としての取扱作業環境を適切に管理する事によって，十分に対応できる材料となった[1]。このように，CNTを取扱う安全面の環境は，着実に整いつつある。

(3) 分散処理

写真1に示すように，CNTはナノサイズの繊維なので，ファンデルワールス力によって強固に凝集している。その凝集体を解し樹脂中に安定に分散させないと，CNTの持つ本来の優れた特性が得られないのみならず，凝集による外観不良や樹脂の物性低下が起きる。

表1　CNTの優れた機能と用途

	機能	用途
軽量・高強度	軽さ：ALの半分，引張強度：鋼鉄の100倍	低比重・高弾性率樹脂材料
導電性	電流密度耐性：銅の1000倍	導電性樹脂，透明導電性フィルム
電磁波吸収性	電磁波を吸収して熱に変換	電波遮蔽材料
熱伝導性	熱伝導性：銅の10倍	放熱樹脂材料

---

*　Masayuki Shibata　大日精化工業㈱　事業開発本部　機能材開発部　部長

ポリマーナノコンポジットの開発と分析技術

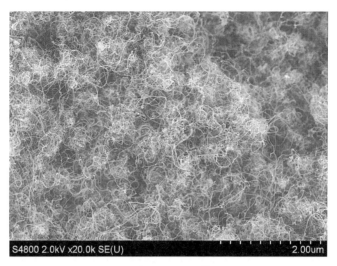

写真1　CNT原体

　従来のフィラーや顔料の加工法ではCNTの分散は困難である。CNT市場の発展を目指して，川上のCNTメーカーと川下の製品メーカーを繋ぐ様々な分散処理技術が検討されている。
　本稿では，CNTナノコンポジットにおける分散処理の事例を，以下に紹介する。

1.2　分散処理技術
1.2.1　分散剤処方
　樹脂へのフィラーの分散には，濡れ性を向上させ分散を安定化させるために界面活性剤やワックスなどの分散剤が使用される。しかし，CNTは非常に大きな表面積を有しているため，通常のフィラーに比べて数倍量の分散剤が必要になる。そのため，樹脂に対する分散剤の影響が大きくなる。
①界面活性剤：CNTの分散剤としては，デオキシコール酸Naや芳香族スルフォン酸Naなどの界面活性剤が提案されている[2]。
②色素誘導体：色素誘導体などの多環式芳香族とCNTの相互作用が分散の安定化に有効であるとの報告がある[3]。
③表面処理：CNTの表面はグラファイト構造である。分散性を向上させるためには，極性基付与によりマトリックスへの濡れを改善する手法が有効である。極性基を付与する手段として，オゾン水での酸化処理法が報告されている[4]。酸化処理はXPSにより定量化が可能である。ただ，CNTの骨格を傷つける点に留意しなければならない。
1.2.2　加工法
　樹脂とフィラーの混練には，混練能力と生産効率が高い同方向二軸押出機が一般的に使用される。二軸押出機は，様々なスクリューパーツとバレルブロックを組み替えることによって混練度

第3章 カーボンナノチューブナノコンポジット

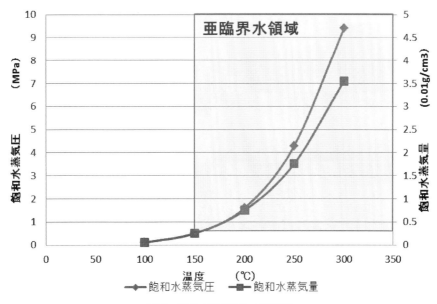

図1 飽和水蒸気圧と水蒸気量

と押出量の調整が可能であり，スーパーエンプラなど高融点樹脂の加工には必須の混練機である。しかし，CNTを混練する場合には，機械的な剪断力だけに頼るとCNTが切断されるので，新たな混練法が求められる。

①弾性混練法：ゴム複合材料に高濃度のCNTを数μmレベルに予備分散させ，ゴム弾性体の復元力によって凝集したCNTを引っ張りながら解す混練法である[5]。

②二酸化炭素超臨界法：31℃・7.4MPa以上で発生する二酸化炭素の超臨界状態は，優れた溶解力・浸透力を示す。二軸押出機の中間部位に二酸化炭素を圧入してバレル内で超臨界状態を発生させ，CNTを分散させる手法である[6]。

③亜臨界水解砕法：筆者らは，押出機バレル内において超臨界水の手前である亜臨界水状態を連続的に発生させ，そのエネルギーと溶解力でCNTを分散させる手法を開発した。

バレル中での水の蒸気圧と蒸気濃度を図1に示す。高い運動量と溶解力を有する高濃度水蒸気が，CNT界面の空気層を置換しながら浸透して，強固に凝集したCNTを解す。続いて，混練によりCNT界面が蒸気層から樹脂層に置換され，CNTは樹脂層に取り込まれる。その後，全ての水蒸気はベントポートより系外に脱気され，除去される。混練機の過剰な機械的剪断力に頼ること無くCNTを分散させるので，本手法はCNTの切断と樹脂の熱劣化を回避できるマイルドな分散法である。

上記1.2.1の分散剤処方を使用しない場合には，ブリード・昇華などの汚染が無く，更に樹脂層から脱落しにくいCNTの特性を活かした，極めてクリーンな導電材料の設計が可能となる。

本稿では，弊社の本分散法を独自法として記載する。

ポリマーナノコンポジットの開発と分析技術

写真2 通常法
EVA樹脂　CNT15%　光学顕微鏡観察

写真3 独自法
EVA樹脂　CNT15%　光学顕微鏡観察

1.3 分散の評価と分散の効果

　CNTの分散性はカーボンブラックに準じて評価されるが,ナノ材なので更にミクロ的な評価が求められる。併せて,分散の効果について述べる。

1.3.1 分散評価法

①マクロ的分散評価法：試料を成形して光学顕微鏡にてCNTの分散状態を評価する。再現性が高いインフレーションやTダイなどの押出成形による試料作成が推奨される。写真2,写真3に

第3章 カーボンナノチューブナノコンポジット

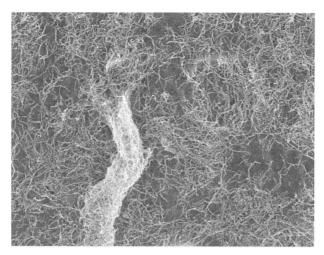

写真4 通常法
PET樹脂 CNT4% エッチング後SEM観察

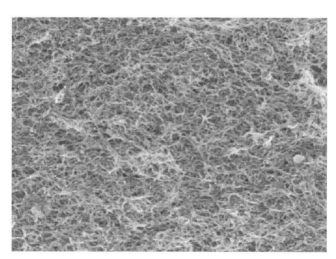

写真5 独自法
PET樹脂 CNT4% エッチング後SEM観察

はEVA樹脂での通常法と独自法の表面状態を示す。
②ミクロ的分散評価法:走査型電子顕微鏡(SEM)によって分散状態を観察する。写真4,写真5に示すように,特殊なエッチング処理による表面樹脂の除去によって,CNTの凝集状態や分散・ネットワーク状態を鮮明に観察することができる。

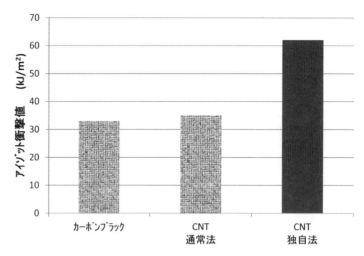

図2　POM樹脂　CNT3%：靭性の回復

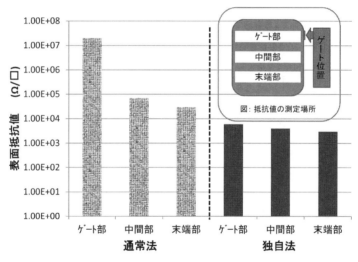

図3　PC樹脂　CNT4%：導電性の発現

1.3.2　分散の効果

CNTの分散に伴い樹脂物性が向上する例を示す。

①耐衝撃値：導電性を揃えたPOM樹脂コンパウンドにおける耐衝撃値を図2に示す。導電性カーボンやCNTの一般的な加工法に比べ，独自法では大きく耐衝撃値が回復する。破壊の起点となる凝集物が解消された結果である。併せて，低温脆性，引張伸度，薄物での引張強度など，本来あるべき靭性が回復する。

②導電特性：PC樹脂コンパウンドの射出成型板における導電性を図3に示す。独自法により均一に分散されたCNT組成物では，導電性レベルが向上し，測定部位におけるばらつきが解消される。

第3章　カーボンナノチューブナノコンポジット

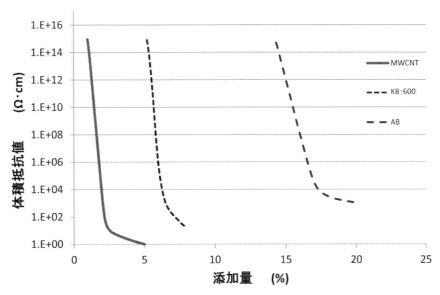

図4　カーボン系フィラーの導電性比較（PC樹脂・押出成形）

1.4　CNTナノコンポジットの応用事例

　従来の導電性カーボンブラックに比べ，ナノマテリアルであるCNTは，充分な分散処理を行う事により少量添加で導電性パスを形成できる。図4にPC樹脂におけるCNTと代表的な導電性カーボンブラックのパーコレーションカーブを示す。CNTは低添加領域に変曲点を持つ。そのため，以下の様な新たな材料を設計できる。

1.4.1　導電性

　カーボンブラックによる導電材料は，体積抵抗値で10^{+1} Ω・cmが下限であった。しかし，CNTを使用すると，10^{-1} Ω・cmの新たな導電性の領域に踏み込むことが可能となる。1例として，図5に弊社のTPUの導電コンパウンドにおける導電性と柔軟性を示す。様々な樹脂系での高導電性材料がテーマ化されている。

1.4.2　成形性

　カーボンブラック系導電材料では，溶融時の流動性が大きく低下して成形性が劣るが，CNTの場合，樹脂の流動性への影響が少ないので従来の限界を超えた成形が可能になる。導電性のレベルを揃えたPC樹脂材料のキャピログラフデータを，図6に示す。CNTの成形性における優位性が明らかである。

　高い流動性が必要な複雑な形状の製品や微細な部材の射出成形が可能になる。薄物のTダイシートやインフレーション，チューブやフィラメントなどの製品化に有効である。

　今後，従来の材料にない高導電性材料や高度な成形性が要求される用途への展開が期待される。

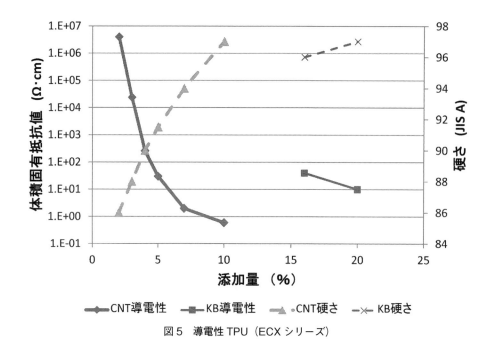

図5　導電性TPU（ECXシリーズ）

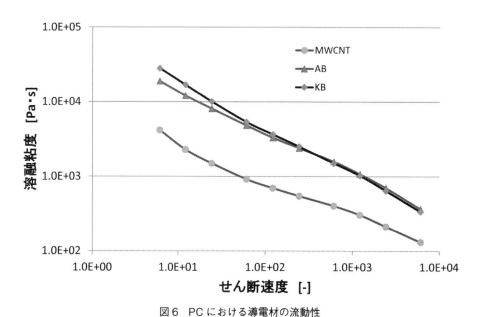

図6　PCにおける導電材の流動性

1.5　今後の展開

　各社CNTの特性，マトリックス樹脂，成形法に応じたきめ細かなナノコンポジットが求められている。当社は分散技術の更なる深化を通して，CNT業界の進展に寄与して行きたい。

第 3 章 カーボンナノチューブナノコンポジット

文　　献

1) ナノテクノロジービジネス推進協議会 (NBCI) /CNT 分科会見解書「CNT 発がん性に係わる NBCI 見解」より
2) 角田裕三, カーボンナノチューブ応用最前線, p59 (2014)
3) 特開 2005-220245
4) 狩野真貴子, 成形加工学会誌, **195**, 27 (2015)
5) 野口徹, 高分子ナノテクノロジーハンドブック, 168 (2014)
6) 角田裕三, カーボンナノチューブのマイルド分散と高性能複合製品の開発, p189 (2013)

2 CNT充填エポキシ樹脂繊維強化複合材料

小池常夫*

2.1 CNT充填エポキシ樹脂繊維強化複合材料について

　エポキシ樹脂にカーボンナノチューブ（以下CNT）を充填した複合材料は，既にスポーツ用品として日本をはじめアメリカや欧州各国で2000年以降数多く実用化されていて，モデルチェンジも含め最近になっても新規商品が続々と登場している。商品化されたCNT含有エポキシ樹脂複合材料の主なものを表1と表2にまとめてみた[1]。これらの用途では，主に炭素繊維やガラス繊維などの長繊維ベース複合材料にCNTを添加して長繊維同士の凝集力を上げることで，破壊靭性や層間せん断強度を上げ，軽量化を図ったりダンピング特性を付与したりして使用目的にあった特性を引き出しているケースが多い。なお，スポーツ用品以外のCNT充填エポキシ樹脂繊維強化複合材料の産業用用途としては，風力発電用大型ブレード，自動車ボディー補強材料，航空機ボディー補強材料，軽量水素燃料タンク，などがあり，各用途への適用検討も行われている。

　実用化されているエポキシ樹脂複合材料のほとんどは，CNTをエポキシ樹脂に均一に分散（均一化手法と呼ぶ）するタイプであるが，CNTを必要とされる箇所に局在化させ特性を引き出す手法（局在化手法）の有効性も認識されてきている。この手法による複合材料はCNT階層的複合材料とも呼ばれ，CNTを長繊維上にグラフトするなどしたハイブリッド繊維を用いる手法などがあり，近年，研究例も多く，実用化を睨んで量産化の検討も行われるようになってきている。

　CNTをエポキシ樹脂中に均一分散させた複合材料（A）と，繊維上にCNTをグラフトしたCNT局在化複合材料（B）の2種類のモデル図（断面図）を示すと図1のようになる[2]。また，均一化手法と局在化手法を含め，これらのCNT充填エポキシ樹脂繊維強化複合材料の種類別構成を筆者の理解している範囲でフロー形式に整理してみると図2のようになる[3]。なお，CNTを繊維状に紡いだタイプ（連続CNTヤーン）も存在するが，本稿の趣旨からは外れるので，ここでは取り上げないこととする。図2に示すように，CNTと組み合わせる強化繊維には様々なタイプがあり，炭素繊維やガラス繊維などの無機繊維をはじめ，アラミド繊維などの有機繊維も検討されている。繊維の形態は，平織，朱子織，ノンクリンプ織物，一方向（UD：unidirectional）繊維など用途に合わせた織物が用いられている。また，複合材料を形作る成形法も重要な要素であり，圧縮（プレス）成形をはじめ，実用面からRTM（Resin Transfer Molding）法，VARTM（Vacuum-assisted RTM）法などによる成形も試みられている。

　均一化手法は，CNTをエポキシ樹脂中に均一に分散後，強化繊維に含浸する（含浸後に配向のケースもある）一般的な方式を取るものが多いが，局在化手法には，無機繊維上にCNTを直接成長させる方法や，繊維上にCNTを化学結合させたり，単に塗布したりする方法など，繊維

---

*　Tsuneo Koike　島貿易㈱　営業第二本部　技術アドバイザー

第3章　カーボンナノチューブナノコンポジット

表1　代表的な CNT 充填エポキシ樹脂系複合材料の実用化例(1)

分類		発売メーカー	国名	代表的商品名	発売初年
テニスラケット	硬式	Baborat	フランス	VS Nanotube, VS NCT	2001
				NS シリーズ	2005
		ミズノ	日本	HF シリーズ, MS シリーズ, DE シリーズ	2004
				F97 コンプシリーズ	2009
		ヨネックス	日本	RQIS シリーズ	2007
	軟式	ミズノ	日本	Expz シリーズ, Xyst シリーズ	2004
		ヨネックス	日本	Nextage シリーズ	2007
バドミントンラケット		ミズノ	日本	Mystic Power GP シリーズ	2005
				Tetra Cross シリーズ	2007
		ヨネックス	日本	ArcSaver 7 シリーズ	2007
				Voltric Z-force シリーズ	2011
ゴルフクラブ	ヘッド・シャフト	ミズノ	日本	ツアースピリット MP	2004
		ヨネックス	日本	New NanoV シリーズ	2007
				Royal EZONE シリーズ	2012
	シャフト（組込み用 & 単体）	Wilson	米国	Nano Tech, Nano Flex	2005
		マルマン	日本	シャトル・エム・ソール	2006
		ヨネックス	日本	Rexis NP シリーズ	2011
ゴルフシャフト（単体）		AccuFlex	米国	Evolution, Evolution Lite	2004
		Stulz Golf	米国	Nano Arrow	2005
		Grafalloy	米国	Prototype Comp NT	2005
		Aldila	米国	VS Proto, VS Proto Hybrid	2005
		Harrison	米国	MUGEN	2006

表面上に CNT を配置するいくつかの手法が検討されている．本稿では，局在化による CNT 充填エポキシ樹脂繊維強化複合材料の開発動向について，論文に発表された事例を中心に述べてみることとしたい．

2.2　局在化 CNT 充填エポキシ樹脂繊維強化複合材料

CNT の局在化によるハイブリッド複合材料の作成には，いくつかの手法が提案されているが，ここでは，
（1）　繊維織物等への CNT グラフト
（2）　層間補強による CNT/繊維ハイブリッド化
（3）　電着法による CNT/繊維ハイブリッド化
（4）　エレクトロスピニングによるハイブリッド化
について述べてみたい．

ポリマーナノコンポジットの開発と分析技術

表2 代表的なCNT充填エポキシ樹脂系複合材料の実用化例(2)

分類		発売メーカー	国名	代表的商品名	発売初年
自転車	部品 (ハンドル，ステム，フレーム，フォーク等)	Easton	米国	Monky Lite, XC Bar, Road Stem (EC90, EC70)	2004
		Look Cycle	フランス	595 type	2007
		ADK Technology	台湾	AKFM05, AKFM06, AKFM07	2008
	組込完成品	BMC	スイス	pro machine SLC01, SL01	2005
バット	野球，ソフト用	Easton	米国	Stealth CNT, Stealth Comp CNT	2005
		Karhu	フィンランド	Goldhammer	2007
アーチェリー	矢	Easton	米国	N-Fused Carbon	2009
ヨット	マスト	Synergy	米国	350RL	2007
		Archambault	フランス	M34	2011
	船体，デッキ	Baltic Yachts	フィンランド	Baltic 43 DS	2007
サーフボード		Entropy Sports	米国	(custom-made surfboards)	2009
水上スキー		Goode	米国	Nano Twist, Nano One	2011
ローラースキー		Peltonen	フィンランド	Marwe Skating, Marwe Classic	2009
スキー	板	ブルーモリス	日本	ウインゲル	2005
		AXUNN	フランス	Nano in Black	2007
		Peltonen	フィンランド	Supra-X, Infra-X (クロスカントリー用)	2007
	ポール	Exel Sports	フィンランド	XC Racing Poles	2007
		シナノ	日本	ナノチューブCA	2009
スノーボード		ヨネックス	日本	Air Carbon Tube Smooth	2007
アイスホッケースティック		Easton	米国	Stealth CNT Stics, Z Carbon CNT Blade	2005
		Montreal	フィンランド	Nitro Lite, Nitro Max	2006
フロアボールスティック		Exel Sports	フィンランド	Master, Modish	2007

2.2.1 繊維織物等へのCNTグラフトによる局在化

CNTを複合材料中で局在化させ特性を付与する方法として代表的な手法に，長繊維上にCNTを化学気相法（CVD法：Chemical vapor deposition method）により成長させ，樹脂との接触界面の面積を大きくする方法がある．CNTをグラフトする基材となる繊維は炭素繊維が主であり，その他，ガラス繊維，炭化ケイ素（SiC）繊維やアルミナ繊維なども検討されている．単繊維を用いたCNTグラフトのミクロな研究によると[4〜9]，炭素繊維の場合，(1) CNTのグラフトによりダメージで単繊維の強度は低下するが，グラフト温度低下等の条件最適化で強度低下は軽減でき，弾性率の変化は僅かである．(2) CNTグラフトにより表面積が大幅に増加し接触角が低

第3章 カーボンナノチューブナノコンポジット

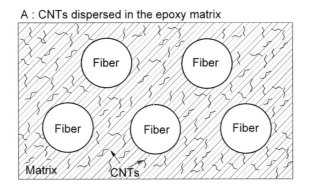

図1 CNT均一分散系とCNTグラフト系の複合材料断面モデル図

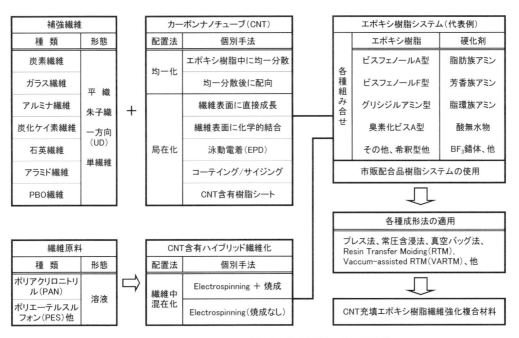

図2 CNT充填エポキシ繊維強化複合材料の種類別構成

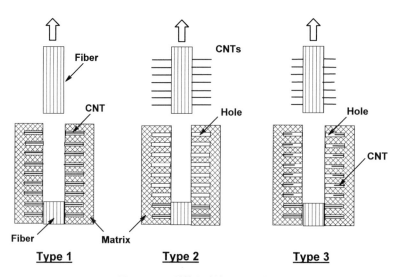

図3 CNT引抜き破壊メカニズム

下することで,繊維と樹脂の引抜き界面強度 (IFSS：Interfacial shear strength) も大幅に向上する,との結果が得られている。また,繊維上にグラフトされたCNTの形態や樹脂と繊維の破壊面の顕微鏡観察によると,炭素繊維の樹脂中からの引抜き破壊メカニズムについて,Hungら[7],Anら[10]は3つのタイプ (Type 1, 2, 3) の破壊形態を提案している (図3参照)。また,Lachmanら[11]は,繊維と樹脂の界面強度の向上は,CNTグラフトにより繊維の見かけ上の径が大きくなったことが支配的要因であると述べている。

一方,CNTグラフトによりハイブリッド化した繊維織物等にエポキシ樹脂を含浸した複合材料としての特性評価の場合,繊維としては,炭化ケイ素繊維,炭素繊維 (PAN系),アルミナ繊維,ガラス繊維,がエポキシ樹脂と組み合わせて検討に用いられて,代表的な文献例を表3にまとめてみた[12~18]。繊維織物の場合,CNTをCVD法で成長させる種となる金属触媒の織物への付着手法がポイントとなり,金属触媒化合物 (Fe系,Ni系) の溶剤溶液や水溶液を織物に含浸し,乾燥させる手法を取るのが主流のようである。グラフトされたCNTの形状は,個々のグラフト条件や基材繊維種にもよるが,外径は最大50 nm (18層MWNT),付着厚みは最大60 μm程度のものが得られている。Leeら[18]は,ガラス繊維と炭素繊維上にCNTをグラフトし,その結果,ガラス繊維では竹状のCNTが成長する。一方,炭素繊維上では連続した空洞のあるCNTが成長し,ガラス繊維上のCNTの方が外径が大きくなる,と報告している。また,複合材料のマトリックスとしてのエポキシ樹脂は,ビスフェノールA型やF型の液状樹脂,硬化剤はアミン系が主に使用され,評価される複合材料全体中でのCNT含有量は,2% (wt% or vol%) 程度までの場合が多い。

CNTグラフトの効果が最も現れているのは破壊靱性 (層間) で,Veeduら[12]は,アルミナ繊維の場合,G_{IC}が348%向上すると報告している。また,Wicksら[16]は,アルミナ繊維で層間

第3章　カーボンナノチューブナノコンポジット

表3　化学気相法（CVD）によるCNTグラフト繊維織物とそのエポキシ複合材料

基材繊維(*1)		CVD法成長CNT			エポキシ樹脂配合		ハイブリッド		複合材料成形法	評価特性	論文発表年	文献
種類	繊維形態	触媒付着法(金属種)	成長形態(CNT層厚さ)	CNT外径	主剤	硬化剤	CNT含量(wt%)	繊維含有量(wt%)	(成形温度)			
炭化ケイ素繊維	平織	記載なし	配向成長(約60μm厚)	記載なし	High-temperature Epoxy(品種記載なし)		2	63	オートクレーブ(150℃)	・（層間）破壊靭性・ダンピング特性・熱伝導，導電性・熱膨張	2006	12
炭素繊維(PAN系)	平織	蒸着(高純度Fe)	ランダム成長	記載なし	MGS L285(*2)	アミン系硬化剤 MGS L285 hardener(*2)	記載なし	記載なし	ハンドレイアップ(室温)	・破壊靭性・曲げ特性	2008	13
アルミナ繊維	朱子織	アルコール溶液浸漬(Fe)	配向成長(30μm厚)	平均17nm(8層MWNT)	EpoThin system(*3)	不明	0.5〜2.5(対FRP)	60(vol%)	真空バッグ(〜60℃)	・体積抵抗＆表面抵抗・層間せん断	2008	14
炭素繊維(PAN系)	一方向	水溶液浸漬(Ni)	ランダム成長	5〜50nm(〜18層MWNT)	ビスA型 Araldite LY556(*5)	芳香族アミン Hardener HT972(*5)	記載なし	記載なし	プレス成形(80+120℃)	・圧縮強度（繊維方向と繊維垂直方向）・バーコール硬度	2010	15
アルミナ繊維	平織	アルコール溶液浸漬(Ni)	配向成長(20〜30μm)	〜14nm	105 Epoxy Resin(*4)	アミン硬化剤 Hardener 206(*4)	1〜2.5(vol%)	45〜50(vol%)	真空バッグ(室温)	・層間，層内破壊特性	2010	16
炭素繊維(PAN系)	平織	アルコール溶液浸漬(Ni)	ランダム成長	記載なし	ビスA型 Araldite MY750(*5)	脂肪族アミン Aradur HY951(*5)	0.2〜2.0	26(vol%)	プレス成形	・曲げ特性・層間せん断・導電性	2011	17
ガラス繊維	平織	キシレン		40〜50nm	記載なし	記載なし	記載なし	記載なし	プレス成形(230℃)	・EMIシールド特性・導電性（表面）	2011	18
炭素繊維	平織	溶液注入(Fe)	ランダム成長	35〜40nm								

（*1）PAN：polyacrylonitrile．（*2）Momentive社．（*3）Buehler社．（*4）West System社．105 epoxyはビスA型＋ビスF型配合樹脂．（*5）Huntsman社

(Interlaminar) と層内（Intralaminar）の破壊特性を評価し，層間破壊靱性が大幅に向上する（63～76%up）のに比較し，層内破壊特性は，5～19% アップに留まるとの結果を得ている。また，ダンピング特性（アルミナ繊維）[12]や圧縮特性（炭素繊維）[15]も大幅に向上する傾向にある。層間せん断強度の場合，アルミナ繊維では向上する[14]が，Mirandaら[17]は，炭素繊維の場合は層間せん断強度，曲げ強度ともに低下すると報告している。これは炭素繊維単繊維の場合と同様に，CNT のグラフト工程でのダメージで繊維の強度低下が起きているものと考えられている。その他，Leeら[18]は，ガラス繊維と炭素繊維上に CNT をグラフトし，電磁シールド特性を評価している。シールド特性の向上はガラス繊維の場合は顕著であるが，炭素繊維の場合はシールド効果の向上がほとんど無いことが示されている。

以上に述べた CVD 法による無機繊維上への CNT グラフト手法は，CNT の付着性（均一性，付着密度，強度等）や複合材料特性としては良好な場合が多いものの，繊維織物として小さなサイズ（試験研究用レベル）のものしか得られないことが欠点の一つである。

2.2.2 層間補強による CNT/繊維ハイブリッド化手法

層間補強などを目的とした CNT/繊維ハイブリッド複合材料の開発について，代表的な論文と特性評価の内容を表4および表5にまとめた。用いられる CNT は MWNT が主流であり，その他には，単層の SWNT や，CNT の3種混合物（XD-CNT），径の大きい VGCF（Vapor-grown Carbon fiber），配向成長した VACNT（Vertically-aligned CNT），そして CNT を漉いたペーパー（Bucky paper）なども検討されている[19～30]。層間補強手法では，CNT は製造元からの入手品をそのまま使用する場合も，更に処理を加える場合もあり，一般的には処理（後処理）を加えた方が良好な特性が得られる傾向にある。繊維としては，やはり炭素繊維（PAN系）が中心で，ガラス繊維やアラミド繊維，さらには，植物系のジュート繊維も検討されている[19～30]。

CNT を層間補強などにより複合材料中で局在化させる手法はいくつかあり，整理してみると，

(1) CNT を溶剤に分散させた溶液を，プリプレグや繊維上にスプレイし乾燥する[19,24,26,27]。
(2) 粉状の CNT を，直接，プリプレグ層間に散布する[30]。
(3) エポキシ樹脂中に分散させた CNT を，プリプレグや繊維上に塗布する[20,21,23]。
(4) CNT 含有の樹脂フィルムを，プリプレグや繊維の間に挿入する[22,29]（含浸させる場合もある）。
(5) CNT paper をプリプレグ間または上下に配置する[25]。

などの，層間補強重視の手法と，

(6) CNT 分散水溶液に繊維を含浸した後，エポキシ樹脂との複合材料を成形する[28]。

のような，繊維表面全体を CNT 付着処理し，エポキシ樹脂との界面補強を狙った手法がある。これらの場合の CNT の含有量は，繊維に対しては 0.1～0.76wt%，樹脂フィルムなどの場合は，0.5～8.0wt%，散布などする場合は，5～30g/m^2 程度であり，複合材料の特性見合いで最適化が図られている。

第3章 カーボンナノチューブナノコンポジット

表4 層間補強によるCNTハイブリッド化繊維織物とそのエポキシ複合材料(1)

CNT(*1)		CNT/繊維ハイブリッド化法			エポキシ樹脂配合		ハイブリッド繊維含有量		複合材料		評価特性または試験法	論文発表年	文献
種類	処理	基材繊維	繊維形態	CNT適用手法	主剤	硬化剤	CNT含量 (wt%)	繊維含有量 (wt%)	成形法	成形温度			
SWNT	シラン処理	炭素繊維 (PAN系)	8枚朱子織	炭素繊維上にCNTのエタノール溶液をスプレイで塗布	ビスF型 Epon 862	脂肪族アミン Epicure 9553	0.1 (対繊維一層)	64	VARTM(*2)	(室温+120℃)	・層間せん断 (SBS)	2006	19
MWNT	なし	ガラス繊維	平織	ガラス繊維上にCNT含有エポキシ樹脂をコーティング	記載無し	記載無し	0.4〜5	記載無し	オートクレーブ	(80+130℃)	・電磁シールド特性 (300MHz〜1GHz)	2007	20
VGCF	なし	炭素繊維 (PAN系)	一方向	炭素繊維プリプレグ層間にVGCFペーストをローラー塗布	プリプレグ用エポキシ配合樹脂 TORAY #2500		10〜30 g/m²	67 (プリプレグ)	オートクレーブ	(130℃)	・破壊靱性 (Mode I & II) ・ヤング率 (by ミクロ硬度計)	2008	21
MWNT	酸処理	アラミド繊維	ヤーン	CNT/PEOフィルムをアラミド繊維、エポキシに含浸	ビスA型 YD 128	芳香族アミン 4,4DDM	2 in PEO	—	常圧含浸	(100℃)	・CNT/PEO/Epoxy 相溶性確認 (by DSC, FESEM)	2008	22
VACNT	なし	炭素繊維 (PAN系)	一方向	VACNTをプリプレグ上にロールで転写(厚さ方向に配列)	プリプレグ用エポキシ配合樹脂 (Cytec IM7/977-3, &Hexel AS4/8552)		記載無し	記載無し	オートクレーブ	(180℃)	・破壊靱性 (Mode I & II)	2008	23
MWNT	なし	ガラス繊維	織物	ガラス織物上に、CNTのアルコール溶液をスプレイ	ビスA型 Araldite E-51	イミダゾール 2E4Mz	0.5〜8.0 (対樹脂)	記載無し	圧縮成形	(70+120℃)	・電磁シールド特性 (5.85〜18GHz) ・誘電特性	2010	24

(*1) VGCF : Vapor-grown Carbonfiber, VACNT : Vertically-aligned CNT, (*2) VARTM : Vaccum-assisted resin transfer molding

表5 層間補強によるCNTハイブリッド化繊維織物とそのエポキシ複合材料(2)

CNT(*1)		CNT/繊維ハイブリッド化		エポキシ樹脂配合		ハイブリッド含量(wt%)	ハイブリッド繊維含有量(繊維含有量)	複合材料 成形法(成形温度)	評価特性 または試験法	論文発表年	文献
種類	処理	基材繊維	繊維形態	CNT適用手法	主剤	硬化剤					
CNT paper	なし	炭素繊維(PAN系)	5枚朱子織	積層CFの上下にCNT Paperを置き含浸成形	ビスF型 Epon 862	芳香族アミン Epicure W	3.0〜4.5(対樹脂)	63〜65 (wt%)	真空バッグ(121+177℃)	・燃焼特性(コーンカロリーメーター)	2010	25
XD-CNT	フッ素処理	炭素繊維(PAN系)	4枚朱子織	炭素繊維上にスプレイで塗布	ビスF型 Epon 862	芳香族アミン Epicure W	0.3, 0.5(対CF)	平均50(vol%)	RTM(*2)(122+177℃)	・破壊靭性(Mode II)	2011	26
SWNT	シラン処理	炭素繊維(PAN系)	8枚朱子織	炭素繊維上にCNTのエタノール溶液をスプレイで塗布	ビスF型 Epon 862	脂肪族アミン Epicure 9553	0.1(対繊維一層)	記載なし	VARTM(*3)(60℃)	・破壊靭性(Mode I)	2011	27
MWNT	酸処理	ジュート繊維	織物	界面活性剤添加CNT分散水溶液に繊維を浸漬	ビスA型 EPR L20	脂環族アミン EPH 960	記載なし	20.5	減圧含浸(60+130℃)	・電気抵抗・誘電率	2011	28
XD-CNT	アミン処理	炭素繊維(PAN系)	4枚朱子織	B-stageエポキシ/CNTフィルムを繊維織物の層間に挿入	ビスF型 Epon 862	芳香族アミン Epicure W	0.5(層間フィルム中)	55(vol%)	VARTM(*3)(65℃)	・破壊靭性(Mode I)	2011	29
VGCF	なし	炭素繊維(PAN系)	一方向	炭素繊維プリプレグ層間にVGCF粉 or MWNT粉を散布	プリプレグ用 エポキシ配合樹脂 TORAY #2500		10〜30g/m²	67(プリプレグ)	オートクレーブ(130℃)	・破壊靭性(Mode I)	2012	30
MWNT	なし						5〜20g/m²					

(*1) XD-CNT:SWNT, DWNT, MWNTの混合物, VGCF:Vapor-grown Carbonfiber, (*2) RTM:resin transfer molding, (*3) VARTM:Vaccum-assisted resin transfer molding

第3章　カーボンナノチューブナノコンポジット

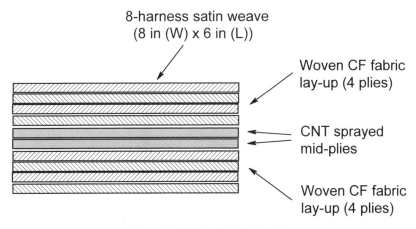

図4　層間補強の積層例（10層）

　樹脂と繊維の層間補強の最も代表的な特性は破壊靱性であり，ModeⅠやModeⅡの破壊靱性が評価され，破断面観察によりCNTによる補強効果のメカニズムも提案されている[21,23,26,27,29,30]。層間補強の一例として，8枚朱子織炭素繊維の10層積層の中間2層に，CNTをスプレイした炭素繊維を挿入した場合の概念図を図4に示す[27]。この積層構成でVARTM成形によりエポキシ樹脂を含浸し，硬化後に中間2層間の破壊靱性の向上が確認されている。

　破壊靱性などの力学的特性以外の特性としては，ガラス繊維やジュート繊維と組み合わせた電気抵抗[28]や電磁シールド特性[20,24]，炭素繊維と組み合わせた耐燃焼特性[25]も評価され，その効果が確認されている。耐燃焼特性は，Wuら[25]によりCNT paperを炭素繊維プリプレグの上下の表面に配置・成形し，コーンカロリーメータで燃焼評価が行われた結果，MWNT paperが燃焼シールド効果の大きいことが報告されている。

2.2.3 電着法によるCNT/繊維ハイブリッド化手法

　CNTをCVD（化学気相）法により繊維上にグラフトしたハイブリッド化繊維織物の欠点は，グラフト工程での熱による繊維の劣化と，少面積にしか対応できない点であった。この欠点を改良するため，量産性も考慮した手法として検討されている電着法（Electrophoretic deposition method）によるCNT/繊維ハイブリッド化手法がある。

　CNTを長繊維（含む織物）上に電着する場合の概念図を図5に，電着法によるCNT/繊維ハイブリッド化とそのエポキシ樹脂複合材料に関する論文例を表6にまとめてみた[31～38]。CNT電着法とは，CNTに化学処理を施し官能基を持たせて電荷を負わせ，水分散されたCNTを電極となる繊維上に電荷をかけて電着させる手法である。繊維として炭素繊維を用いる場合は，炭素繊維が電極（通常陽極）となるが，ガラス繊維などの非導電性繊維の場合は金属電極と組み合わせて電極代わりとする例もある。この電着法は，(1) 表面処理による繊維強度の低下は，通常，熱処理などより少ない，(2) バッチ工程でのスケールアップも連続工程[39]の適用も可能で，量

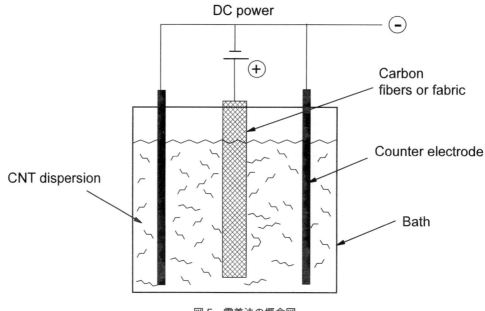

図5 電着法の概念図

産化という点で有利であり有望な手法と見られている。

電着法の検討に用いられる繊維は炭素繊維がほとんどであり,通常,炭素繊維はそのまま使用するか,サイジング剤を熱処理や溶剤処理で除いた後に酸化処理などをしている例もある。一方,CNTの側は,酸処理,アミン処理,オゾン処理,エポキシシラン処理などを施し,水分散し易いように分散剤やイオン性化合物を添加し,超音波を使用して分散効果をあげている例が多い[31, 32, 34, 35]。超音波処理はCNT分散時だけでなく,電着工程中も継続して超音波をかけ分散性向上効果が確認されている例もある[38]。分散液中のCNT濃度は0.05〜1.9mg/mLレベルで,印加電圧は試験装置のサイズにより10〜45V/cmの範囲である。CNT付着量は主に印加時間で調節され,通常,繊維に対して1wt%未満で検討されている。

電着によるCNTハイブリッド化炭素繊維の単繊維の特性評価では,引張強度,弾性率,破断強度とも,電着前とほぼ同等かやや良好との結果が出ている[36, 37]。また,エポキシ樹脂複合材料としての特性では,導電性(電気抵抗),層間せん断,引っ張りや圧縮特性などが評価されている[31〜35, 38]。層間せん断,破壊靭性,導電性(面外:out-of-plane)は向上しているが,引張強度はほとんど変化がないとの報告もある[31]。CNTの表面処理についてAnら[38]によれば,オゾン処理,酸処理,PEI(polyethyleneimine)処理,エポキシシラン処理について検討したところ,オゾン+PEI処理の特性向上がもっとも大きかったとの報告がある。

2.2.4 エレクトロスピニング法によるCNT/繊維ハイブリッド化手法

今までに述べてきたCNT/繊維ハイブリッド化手法とは少し異なる手法として,エレクトロスピニング法について述べてみたい。エレクトロスピニング(Electrospinning:ES)法による

第3章 カーボンナノチューブナノコンポジット

表6 電着法によるCNTグラフト繊維織物とそのエポキシ複合材料

被電着繊維		CNT		電着条件				エポキシ樹脂配合		複合材料		評価特性 または試験法	論文 発表年	文献
種類/形状	処理法・ 処理剤	種類	処理法・ 処理剤	分散液	電圧 (繊維間極)	CNT濃度 (wt%)	CNT付着量 (wt%)	主剤	硬化剤	成形法	(成形温度)			
炭素繊維 (PAN系) /織物	熱処理 酸化処理	SWNT MWNT	酸処理	1%NaOH 水溶液	10V/cm (＋極)	0.05 mg/mL	~0.25 (対繊維)	ビスF型 Epon 862 (＊3)	芳香族アミン Epicure W	VARTM (＊2)	(130℃)	・電気抵抗 ・層間せん断 ・引っ張り特性	2007	31
耐アルカリ ガラス繊維 /単繊維	なし	MWNT	エポキシ シラン処理	0.5%分散剤 水溶液	記載なし (＋極)	0.05	0.96～1 (対繊維)	ビスA型 EPR 120 (＊3)	脂環族アミン EPH 960	常圧含浸	(80℃)	・界面せん断強度 ・電気抵抗	2010	32
炭素繊維 (PAN系) /平織	アセトン 熱処理	CNF	酸処理 or アミン処理	水 (超音波分散)	30V/4.5cm (＋極)	1.9 mg/mL	記載なし	ビスF型 Epon 862 (＊3)	芳香族アミン Epicure W	VARTM (＊2)	(177℃)	・層間せん断 ・圧縮特性	2011	33
炭素繊維 (PAN系) /平織	なし	MWNT CNF	酸処理 or PEI処理 (＊1)	蒸留水 or 0.05%PEI 水溶液	30V/8mm (＋or －極)	1.0	~0.6 (複合材料中)	ビスA型 YD 128 (＊4)	酸無水物 KHB1089	VARTM (＊2)	(120℃)	・電気抵抗 ・層間せん断	2011	34, 35
炭素繊維 (PAN系) /単繊維	なし	MWNT	酸処理	水 (超音波分散)	20V/2cm (＋極)	0.05 mg/mL	記載なし	ビスA型 E51	記載なし	常圧含浸 (80+120+ 150℃)		・単繊維－微小液 滴引張試験 ・繊維濡れ性 (接触角)	2012	36, 37
炭素繊維 (PAN系) /一方向	なし	MWNT	オゾン処理 酸処理 PEI処理 シラン処理	水 (超音波分散)	28～45V/cm (＋極)	0.5～1.0 mg/mL	約10 (対樹脂)	ビスF型 Epon 862 (＊3)	芳香族アミン Epicure W	VARTM (＊2)	(130℃)	・層間せん断 ・破壊靱性 (Mode I)	2012	38

(＊1) PEI: polyethyleneimine. (＊2) VARTM: Vaccum-assisted resin transfer molding. (＊3) Momentive製. (＊4) Kukdo Chemicals製

ポリマーナノコンポジットの開発と分析技術

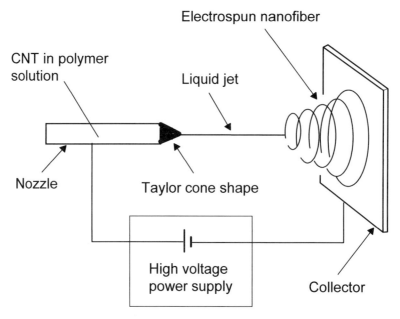

図6　エレクトロスピニング法の概念図

　CNT/繊維ハイブリッド化は，CNTを混合した高分子溶液に高電圧を印加してノズルから噴出させ，捕集電極上にCNT含有の高分子繊維を紡糸する方法である。簡単な概念図を図6に示す。このES技術は，1930年代に既に特許化されている古い技術であるが，近年，ナノファイバーが注目されるようになり，ナノファイバー形成の技術の一つとして見直され研究が盛んになってきている[40〜45]。

　ES法に用いられるCNTは，SWNT，MWNTや径の大きいCNF（carbon-nanofiber）などで，メーカーからの購入品をそのまま使用する場合も多いようである。これは，通常，ポリマーとCNTを溶剤とともに時間をかけてポリマー溶液として調合していることから，CNTの表面処理の影響が少ないことにもよると考えられる。繊維源となるポリマーには，① PAN（Polyacrylonitrile）（通常は繊維紡糸後に焼成実施），② PSF（polysulfone），③ PEK-C（Polyetherketone cardo），④ P（St-co-GMA）（polystyrene-co-glycidyl methacrylate），などが用いられ，溶剤としてはDMF（N,N-dimethylformamide）が使用される例が多く，DMAC（N,N-dimethyl acetamide）とアセトンの混合溶剤も用いられている。ポリマー溶液の濃度は10〜30wt%の範囲が多く，通常，ES法によりポリマーに対して1〜15wt%のCNT含有量のハイブリッド繊維が作成されている。また，ラボ試験装置のES法条件は，電極間距離は10〜15cm，電圧は15〜25kVとしているケースが多く，得られたハイブリッド繊維の外径は240〜700 nmの範囲で，繊維中へのCNTの分散・配向状況は電子顕微鏡観察によると，大抵の場合，非常に良好である。ハイブリッド繊維の形態は，ES法の原理から不織布シートやマットが作りやすいものの，ドラムスピ

第3章 カーボンナノチューブナノコンポジット

ニング法[40)]によりヤーン状の繊維も得られている。

　ES法により紡いだハイブリッド繊維とエポキシ樹脂の複合材料の特性評価は，引張り特性，曲げ特性，破壊靭性，層間せん断，Sharpy衝撃などの力学的特性評価中心で，それぞれ特性改善が確認されている[40~44)]。PAN/CNTハイブリッド繊維複合材料の場合[40)]，1% CNT 含有繊維の方が，10%や15%含有繊維より引張り強度が高いと報告されている例がある。これはCNT含有量が高くなると分散性不良や配向不足が起こり，特性低下につながると考えられている。

　一方，Chenら[43)]は，CNT/PANハイブリッド繊維マットを通常の炭素繊維の層間に配置して，VARTM成形したエポキシ樹脂複合材料の特性評価を行っている。その結果，層間せん断強度が86%向上すると報告している。またBilgeら[44)]は，ハイブリッド繊維を直接，炭素繊維プリプレグ上にスパンし，層間補強したエポキシ複合材料の評価を行い，曲げ強度が25%向上，破壊靭性（ModeⅡ）が70%向上すると報告している。ES法により得られるCNTハイブリッドポリマー繊維の強度自体は高くないので，層間補強材料として利用する方法が有効と考えられる。

2.3　あとがき

　カーボンナノチューブ（CNT）はハイテク用途への適用も含め，さまざまな可能性を秘めている材料として注目され，各方面で用途開発研究も盛んに行われてきている。CNTをエポキシ樹脂複合材料と組み合わせる（混ぜ合わせる）手法としては，「均一系CNT充填エポキシ樹脂繊維強化複合材料」が主体であるが，それらの特性を更に向上させることができると期待される「局在系（あるいは階層的）CNT充填エポキシ樹脂繊維強化複合材料」を，本稿の主題として文献事例を出来るだけ整理して述べてきた。この局在系CNTベースエポキシ樹脂複合材料の研究開発は，まだ始まったばかりであり，今後，量産化も含めて研究開発が進んで行くものと思われる。

文　　献

1) 小池常夫, マテリアルステージ, **13**(7), 68 (2013)
2) 小池常夫, マテリアルステージ, **13**(8), 68 (2013)
3) 小池常夫, マテリアルステージ, **13**(3), 78 (2013)
4) E. T. Thostenson, W. Z. Li, D. Z. Wang, Z. F. Ren, T. W. Chou, *J. Appl. Phys.*, **9**, 6034 (2002)
5) H. Qian, A. Bismarck, E. S. Greenhalgh, G. Kalinka, M. S. P. Shaffer, *Chem. Mater.*, **20**, 1862 (2008)
6) E. J. García, A. J. Hart, B. L. Wardle, *AIAA Journal*, **46**, 1405 (2008)
7) K. H. Hung, W. S. Kuo, T. H. Ko, S. S. Tzeng, C. F. Yan, *Compos. Part A-Appl. S.*, **40**, 1299

（2009）
8) R. J. Sager, P. J. Klein, D. C. Lagoudas, Q. Zhang, J. Liu, L. Dai, J. W. Baur, *Compos. Sci. Technol.*, **69**, 898（2009）
9) P. Lv, Y.-Y. Feng, P. Zhang, H.-M. Chen, N. Zhao, W. Feng, *Carbon*, **49**, 4665（2011）
10) F. An, C. Lu, Y. Li, J. Guo, X. Lu, H. Lu, S. He, Y. Yang, *Materials & Design*, **33**, 197（2012）
11) N. Lachman, B. J. Carey, D. P. Hashim, P. M. Ajayan, H. D. Wagner, *Compos. Sci. Technol.*, **72**, 1711（2012）
12) V. P. Veedu, A. Cao, X. Li, K. Ma, C. Soldano, S. Kar, P. M. Ajayan, M. N. Ghasemi-Nejhad, *Nat. Mater.*, **5**, 457（2006）
13) K. L. Kepple, G. P. Sanborn, P. A. Lacasse, K. M. Gruenberg, W. J. Ready, *Carbon*, **46**, 2026（2008）
14) E. J. Garcia, B. L. Wardle, A. J. Hart, N. Yamamoto., *Compos. Sci. Technol.*, **68**, 2034（2008）
15) S. P. Sharma, S. C. Lakkad, *Surf. Coat. Tech.*, **205**, 350（2010）
16) S. S. Wicks, R. Guzman de Villoria, B. L. Wardle, *Compos. Sci. Technol.*, **70**, 20（2010）
17) A. N, de Miranda, L. C. Pardini, C. A. M. dos Santos, R. Vieira, *Mat. Res.*, **14**, 560（2011）
18) O. H. Lee, S.-S. Kim, Y.-S. Lim, *J. Magn. Magn. Mater.*, **323**, 587（2011）
19) P. R. Thakre, D. C. Lagoudas, J. Zhu, E. V. Barrera, T. S. Gates, Collect. Tech. Pap. AIAA/ASME/ASCE/AHS/ASC Struct. Struct. Dyn. Mater. Conf. AIAA/ASME/AHS Adapt. Struct. Forum, **47th**(5), 3256（2006）
20) K.-Y. Park, S.-E. Lee, C.-G. Kim, J.-H. Han, *Compos. Struct.*, **81**, 401（2007）
21) M. Arai, Y. Noro, K. Sugimoto, M. Endo, *Compos. Sci. Technol.*, **68**, 516（2008）
22) Y. S. Song, H. Oh, T. T. Jeong, J. R. Youn, *Adv. Compos. Mater.*, **17**, 333（2008）
23) E. J. Garcia, B. L. Wardle, A. J. Hart, *Compos. Part A-Appl. S.*, **39**, 1065（2008）
24) Z. Yan, Y. Lu, D. Yuexin, *J. Nanosci. Nanotechnol*, **10**, 5339（2010）
25) Q. Wu, W. Zhu, C. Zhang, Z. Liang, B. Wang, *Carbon*, **48**, 1799（2010）
26) D. C. Davis, B. D. Whelan, *Compos. Part B-Eng.*, **42**, 105-116（2011）
27) P. R. Thakre, D. C. Lagoudas, J. C. Riddick, T. S. Gates, S.-J. V. Frankland, J. G. Ratcliffe, J. J. Zhu, E. V. Barrera, *J. Compos. Mater.*, **45**, 1091（2011）
28) R.-C. Zhuang, T. T. L. Doan, J.-W. Liu, J. Zhang, S.-L. Gao, E. Mäder, *Carbon*, **49**, 2683（2011）
29) R. J. Sager, P. J. Klein, D. C. Davis, D. C. Lagoudas, G. L. Warren, H.-J. Sue, *J. Appl. Polym. Sci.*, **121**, 23947（2011）
30) N. Hu, Y. Li, T. Nakamura, T. Katsumata, T. Koshikawa, M. Arai, *Compos. Part B-Eng.*, **43**, 3（2012）
31) E. Bekyarova, E. T. Thostenson, A. Yu, H. Kim, J. Gao, J. Tang, H. T. Hahn, T.-W. Chou, M. E. Itkis, R. C. Haddon, *Langmuir*, **23**, 3970（2007）
32) J. Zhang, R. Zhuang, J. Liu, E. Mäder, G. Heinrich, S. Gao, *Carbon*, **48**, 2273（2010）
33) A. J. Rodriguez, M. E. Guzman, C.-S. Lim, B. Minaie, *Carbon*, **49**, 937（2011）
34) S.-B. Lee, O. Choi, W. Lee, J.-W. Yi, B.-S. Kim, J.-H. Byun, M.-K. Yoon, H. Fong, E. T. Thostenson, T.-W. Chou, *Compos. Part A-Appl. S.*, **42**, 337（2011）
35) W. Lee, S.-B. Lee, O. Choi, J.-W. Yi, M.-K. Um, J.-H. Byun, E. T. Thostenson, T.-W. Chou,

J. Mater. Sci., **46**, 2359 (2011)
36) J. Guo, C. Lu, F. An, *J. Mater. Sci.*, **47**, 2831 (2012)
37) J. Guo, C. Lu, F. An, S. He, *Mater. Lett.*, **66**, 382 (2012)
38) Q. An, A. N. Rider, E. T. Thostenson, *Carbon*, **50**, 4130 (2012)
39) J. Guo, C. Lu, *Carbon*, **50**, 3101 (2012)
40) Ed. F. K. Ko, Y. Gogotsi, "Proceedings of the American Society for Composites : Twentieth Technical Conference", P133-152, Destech Publications Incorporated, 2005
41) Y. Yin, X. Wang, *Adv. Mater. Res.*, **79-82**, 517 (2009)
42) J. Zhang, H. Niu, J. Zhou, X. Wang, T. Lin, *Compos. Sci. Technol.*, **71**, 1060 (2011)
43) Q. Chen, L. Zhang, A. Rahman, Z. Zhou, X.-F. Wu, H. Fong, *Compos. Part A-Appl. S.*, **42**, 2036 (2012)
44) K. Bilge, E. Ozden-Yenigun, E. Simsek, Y. Z. Menceloglu, M. Papila, *Compos. Sci. Technol.*, **72**, 1639 (2012)
45) 小池常夫, マテリアルステージ, **14**(1), 58 (2014)

第4章 セルロースナノファイバーナノコンポジット

1 CNFコンポジットの開発

藤井　透[*1]，大窪和也[*2]

1.1 CNFとは

　竹や木の幹，枝の強さを支えているのは長手方向に並んだ繊維状のパルプである。パルプはかっては生きた細胞（厚壁細胞）であった。その名残は時にルーメンとしてパルプ中央にある孔に見出すことができる。パルプの断面は円形ではないが，竹の場合，差し渡し径は15〜20μm程度である（図1）。パルプの長さは竹や木の種類によって異なるが，1〜2mmである。広葉樹では短く，針葉樹では長い。複合材料の視点からは，パルプは短い単繊維と考えられる。植物中では，複数（数10〜200本）集まって肉眼でも視認できる太さの長い繊維束を形成する。図2は，縦割れした竹の横断面の維管束鞘部分を示す。まるではく離破壊した一方向CFRPの破面（側面）を思わせる。

　セルロース（Cellulose）は竹を含む木の幹や枝の主要成分である。パルプの50％はセルロースで構成されている。残りは，主としてヘミセルロース（Hemi-cellulose）とリグニン（Lignin）である。パルプの構造は青ねぎに似ている（図3）。パルプは，大きくは厚さ方向に4層に分けられる。それぞれの層にはセルロース分子が一方向に並んだ結晶性微細繊維（CNF：Cellulose Nano Fiber. MFC：Micro Fibrillated Celluloseとも呼ばれる）がある。CNFの基本構成は，6×6で正方配置され，長手方向に並んだCellulose分子である（図4）。一辺の大きさは3〜4nmと言われている。パルプの最外層であるP層では，CNFはランダムに配向する。S_1〜S_3層では，CNFは軸方向に近い方向に配向されている。一般に，CNFの強度，剛性はアラミド繊維に匹敵するほど高いと言われている。密度も低い。この配向されたCNFがパルプの強度を発揮する。

　各CNFはヘミセルロースとリグニンで互いに結合されている。そのため，通常（化学パルプから得た）CNFといっても図4に示す一本のCNFではなく，CNFが複数本集まった束の状態で得られる。CNFにはところどころ非晶部分がある。著者らが非晶部分を取り除いて得た結晶性のCNFを図5（TEMにより観察）に示す。この写真からわかるように，その差し渡し幅は10nm程度あり，まだ1本のCNFではなさそうだ。長さは200〜300nm程度ある。CNFはパルプに強いせん断力を作用させることによって得られる。実際には，（精密砥石による）摩砕や，高圧ホモジナイザで化学パルプを処理し，CNFを得ようとするが，1本のCNFが得られることはなく，差し渡し幅が50〜200nmの太い（擬似的な）CNFが得られる。その形態，寸法も変

[*1] Toru Fujii　同志社大学　理工学部　機械システム工学科　教授
[*2] Kazuya Okubo　同志社大学　理工学部　エネルギー機械工学科　教授

第4章 セルロースナノファイバーナノコンポジット

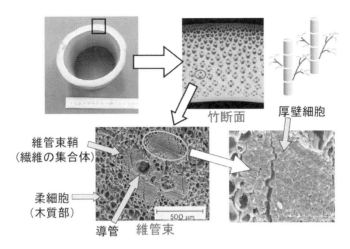

図1 竹の断面（構造とパルプ＝厚壁細胞）

わる。しかし，手に入るCNFでは少なくとも2次元的に網の目状となることが多い（図6）。

1.2 CNFの活用

ボーイングB787に代表されるように，カーボン繊維を使ったCFRPは構造物の軽量化に欠かせないが，CFRPの耐久性向上は喫緊の課題である。高分子系複合材料の母材樹脂へのナノフィラー添加は，その機械的特性を改善するための有効な手段として知られている。CFRPのエポキシ母材をナノゴム粒子で変性することにより，静的強度が増し，疲労寿命が延びる。しかし，ナノゴム粒子を添加すると，CFRPのヤング率は低下する。さらに耐熱性も損なわれる恐れがある。これらの問題を解決するためCNFがある。CNFを微量添加したエポキシ樹脂を用いて製作したCFRPの衝撃強度が向上することが知られている。これらを総合すると，CFRP樹脂母材へのCNFの添加は，CFRPの疲労寿命向上にも貢献すると考えられる。

図2 維管束鞘の破断面

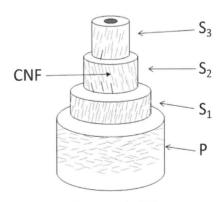

図3 パルプの構造

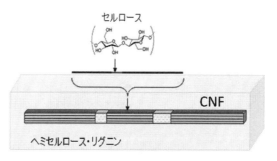

図4　維管束鞘の破断面

1.3　エポキシ母材のCNF（物理的）変性によるCFRPの疲労寿命の向上

図7に，引張り－引張り疲労試験により得られた，CNF変性CFRPおよび無添加CFRPの疲労寿命曲線（S－N線図）を示す。CNFをエポキシ母材に微量添加することにより疲労寿命は増す。ばらつきはあるが，低サイクル寿命域でも，CNF添加によるCFRPの疲労強度向上は確実に認められる。100万回を超える高サイクル疲労では，疲労寿命は無添加に比べてCNFの微量添加により10～30倍と極めて顕著に延びる。CNFの含有率が低い0.3wt％の方が，高い0.8wt％よりもCFRPの疲労強度向上の効果は高い。なお，CNFの添加により樹脂粘度は高まる。2％添加するとエポキシ樹脂は粘土状となり，性能を含め実用的ではない。

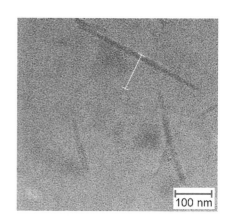

図5　CNF（TEM画像）

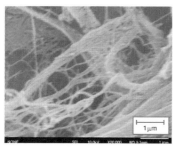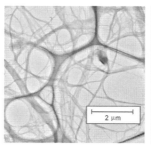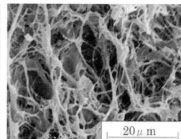

図6　種々の形態のCNF

第4章　セルロースナノファイバーナノコンポジット

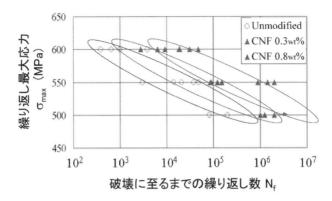

図7　CFRPの疲労寿命に及ぼすCNF添加の効果

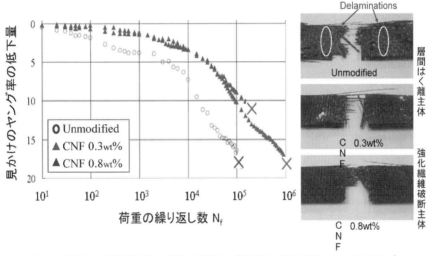

図8　疲労中の剛性低下と破断後の試験片（繰り返し最大応力 σ_{max}＝550MPa）

1.4　エポキシ母材のCNF変性により，なぜCFRPの疲労寿命が向上するのか？

「なぜ僅かな量のCNFをエポキシ母材に添加するだけで，疲労寿命が延びるのか」，そのメカニズムを考える一助として疲労中の剛性低下に注目した。複合材料では，疲労により母材クラックや母材／繊維間のはく離，さらには層間はく離が生じ，疲労破壊に至る。このような内部損傷が生じると，強化繊維間の応力の再配分が十分にされず，見かけの剛性が低下する。剛性低下を観測すれば，疲労進展に伴う内部損傷の蓄積の様子を捉えることができる。図8は，繰り返し最大応力 σ_{max} が550MPaのときの各試験片の見かけの剛性低下曲線と疲労破断したときの様子を示す。母材へのCNFの微量添加により，繰り返し数の増加に伴う剛性低下が抑制されていることがわかる。繰り返し数 10^4 回の時点では，無添加に比べてCNF微量添加により4%程剛性低下は小さくなった。この時点でCFRPの内部損傷の発生，進展が遅くなっている。無添加

99

ポリマーナノコンポジットの開発と分析技術

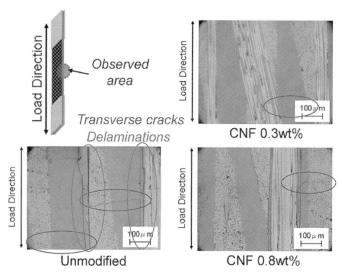

図9　疲労中の試験片側面の様子（$N=10^6$, $\sigma_{max}=350$MPa）

CFRPでは10^4回を超えた時点で剛性低下が急激に進む。CNFを添加した場合，剛性低下はその後も進み，両者の残留剛性は大きく異なってくる。

図9は，$N=10^6$回で疲労試験を止め，試験片側面を観察した光学顕微鏡写真である。内部損傷の様子を示す。CNFをエポキシ母材に添加しない場合，横方向に走るトランスバースき裂（横き裂）と縦方向に伸びる層間はく離き裂が認められる。一方，CNFを添加し母材を物理的に変性した場合，層間はく離き裂は認められず，また，横き裂も未変性の場合よりも穏やかである。これより，エポキシ母材のCNF変性により樹脂と炭素繊維間の（見かけの）接着性が増したのではと想像される。

1.5　CNFの適量添加により，エポキシ樹脂とカーボン繊維界面の接着強度が増す

樹脂とカーボン繊維の界面接着性を調べるため，図10の（カーボン繊維を樹脂中に一本埋没させた）試験片（T：厚さ）を用い，フラグメンテーション試験を行った。試験片を引張り，繊維が一か所破断した時点で負荷を止め，カーボン繊維の破断点付近の繊維／樹脂界面のはく離の様子を調べた。図11はそのときの光学顕微鏡写真で，透過光で観察している。繊維破断箇所からの繊維はく離（Fiber debonding）の大きさは，CNF未添加＞0.3％＞0.8％添加の順となる。0.8％添加では，はく離はほとん

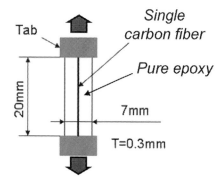

図10　フラグメンテーション試験片

第4章　セルロースナノファイバーナノコンポジット

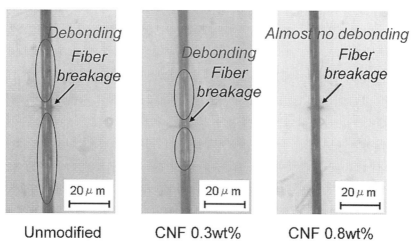

図11　フラグメンテーション試験での繊維破断とはく離の様子

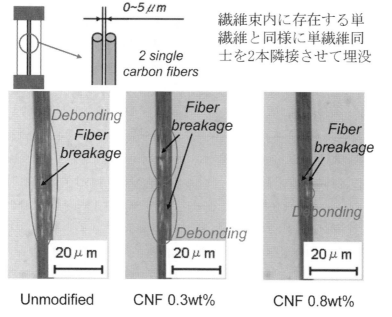

図12　カーボン繊維を2本隣接させて埋没させたフラグメンテーション試験片での繊維破断とはく離の様子

ど認められない。すなわち，繊維／樹脂界面の接着強度は上記の逆順で大きくなる。接着強度の疲労強度に及ぼす影響を把握するため，カーボン繊維を2本隣接させ，樹脂中に埋没させたフラグメンテーション試験片を用い，その引張り試験を行った。結果を図12に示す。

同図によれば，(1)CNF未添加と0.3 wt％の場合，2本のカーボン繊維の中どちらか一方の繊維が破断しても，残りのカーボン繊維がその場で破断することは無い。図11と同様，破断箇所

から繊維はく離が生じるが，隣り合う繊維にもはく離は拡大している。このはく離により，隣接繊維に大きな応力が伝えられることは無い。そのため，最初に繊維破断した隣で，もう一方のカーボン繊維が直ちに破断することは無い。図12のCNF 0.3 wt%では最初に破断した箇所から少し離れたところで，2番目の繊維の破断が見られるが，これは同時に起こったわけではない。(2)一方，CNF 0.8 wt%では，2本のカーボン繊維は同じ箇所で破断している様子が見出される。繊維はく離も僅かしか認められない。これは，接着性が良好なことを示唆している。

　CNF未添加で繊維とエポキシ母材との接着強度が低い場合，疲労荷重の早期に横繊維束内に横き裂が生じる。この横き裂は，縦繊維束に突き当たるが，ここでも繊維/母材間の接着強度が低いため，縦繊維に沿うはく離は生じるが，その場で縦繊維を破断することはない。CNF0.8%添加CFRPでは，接着性が良好なため繊維が破断した場合，隣接するカーボン繊維も一気に破断する割合が高い。そのため，破面は縦繊維に垂直で，フラットな性状を示す。

　繊維と樹脂の界面強度が中間のCNF0.3%添加の場合の疲労挙動は，丁度両者の中間の結果のようだと推察できる。0.8%の場合に比べ，接着強度がやや低いため，横き裂の発生は疲労の早い段階で生じる。横き裂を起点とする縦/横繊維束交差部の層間はく離も生じるが，CNF0.8%添加の場合と同様，その成長は極めて遅い。(接着強度がやや低いため)縦繊維に到達した横き裂は，そこでの応力集中が緩和され，縦繊維を直ちに破断することはない。繰り返し数の増加とともに繊維束間はく離の成長は進み，剛性低下で見れば0.8%添加の場合と同じような様相を呈する。その後も横き裂の発生は続くが，弱い接着強度の為，縦繊維を切断することは無い。繊維束間はく離の進展が続く限り，剛性低下も続き，その疲労寿命は最も長くなる。

1.6　CNFの活用

　生物あるいは天然材料からナノ材料を取り出し，「良いところ取り」して，それらを集めて→ミクロからマクロ構造物（部品）を作り出すことは理想である。しかし，ナノ繊維を真っ直ぐ並べることは難しい。図6のように，CNFの直線部は短い。ナノ繊維の含有率が50%の複合材料は実用的であろうか。現時点では，まずコスト面から実用的でない。CNFの寸法が揃い，磨砕などの処理が必要のないCNFにナタデココ（Nata de Coco，デザートとして食料品店で売られている。図13）に代表さ

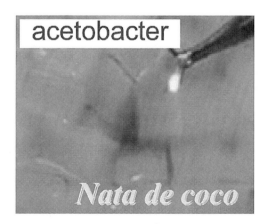

図13　ナタデココ

れるバクテリアセルロースがある。これはココナツミルクをベースに乳酸菌が作るCNFで，独特の歯ごたえを持つが，99%が水である。1 wt%のCNFが水を閉じ込め，立方体形状を保って

第4章　セルロースナノファイバーナノコンポジット

いる。このナタデココを東南アジアで製造したとしても￥3,000/kg以下は難しい。現在市販されているパルプ由来のCNF（＝MFC）では￥20,000/kgを下回る価格で手に入れることは難しい。また，たとえCNFが安価に得られるとしても，ランダムに並んだ純粋CNF板では，CNFの強度・剛性がカーボン繊維を凌駕しない。高い機械的特性を示すとは言えない。技術面からも，何をどのように期待するのか難しい。

　ナノ繊維，ナノ故にミクロなレベルで曲がりやすい。直線状にナノ繊維を配置することは難しい。含有率を高めようとすれば，コストが飛躍的に増大する。カーボン繊維などの強化繊維は，直径数μm～十数μmだが，極めて長い繊維である。そのため，ハンドリングも容易である。繊維の性能は極めて高い。「バラして」，「集めて」作るには，セルロース系ナノ繊維に大きな意義を見出すことは難しいと感じている。むしろ，微量な添加剤としての機能を追求する方がCNF，さらにはナノ繊維の用途として工業的価値が見出せる。CNFの場合，見かけの繊維／樹脂界面接着強度を上げる効果がある。実はセルロース・ナノ繊維だけではない。エレクトロ・スピニングにより作ったナノPVA繊維でも同様な効果が得られている。ナノ繊維による樹脂の物理的変性は意味深い。

文　　献

1)　藤井透；"複合材料の疲労特性"，複合材料活用辞典，第Ⅳ編（2001）
2)　藤井透，大窪和也；"セルロースナノファイバーの調製，分散・複合化と製品応用"（2015）
3)　藤井透，大窪和也；"環境調和型複合材料の開発と応用" シーエムシー出版，（藤井透，西野孝，合田公一，岡本忠　監修），(2005) pp.65-73
4)　矢野浩之，アントニオ・ノリオ・ナカガイト；"セルロースナノファイバー複合材料"，同上，pp.65-73
5)　M. Higashino, K. Takemura and T. Fujii ; "Strength and damage accumulation of carbon fabric composites with a cross-linked NBR modified epoxy under static and cyclic loadings", *Composite Structures*, **32**, 1-4（1995）pp.357-366
6)　K. Takemura, T. Fujii ; "Improvement in Static, Impact and Fatigue Properties of CFRP due to CNBR Modification of Epoxy Matrix", *JSME Int J. A*, **43**, 2（2000）pp.186-195
7)　N. Takagaki, K. Okubo, T. Fujii ; "Improvement of Fatigue Strength and Impact Properties of Plain-Woven CFRP Modified with Micro Fibrillated Cellulose", *Advanced Material Research*, **47-50**, 1（2008）pp.133-136
8)　Y. Ohnishi, T. Fujii, K. Okubo ; "Improvement in the mechanical properties of light curing epoxy resin with MFC（Micro-Fibrillated Cellulose）", *WIT Transactions on The Built*

Environment (Proceedings of High Performance structure and materials Ⅳ), **97** (2008) pp.139-148

9) Y. Shao, T. Yashiro, K. Okubo, T. Fujii ; "Effect of cellulose nano-fiber (CNF) on fatigue performance of carbon fiber fabric composites", Composites Part A : *Applied Science and Manufacturing*, **76** (2015) pp.244-25

10) 藤井透, 大窪和也 ; "カーボンナノチューブとミクロフィブリルセルロースによる光硬化エポキシ樹脂の強化とその特性", 同志社大学理工学研究所報告, **46**, 4 (2006) pp.112-116

2 CNF/熱可塑性樹脂

仙波　健*

2.1 はじめに

　植物は無尽蔵に存在する二酸化炭素，水，そして光エネルギーにより光合成を行い，その主要構成物であるセルロース，ヘミセルロースおよびリグニンなどを生産する。これらの中でセルロースは植物の高い強度特性に最も寄与している。それは高結晶化度のセルロース分子の集合体が，直径4 nm且つ高アスペクト比のセルロースナノファイバー（CNF）として植物中に存在するためである。さらにこのCNF，ヘミセルロースおよびリグニンを緻密に配置し，様々な外力に耐えることができる高次構造を植物は形成しているのである。2014年アベノミクス日本再興戦略において，このCNFへの取り組みが記載されたことにより，国を挙げてのバックアップ体制も整い始め，多くの企業，大学および研究機関がその技術開発に取り組んでいる。特に製紙産業においては，その傾向が強い。紙の内需は，2009年のリーマンショックの影響により急減した反動で2010年に増加に転じたものの，その後減少が続いている[1]。製紙メーカーの収益は市況の回復，事業の多角化により堅調であるが，紙での収益となると今後の予断を許さない状況であると思われる。このような背景により，製紙メーカーは新たな事業の柱としてCNFをはじめとするナノセルロースに期待しているのである。大学では，筆者の知る限りでは京都大学の矢野先生がCNFに着目した研究を21世紀に入る前に開始され，透明な紙，金属並みの強度をもつプラスチック複合材料など様々な成果を世に送り出し，世界にCNFの魅力を発信した。その後，2000年初頭に東京大学磯貝先生，齋藤先生らが，TEMPO（2,2,6,6-tetramethylpiperidine 1-oxyl）酸化により世界で初めてシングルナノCNFの製造方法を見出し，昨年には森のノーベル賞といわれるマルクス・ヴァーレンベリ賞を受賞されている。これら大学の地道な基礎研究が今日のナノセルロースの賑わいの火付け役であることは言うまでもなく，現在は様々な大学で研究が進められている。

　一方，プラスチック系ナノコンポジットに目を向けると，日本には世界に誇れる材料がある。特にカーボンナノチューブ（CNT）やクレイナノコンポジットは革命的な素材である。CNTは極少量添加においても劇的な弾性率の向上が発現すると同時に秀でた電気特性なども有する。これは極少量添加でのパーコレーションが得られるためであると考えられている。クレイナノコンポジットは，クレイ層間を有機化処理することにより，ポリマーのクレイ凝集体への含侵力を高め層間剥離させることで大きな補強効果が発現する。これらは日本がその開発を先導してきたナノコンポジットである。そしてCNT，クレイに続く次世代のナノコンポジットとして，CNFナノコンポジットの開発が昨今活発化している。そのメインのターゲットは生産量の多い熱可塑性樹脂の補強であり，製紙関連メーカーからも熱可塑性樹脂にCNFを分散させたマスターバッチペレット材料のサンプル供給が開始されている。しかしCNFをプラスチックにナノ分散させる

---

*　Takeshi Senba　(地独)京都市産業技術研究所　高分子系チーム　研究副主幹

のは簡単なことではなく，各社から供給されるCNFやマスターバッチを使っても上手く混ぜられないことが多い。CNFとプラスチックの複合化には，それなりのテクニックと根本的に大きなハードルがいくつか存在するのである。本節では，CNF強化熱可塑性樹脂の課題とこれまでに得られている特性を紹介する。

2.2 CNFと熱可塑性樹脂混合における課題

　汎用プラスチックには，ポリプロピレン，ポリエチレン，ポリスチレン，ポリ塩化ビニルおよびABS樹脂などがある。これらの成形加工温度は200℃程度までであり，自ずと最終成形品の耐熱温度は100℃程度となってしまう。したがってより耐熱性に優れ，高弾性・高強度，その他の機能性が必要な場合は，汎用エンジニアリングプラスチック（以下，エンプラ）であるポリアセタール（POM），ポリアミド（PA），ポリカーボネート（PC），変性ポリフェニレンエーテル（m-PPE）およびポリブチレンテレフタレート（PBT）などが用いられる。その多くの成形加工温度は200℃を超え，その耐熱温度は汎用プラスチックを大きく上回ることから自動車のエンジンルーム内，電気製品の発熱部などに用いられる。また強度特性，耐衝撃性なども汎用プラスチックを大きく凌駕するものとなっている。

　これらエンプラの強度，耐熱性などのさらなる向上には通常ガラス繊維や炭素繊維が使用される。しかしながらその製造においては，ガラス繊維では原料を1000℃以上の高温で溶融紡糸，炭素繊維は有機繊維を紡糸後，同じく1000℃以上の高温での脱脂，焼成を行う。つまり化石燃料に大きく依存せねばならない。それに対してCNFは植物を原料とし，ダウンサイジングにより製造される。持続的再生可能な資源を利用し，鋼鉄やガラスに劣らない様々な機械特性，機能性を備え，低コスト化が可能な強化繊維であると考えられる。

　しかしながらセルロースには，熱可塑性プラスチックとの複合化において克服しなければならない課題がある。図1にセルロースを主成分とするパルプの窒素雰囲気下における熱重量測定結果の一例を示す。約130℃から減量が開始し，1%重量減少温度は242℃であった。プラスチックの加工においては，スクリューのせん断などによる局所発熱により，材料は設定温度よりも高温に晒されるため，これまでセルロースは汎用プラスチックとの複合化が温度的に限界であった。したがってさらに高温での成形加工が必要となるエンプラとの複合化は不可能であった。また熱可塑性樹脂は，溶融時の粘度が高く，相容性を高めなければセルロース繊維束内への樹脂含侵が難しい。そこで化学変性によりセルロースの耐熱性および樹脂含侵性の向上を試みた。

2.3 セルロースの化学変性

　セルロース分子の繰り返しユニットであるグルコースには，3個の水酸基が含まれ，これらは水素結合を起こし，セルロース分子どうし，セルロース繊維どうしを固く結束させる。植物はこれを利用して強固となり，高く，大きく育つことができるが，セルロースを解してCNFを得るには不都合である。そこでこの水酸基を別の官能基に置き換えることにより水素結合を抑制し，

第4章　セルロースナノファイバーナノコンポジット

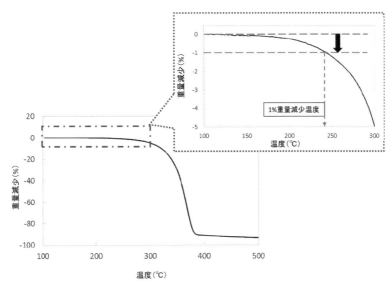

図1　セルロースを主成分とするパルプの窒素雰囲気下における熱重量測定

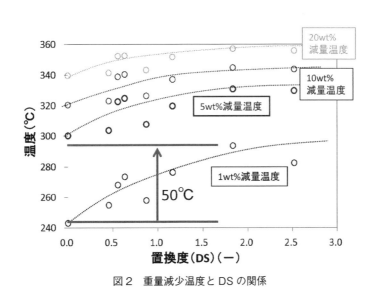

図2　重量減少温度とDSの関係

セルロース繊維に易解繊性を付与することが可能となる。さらに適切な官能基を選択することにより，耐熱性および樹脂含侵性（相容性）も改善することができる。未処理パルプおよびそれを化学変性することにより置換度（DS：セルロース分子の繰り返し単位に含まれる3つの水酸基の置換度，最大DS=3）の異なる化学変性パルプを準備した。それらの熱重量分析により得られた重量減少温度とDSの関係を図2に示す。1wt%減量温度は，各DSのパルプサンプルが分解して1wt%減量する温度をプロットしたものであり，未処理パルプ（DS=0）の分解温度

ポリマーナノコンポジットの開発と分析技術

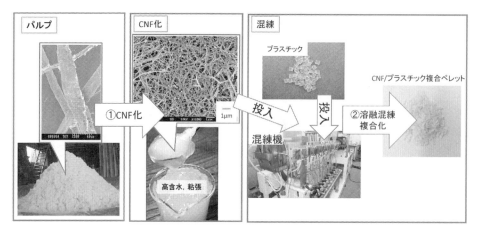

図3　従来のCNF複合材料の製造

242℃からDS＝2.0の化学変性により293℃まで向上した。同様に5，10，20 wt%減量温度についても，20℃程度の向上が確認できた。セルロースの熱劣化により生じる分解物は，微量成分でも樹脂中の異物となる。化学変性によるセルロースの耐熱性向上は，複合材料への応力負荷時のセルロース分解物による欠陥発生を抑制するのに重要であり，さらに様々な成形加工方法（押出，射出，プレス，真空・圧空成形など）への展開が可能となる。

2.4　セルロースと熱可塑性プラスチックの複合化手法

　これまでのセルロースのダウンサイジングによるCNF化には，高圧ホモジナイザー，マイクロフルイダイザーなどの処理能力の限られた装置が用いられており，大きなエネルギーと時間を使っていた。このようなプラスチックとの複合化前のセルロースのCNF化は，高コスト化とナノ化によるハンドリングの悪さ（高含水，粘着性など）からプラスチック構造部材の工業生産には現実的ではない。そこで工業生産を見据えた技術として同時複合解繊技術が開発された。図3に従来のCNF複合材料の製造フローを示す。①では，低濃度のパルプスラリーを大きなエネルギーを使いCNF化する。②得られた高含水CNFとプラスチックを混練機に投入し，溶融混練・複合化する。先に述べたように工程①において大きなコストが発生し，さらに得られたCNFは含水ゲル状（ベタベタ，粘着性あり）であり，ハンドリングが悪いため，②において混練機への供給および混練にも難があった。それに対して図4に示す同時複合解繊は，まず③パルプを化学変性する。これによりパルプを構成するセルロースの水酸基が変性，水素結合が抑制されることによりパルプが外力により解れやすくなる。つまり易解繊性を付与することができる。またセルロースはこの時点ではまだナノ化されていないため，表面積が小さく容易に脱水・ドライパルプ化することができ，ハンドリングの良いパルプを得ることができる。これを④において混練することにより，混練中のせん断応力によりパルプが解され，プラスチックペレット内部にナノ化し

第 4 章　セルロースナノファイバーナノコンポジット

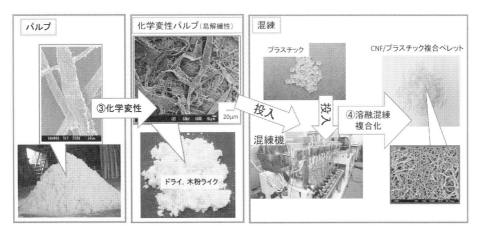

図 4　同時複合解繊による CNF 複合材料の製造

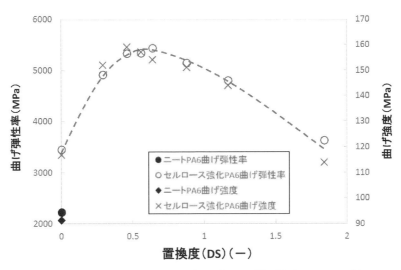

図 5　CNF/PA6 複合材料の曲げ弾性率および曲げ強度と DS の関係

たセルロース繊維を分散することができる。

2.5　変性 CNF の耐熱性樹脂への適用

これまで CNF による強化の対象樹脂は，加工温度が 200℃程度までの樹脂，例えばポリプロピレン，ポリアセタールコポリマーが上限であった。ここでは，高融点樹脂としてエンジニアリングプラスチックであるポリアミド 6（PA6：融点 220-225℃）について検討を行った。変性パルプと PA6 を二軸押出機にて溶融混練を行いペレットを得た。これを射出成形機により短冊型試験片に加工した。

図 5 にセルロース /PA6 複合材料の曲げ弾性率および曲げ強度と DS の関係を示す。ニート

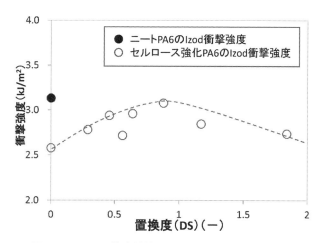

図6　CNF/PA6 複合材料の Izod 衝撃強度と DS の関係

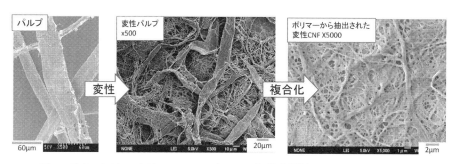

図7　ポリアミド 6/ 変性セルロース（DS0.46）複合材料の PA6 マトリックスを
溶媒抽出することで得られた変性セルロース CNF の観察写真

　PA6 に未処理パルプ（DS=0）を 10 wt% 添加することにより曲げ弾性率が 2220 → 3450 MPa，曲げ強度が 91.2 → 117 MPa に向上した。変性パルプを 10 wt% 添加した場合は，さらに大きく曲げ特性が向上した。曲げ特性は，DS=0.4〜0.6 の領域においてピークとなり，曲げ弾性率および曲げ強度の最大値は，5430 MPa および 159 MPa であった。

　図6にセルロース /PA6 複合材料の Izod 衝撃強度と DS の関係を示す。ニート PA6 に未処理パルプ（DS=0）を添加することにより Izod 衝撃強度が低下した。それに対して変性パルプを添加することにより，Izod 衝撃強度は改善し，DS=1 付近ではニートポリマーと同等まで回復した。

　図7に原料パルプ，変性パルプおよびセルロース /PA6 複合材料の PA6 部を溶媒により抽出し，得られた変性セルロースの SEM 観察写真を示す。原料パルプが数十 μm 以上の直径であるのに対して，変性パルプは解繊が部分的に進行し，数 μm の繊維が増加している。変性パルプを添加した複合材料から得た繊維では，ほとんどが直径数十から数百 nm のナノファイバー化し

第4章 セルロースナノファイバーナノコンポジット

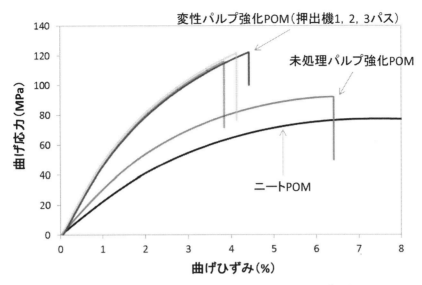

図8 CNF/POM 複合材料の曲げ試験における応力-ひずみ線図

ていることが確認できた。これらのCNFは耐熱性が向上しており，混練および射出成形工程において劣化が抑えられ，高い補強効果をもたらすことにより，CNF/PA6の高い曲げ特性および耐衝撃性の回復に寄与したものと考えられる。

2.6 CNF強化樹脂材料のリサイクル特性の評価

変性パルプとポリアセタールコポリマー（POM：Tm166℃）を二軸押出機にて溶融混練を行った。複合材料のリサイクル性を検証するため，押出機パス数を1～3回とし，得られたペレットを射出成形機により短冊型試験片に加工した。

図8にPOM複合材料の曲げ試験における応力-ひずみ線図を示す。ニートPOMに対して未処理パルプを添加することにより，応力の立ち上がりおよび最大応力が大きくなった。それに対して変性パルプを添加した材料は，さらに顕著な補強効果が見られた。押出機を1～3回パスした変性パルプ強化材料を比較すると，パス数による大きな線図の変化は確認できなかった。

図9に曲げ弾性率および曲げ強度と押出機パス回数の関係を示す。曲げ弾性率および曲げ強度は，ニートPOMの2290，77.7 MPaに対して，未処理パルプ強化材料3220，93.0 MPa，そして変性パルプ強化材料では，5590，129 MPaまで向上した。また押出機のパス回数を重ねても，曲げ弾性率および曲げ強度は，低下しないことがわかった。

次にPOM複合材料の衝撃特性について述べる（図10）。ニートPOMのIzod衝撃強度 $5.38 kJ/m^2$ に対して，未処理パルプ強化材料は $2.54 kJ/m^2$ まで低下した。それに対して変性パルプ強化材料では，押出機1パスにおいて $4.18 kJ/m^2$，2パス $4.70 kJ/m^2$，そして3パスでは $4.95 kJ/m^2$ まで向上し，ニートPOMとほぼ同等の衝撃強度を示した。

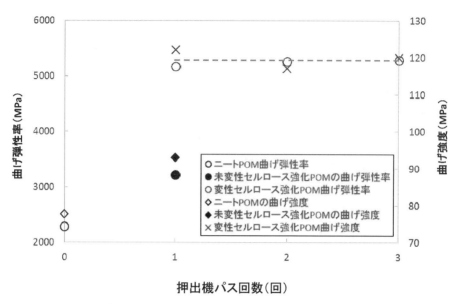

図9　パルプ/POM材料の押出機パス数と曲げ弾性率および曲げ強度の関係

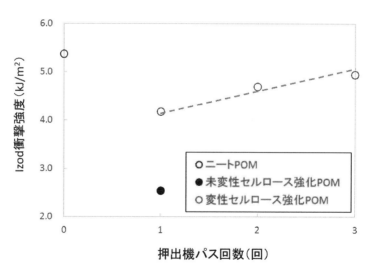

図10　Izod衝撃強度と押出機パス回数の関係

図11にセルロース/POM複合材料射出成形品（押出機1〜3パス＋射出成形）のPOM部を溶媒により抽出し，得られたセルロースのSEM観察写真を示す。押出機パス数が増えてもセルロースは破断することなく，高いアスペクト比を維持していることが分かった。POMマトリックス内でナノファイバー化したCNFは，高い曲げ特性および耐衝撃性の発現に寄与していると考えられる。また従来の無機繊維においては，繰り返しの成形加工による繊維破断により著しく

第 4 章 セルロースナノファイバーナノコンポジット

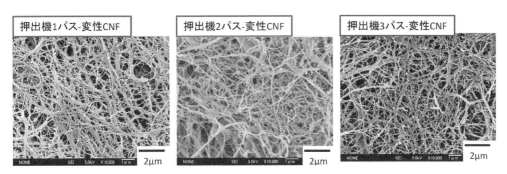

図 11 変性パルプ/POM 材料を押出機に 1〜3 回パスして溶融混練した複合材料の POM マトリックスを溶媒抽出することにより得られたセルロース繊維の観察写真

物性の低下が起こるが, 変性 CNF は耐熱加工性および柔軟性による繊維の劣化および破断が抑制され, 熱履歴 4 回 (押出機 3 パス + 射出成形) では曲げ特性および Izod 衝撃強度の低下が無いことがわかった。

2.7 まとめ

本節では, CNF と熱可塑性樹脂混合における課題とそれを解決するためのセルロースの化学変性の重要性, さらに構造部材として受け入れられる加工プロセスを目指したセルロースと熱可塑性プラスチックの複合化手法の概要を紹介した。そしてこの化学変性および複合化手法により得られた変性 CNF 強化エンジニアリングプラスチックの力学的特性およびそのリサイクル特性を述べた。その結果曲げ特性では, 曲げ弾性率 2.5 倍, 曲げ強度は数十 MPa の向上が達成され, それと相反する特性である耐衝撃性においては, ニートポリマーと大きく変わらない性能を発現した。そしてリサイクル特性では, 繰返し溶融混練を行っても力学的特性は全く低下しなかった。このように力学的特性, リサイクル性など目を見張る物性が得られているが, 成形加工において重要となる流動性, 加工による材料の着色, 吸湿など解決しなければならない問題も多い。今後研究開発が一層盛んになりこれらが解決されることと, 新たな CNF 強化材料の魅力が発見されることを期待している。

文　献

1) ㈱日本政策投資銀行資料

第Ⅱ編

ナノコンポジット材料の分析

第5章　電子線トモグラフィによる
　　　　ナノコンポジット三次元観察と解析

陣内浩司*

1　はじめに

　高分子材料の三次元観察に有効な顕微鏡法として，共焦点レーザースキャン顕微鏡法（Laser Scanning Confocal Microscopy，LSCM）[1]，X線CT（X-ray Computerized Tomography，X-ray CT），三次元NMR顕微鏡法（3D NMR）[2,3]，透過型電子線トモグラフィ（Transmission Electron Microtomography，TEMT）[4]などがある。LSCMやX-rayCTで1～2μm，3D NMRでは約20μm，最新のTEMTでは1nm以下の分解能が達成されている。LSCMとX-ray CTは分解能としてはほぼ同等であるが，LSCMが光学的に透明な試料を要求するのに対し，X-ray CTは不透明な試料の観察も可能であることから高分子材料の三次元観察にはX-ray CTの方が適している。X-ray CTにおいては，X線の位相シフト量をX線干渉計を用いて計測し，物質の屈折率分布に対応する三次元画像の取得を可能とするX線マイクロ位相CT[5]が開発され，十分なコントラストが得られない軽元素からなる物質（高分子もその典型である）に対して非常に有効であることが示されている[6]。LSCMやX線位相CTは，高分子ブレンドの相分離過程の三次元観察に使われ[7,8]，相分離構造の幾何学的な形態に新たな知見を与えたり[9]，相分離過程における界面の運動を明らかにしてきた[10]。

　近年は，高分子材料の超微細加工技術が著しい発展に伴い，上記の様々な顕微鏡法の中でも特にTEMTが注目されている。TEMTが高分子科学に導入されたのは，1988年のR. J. Spontakのブロック共重合体シリンダー状ミクロ相分離構造[11]の観察が最初である。その後，TEMTを用いたブロック共重合体（BCP）のミクロ相分離構造の三次元ナノ観察・解析の報告がある[12~20]。ミクロ相分離構造は高分子統計力学の観点から盛んに研究されてきたが[21~24]，最近は，ナノ多孔体[25,26]・燃料電池のセパレータ（プロトン伝導膜）・高密度磁気記憶媒体[27]・太陽電池[28]など実用材料に応用しようという試みもある。また，ミクロ相分離構造にナノフィラーを導入し，ナノフィラーの空間配置をミクロ相分離構造をテンプレートとして制御しようとする試みもあり興味深い[29,30]。

　一方，粘土などの無機物質を高分子中に分散させて耐火性・高弾性率・気体遮へい性などの機能を付与しようとしたり[31]，ゴムマトリックスにカーボンブラック（CB）やシリカナノ粒子などを混合し機械強度や電気伝導性を付与した材料[32]など，"ナノコンポジット材料"と呼ばれる材料も実用的な観点からTEMTによる研究の対象となっている[33~35]。例えば，ナノコンポジッ

---

　*　Hiroshi Jinnai　東北大学　多元物質科学研究所　計測部門　教授

ト は，実際にタイヤのトレッドゴムのモデル系そのものであり，タイヤのグリップ性能，耐摩耗性などの観点からも面白い。これらの材料では，無機分子やCBなどのフィラーの三次元分散状態が材料の物性と密接に関連しているはずであるから，フィラーの分散を制御することが非常に重要となる。また，近年においては，TEMTにより得られた画像を計算科学とともに用いることで，ナノコンポジットの諸物性を予想する試みもなされており，今後の発展が期待される[36,37]。

材料設計では「制御された三次元構造物を製作できるかどうかが鍵」であるが，そのためには意図した三次元構造が本当に実現されているのか確認・評価する必要がある。TEMTはそのような評価のための強力なツールであり「ナノテクノロジーのキーテクノロジー」と言っても過言ではない。本章では，TEMTの装置面の最近の進化について概説した後，ポリマーナノコンポジットの三次元観察と構造解析を筆者らの成果にもとづいて述べる。

2　電子線トモグラフィ（TEMT）の概要と分解能

TEMT は透過型電子顕微鏡法（Transmission Electron Microscopy，TEM）に計算機断層撮影法（Computerized Tomography Method，CT）を応用することで材料内部の構造を nm スケールで3次可視化する顕微鏡法である。TEMT では，TEM が電子線に対する試料の透過像を得る実験手法であることを利用し，試料を電子線に対して傾斜させ多数の透過像を撮影し，これら一連の傾斜透過像を CT により再構成することで三次元画像を得ることができる。CT の原理や TEMT の装置面の詳細については他の文献[38~41]に詳しいのでそちらを参照していただきたい。

TEMT では，試料を傾斜させながら多数の透過像を撮影することになる。その際，超薄膜資料では傾斜に伴って試料の実質的な"厚み"が変化する（±60°傾斜でオリジナルの厚みの2倍になる！）ので，非弾性電子散乱の増加に伴う像のボケ（色収差）が顕著になる。色収差は TEMT 三次元画像の画質・分解能に悪影響を与える。エネルギーフィルターを用いて試料を透過した非弾性散乱電子を除去し，色収差フリーの透過像を得ることが TEMT の画質改善に非常に有効である。また，2.1.1 節で述べるように，エネルギーフィルターは TEMT に元素識別機能も付加することができる点で有用である。

近年，収差補正レンズの開発により光学系が著しく改善され，TEM の分解能は著しく改善されてきた。その分解能は 50 pm に達しており，原子も楽に観察することができる。最新の研究では，原子分解能での三次元観察が報告されている[42]が，一般的には，多数の透過蔵から三次元再構成を行う際に必要な傾斜軸の軸合わせに伴う誤差などにより分解能は幾分劣化する。筆者らはエチレン酢酸ビニル共重合体（EVA）とモンモリロナイト（MMT）のナノコンポジット材料を用いて分解能の直接測定を試みた[33,43]。

図1にEVA/MMTナノコンポジット材料の TEM 二次元透過像，および三次元再構成データ

第5章　電子線トモグラフィによるナノコンポジット三次元観察と解析

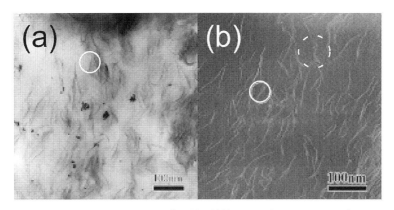

図1　(a)EVA/MMT ナノコンポジットの TEM 像。黒い筋状のものが MMT である。小さなドットは三次元再構成の前処理として行う傾斜 TEM 画像の位置合わせのためのマーカーであり，この実験では金粒子を用いた。(b)TEMT により再構成した三次元データからデジタル的に抽出したスライス像（"デジタルスライス像"）。スライス像の厚みは三次元像の試料深さ方向の voxel の一辺（0.58 nm）に相当する。白丸で囲った部分において2枚の MMT がほぼ平行に並んでおり，この間隔が三次元再構成像の分解能である。一点鎖線の円で囲った部分の MMT はジグザグ形をしていることが分かる。このような情報は TEM 像では得られない。スケールバーは 100 nm。

の一断面（白い部分が MMT に相当）を示す。三次元再構成データの一断面は"デジタルスライス像"と呼ばれたりもする。図1(b)は，MMT の試料厚み方向への画像の重畳がないため TEM に比べて格段に鮮明な画像となっている。図1の一部分（白丸部分）に，2枚の非常に近接した板状クレー（厚さ約 2 nm）が観察でき，その間隔は 0.83 nm と計測された。厳密に言えば，これは水平分解能であり，試料深さ方向の分解能は若干悪くなる（約 1.2 nm 程度）。これは試料回転角の制限による分解能の異方性のためであり，試料作製法に工夫を加え完全回転（±90°傾斜）を行う最新法では分解能は等方的になり 0.5 nm ほどまで向上することが分かっている[44]。なお，光学系を微調整することで 1 μm 以上の焦点深度を実現することができるので，このような長焦点系の光学系とトモグラフィを併用すると，（分解能は犠牲になるものの）加速電圧 200 kV の TEM で厚み 1 μm 程度の非常に厚い試料の三次元観察が可能である[45,46]。このようなメゾスケールをカバーする電子線トモグラフィは，階層的な構造を持つナノコンポジットの構造解析には欠かすことができない。

2.1　ナノフィラー含有ゴム材料の三次元観察および解析[34]
2.1.1　元素識別型電子線トモグラフィによるナノフィラーの識別

この項では実用的な高分子ナノ材料への TEMT の適用例として，(i) 天然ゴム（NR）/Polybutadiene（PB）の混合ゴム中にカーボンブラック（CB）とシリカナノ粒子（Si 粒子）の2種類の球状フィラーが混合された系（以後 CB&Si/NRBR と略す）[34]について述べる。

図2は，NR/PB のブレンド物（PB の重量分率 60%）に CB とシリカナノ粒子（ともに一次粒

ポリマーナノコンポジットの開発と分析技術

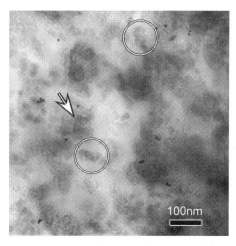

図2　CB&Si/NRBR 系の TEM 像。スケールバーは 100 nm に相当する。

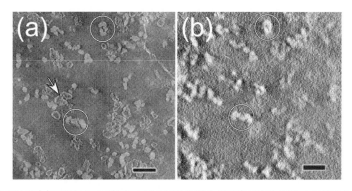

図3　CB&Si/NRBR の(a) TEMT および(b) TEMT-EELS により三次元再構成像より得られた試料同視野のデジタルスライス像。図中の白丸部分は TEMT-EELS により判明した Si 粒子の位置である（図2の白丸も試料中の同じ位置を示す）。これらのデジタルスライス像では見やすさの観点から TEM 像に対してコントラストを反転させている。スケールバーは 100 nm。

子の平均粒径 25 nm）を約 6 vol% ずつ配合した試料の TEM 像である。三次元観察用の試料であることから切片の膜厚が約 150 nm と少し厚く，また，ゴム成分の選択的除去のようなコントラスト増強も行っていない。そのため，図2においてゴム中のナノ粒子の分散状態は明確でない。CB と Si 粒子では電子密度が異なるため両者の見分けがつきそうなものであるが，その判別は容易ではない。CB および Si 粒子が試料厚み方向に重畳していることも一因である。そこで，図2の CB&Si/NRBR 系に対して，傾斜角度 ±60°（1°間隔）の条件下，加速電圧 200 kV の TEM で三次元観察を行った。

三次元再構成結果の一断面を図3(a)に示す。図3(b)の結果も TEMT によるものであるが，電子エネルギー損失分光法（Electron Energy Loss Spectroscopy, EELS）[47]を組合せた

第5章　電子線トモグラフィによるナノコンポジット三次元観察と解析

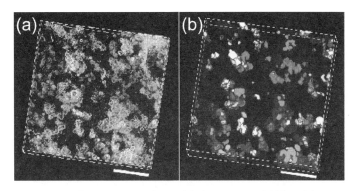

図4　(a)CB&Si/NRBRのボリュームレンダリング表示によるの三次元像。(b)CBのみの三次元像。(b)において色調の異なる凝集体は連結していない。スケールバーは200 nm。

TEMT-EELSにより得られたもので，これはSi粒子のみの空間分布を示すデジタルスライス像である。図2および図3に示した画像はすべて同一視野の観察結果である点に注意されたい。図3(a)では2種類のナノ粒子の断面が観察される。図中矢印で示した粒子は，周囲のコントラストが強く中心はマトリクスのゴムと同じ程度の輝度を示している。他方，図中に白丸で囲った粒子は中実であり一様な輝度をもつ。CB&Si/NRBRには2種類のナノ粒子が存在するので，この実験結果はTEMT自体がナノ粒子識別機能をもっていることを示す。Si粒子のみが三次元再構築されている図3(b)と図3(a)の結果と対応させると，TEMTで中実の粒子として再構成されたナノ粒子がSi粒子であることが分かる。CBが中空の粒子として再構成される理由として，おそらくCBの内部の密度の疎密によるものとも考えられる[48]。図4(a)にCB&Si/NRBRのボリュームレンダリングによる三次元像を示す。単一ナノ粒子やナノ粒子の凝集体の形状がよく再現されている。

　図3の結果からTEMTによりゴムマトリクス中の2種類のナノ粒子を判別できるので，CBについて二値化処理を行い粒子とゴムマトリクスの境界面を抽出した上でサーフェースレンダリング法[49~51]により得たナノ粒子の三次元像を図4(b)に表示した。CBやSi粒子の一次粒子が凝集体を形成し，その凝集体がマトリクス中に適度に分散している様子がわかる。粒子解析法[33]を用いると，これらの三次元再構成像から粒子（あるいは凝集体）を分離することができる。図4(b)中の粒子の色調の違いは異なる凝集体であることを意味している。それぞれの凝集体がいくつの一次粒子から構成されているか見積もると，多くは10個程度の一次粒子から構成されることがわかった。中には一次粒子数百個分の体積をもつ巨大な凝集体なども存在する。なお，図4(b)より得られたCBとSi粒子の体積分率は，これらのナノ粒子の仕込み量から計算される体積分率と±5%以内の精度で一致していた。

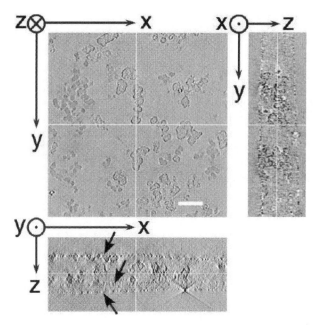

図5 CB&Si/NRBR の三次元再構成結果の三面図表示。Z 軸は電子線の入射方向。X-Z 平面の矢印は，上から下へ試料正面・試料下面（支持膜上面）・支持膜下面である。スケールバーは 100 nm。

2.1.2 三次元画像の精度と定量性

TEMT により得られる三次元像から何らかの定量解析を行う場合，三次元像の精度に注意する必要がある。試料を傾斜させて撮影した透過像は，傾斜軸との相対的な位置関係がずれていることが多いので，まず傾斜軸に対する位置関係を精密に調整する必要がある。直径数 nm の金粒子などのマーカーを試料の表面に塗布しておき，傾斜に伴うマーカーの動きをトラッキングすることで傾斜軸を決定する。決定した傾斜軸の周りのマーカーの実際の理想からのズレ（両者の差の標準偏差）を"軸合わせの精度"とする[11,52]。図5は CB&Si/NRBR の TEM 傾斜像を再構成結果を三面図として表示したものであるが，この際の軸合わせの精度は約 0.2 nm である。ここで注意していただきたいのは X-Z 断面である。この平面は，傾斜軸に垂直な面で再構成演算を行った面である（傾斜軸は Y 軸）。試料の上面と下面（それぞれ最上部と中央の矢印の位置）が明瞭に観察できることがお分かりだろうか？試料の下にある支持膜の端（最下部のラインに相当する矢印）も確認できる。

図6は三次元再構成の精度の善し悪しにより生じる画質の違いを3つの断面で示したものである。図6(a)と図6(c)は図5のX-Z平面およびX-Y断面に対応しており，図6(b)と図6(d)はこれらの図に対応するが，軸合わせの際の標準偏差が若干劣る（1.2 nm）ものである。X-Z平面に相当する図6(a)と図6(b)を比較すると，その差は明瞭である。軸合わせの精度が劣る場合，試料の端はおろか粒子とゴムマトリクス間のコントラストも失われる。図の右下に金粒子が確認

第 5 章　電子線トモグラフィによるナノコンポジット三次元観察と解析

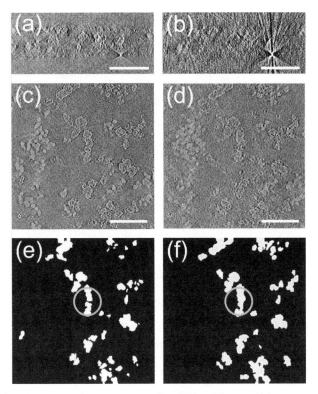

図 6　軸あわせの精度の違いによるデジタルスライス像の相違。(a) および (b) は CB&Si/NRBR の X-Z 平面であり，軸あわせの際の標準偏差はそれぞれ 0.2 nm と 1.2 nm。右下の白い点は支持膜に付着した金粒子。(c) と (d) は X-Y 平面における同様の比較である。(e) および (f) は，(b) および (d) を二値化して CB とゴムマトリクスの界面を抽出した場合の凝集体の形に対する軸あわせの精度の影響を示した図。丸で囲った部分などに違いが見られる。スケールバーは 200 nm。

できるが，図 6(b) では放射状のアーティファクトが顕著となる。一般に軸合わせの精度が十分でない場合，弧状のアーティファクトも出やすいことも覚えておくと良い。これに対して，電子線の入射方向に垂直な X-Y 平面では X-Z 平面で見られた程の著しい差が見られない点は興味深い。図 6(d) の断面は図 6(c) のそれに比べて多少"ピンボケ"した程度にしか見えない。しかし，両者を二値化してナノ粒子とゴムマトリクスの境界を抽出しようとすると，図 6(e) と図 6(f) に示すような顕著な差が現れる。例えば，グレーの丸印で示した凝集体は，精度の良いデータ（図 6(e)）では分離しているのに対し，精度が劣る場合（図 6(f)）では一つの凝集体となってしまう。ナノ粒子のおよその空間配置を知りたいだけであれば軸合わせの精度にそれほど神経質になる必要もないが，凝集体の数や大きさ・それらの分布などを定量化したい場合には再構成画像の画質には十分に注意を払うべきである。

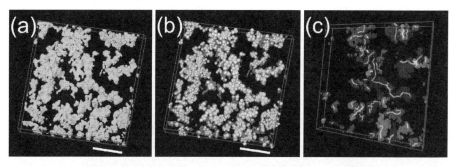

図7 CB&Si/NRBRの三次元像。(a)CBとSi粒子の占める領域をそれぞれ水色とピンク色で表示した。(b)それぞれの領域に対して直径25 nmの一次粒子をモンテカルロ法により細密充填して擬似的に粒子の充填状態を示したもの。(c)それぞれの凝集体の持続長を計測して表示した。スケールバーは200 nm。
本図のカラー版を、シーエムシー出版のwebサイトにて公開しております。http://www.cmcbooks.co.jp/user_data/colordata/T1022_colordata.pdf

2.1.3 ナノフィラー含有ゴム材料の構造解析例

　次にCB&Si/NRBRナノコンポジットに対して行った解析例をいくつか紹介する。図3で示したように、TEMTにより得られた三次元データのX-Yデジタルスライス像において、2種類のナノフィラーの識別が可能となった。これらのデジタルスライス像において図6(e)に示したようにCBとSi粒子とゴムマトリクスの界面の抽出を二値化処理により行った（図7(a)）。2.1.1項で述べたようにこれらの画像からCBとSi粒子の体積分率や表面積を計測することができる。図7(a)で得られたのはCBやSi粒子の凝集体の外形であり一つ一つの粒子ではない。そこで、モンテカルロ法によりナノフィラーの凝集体の中での配置を予想した[34]。詳細は論文[34]に譲るが、図7(b)に示すようにCBとSi粒子を"仮想的に"表示することができた。この計算では、フィラーの形状は完全な球形であり、粒径に分布が無い、など大胆な仮定を置いたので定量性は失われていることに注意されたい。しかし、このような解析は、ナノフィラーのゴム中での充填状態について、直感的な描像を与えることも事実である。ナノフィラーの位置を（不完全にせよ）決めることができれば、それらの連結性を検討することで一つ一つの凝集体の持続長を評価することもできる[53]。図7(c)にはCB&Si/NRBRのCB凝集体について持続長を実線で示した。持続長はナノコンポジットの電気特性と構造を結びつける際に非常に有効と思われる。

　さらに、図7(a)や図7(b)のような三次元画像を有限要素法（Finite Element Analysis, FEA）の入力データとして用いることでナノコンポジットの力学特性を構造面から理解しようとする試みも行われている[36]。応力－歪み曲線において、有限要素法による予測値と実測データとの間に半定量的な一致が得られており、これはTEMTによる三次元画像が単なる「可視化ツール」から「解析ツール」へと発展していることを証明する一つの例である。FEAによる力学特性予測の際に必要な三次元画像の大きさについては、未だ明らかではないが、400 nm平方（厚み約100 nm）程度の体積データがあれば、実験とほぼ一致する応力－歪み曲線が得られると

第5章 電子線トモグラフィによるナノコンポジット三次元観察と解析

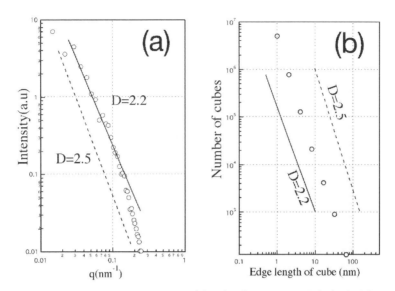

図8 CB&Si/NRBRのCBのフラクタル解析結果。(a)三次元像のフーリエ変換(擬似的散乱実験)によるフラクタル次元の決定,(b)"Box Counting法"によるフラクタル次元の決定。どちらの場合も,フラクタル次元は2.2であった。

いう報告もある[37]。なお,試料を延伸しながら三次元観察を行うことを可能とする「その場(in-situ)」観察用の電子顕微鏡用試料ホルダーの開発が行われており,ナノコンポジットの破壊過程の三次元観察が現実になるであろう。このような実験手法の発展により,ナノコンポジットの物性と構造の相関関係がより一層明らかになると思われる。

この他,ナノフィラーの分散状態をフラクタル次元[54]という観点から考えてみることもできる。ここでは二つの異なる方法でCBのフラクタル次元を評価した。フラクタル次元 D は散乱強度 I と $I \sim q^D$ (qは波数)という関係にあることが知られている[55]。図8(a)は,図4(b)の三次元像からフーリエ変換によりCBについての散乱強度を計算[7]し,散乱強度 I を波数 q に対して両対数プロットしたものである。波数にして約1桁に渡って直線で表現できる領域があり,その傾きより $D=2.2$ が得られた。また,フラクタル次元の本来の定義は $M \sim r^D$ (M:質量,r:距離)であるから,三次元画像において適当な1点を決め,その位置から半径 r の球殻を描いたときにその中に入るCBの数(CBの占めるpixelの数)を計測しても良い。簡便には球殻でなくボックスを使うこともできる。図8(b)にはボックスの大きさに対してボックス中にCBを内包するボックスの数を両対数でプロットしている("Box Counting法"[56])。この方法で得られるフラクタル次元も 2.2 ± 0.1 となり,図8(a)の散乱法による解析結果と一致した。得られたフラクタル次元はDLA(Diffusion-Limited Aggregation,$D \sim 2.5$)よりもCCA(Cluster-Cluster Aggregation,$D \sim 2.1$)に近い。図8には点線で $D=2.5$ も示した。Box Counting法では,$D=2.2$ あるいは $D=2.5$ の判定は難しいが,散乱強度では明らかに $D=2.5$ はデータを説明しない。

つまり，この結果は CB&Si/NRBR の構造は CB や Si 粒子の凝集によりできた凝集物（クラスター）が合一して生成したものであり，一次粒子が一つずつ（既に存在する）クラスターに拡散律速過程により付着して生成したものでないことを示唆する。なお，Si 粒子ついても同様の解析を行ったところ，CB と同様に 2.2～2.3 程度の値となった。つまり，CB と Si 粒子の分散の程度がほぼ同程度であることを示唆する。

文　　献

1) T. Wilson, "HANDBOOK OF BIOLOGICAL CONFOCAL MICROSCOPY", J. B. Pawley edit, Plenum, New York (1990), 167.
2) 黒木重樹，機能材料，**25** (7)，24-29 (2005).
3) S. Koizumi, Y. Yamane, S. Kuroki, I Ando, Y. Nishikawa, and H. Jinnai, *J. Appl. Polym. Sci.*, **103**, 470-475 (2006).
4) J. Frank, "Electron Tomography -Three-Dimensional Imaging with the Transmission Electron Microscope", Plenum, New York (1992).
5) A. Momose, *Nucl. Instrum. Methods A*, **352**, 622 (1995).
6) 百生敦，藤井明子，機能材料，**25** (8)，12-17 (2005).
7) H. Jinnai, Y. Nishikawa, T. Koga, and T. Hashimoto, *Macromolecules*, **28**, 4782-4784 (1995).
8) A. Momose, A. Fujii, H. Jinnai, and H. Kadowaki, *Macromolecules*, **38**, 7197-7200 (2005).
9) H. Jinnai, T. Koga, Y. Nishikawa, T. Hashimoto, and S. T. Hyde, *Phys. Rev. Lett.*, **78**, 2248 (1997).
10) H. Jinnai, Y. Nishikawa, H. Morimoto, T. Koga, and T. Hashimoto, *Langmuir*, **16**, 4380 (2000).
11) R. J. Spontak, M. C. Williams, and D. A. Agard, *Polymer*, **29**, 387-395 (1988).
12) H. Jinnai, Y. Nishikawa, R. J. Spontak, S. D. Smith, D. A. Agard, and T. Hashimoto, *Phys. Rev. Lett.*, **84**, 518-521 (2000).
13) K. Yamauchi, K. Takahashi, H. Hasegawa, H. Iatrou, N. Hadjichristidis, T. Kaneko, Y. Nishikawa, H. Jinnai, T. Matsui, H. Nishioka, M. Shimizu, and H. Furukawa, *Macromolecules*, **36**, 6962-6966 (2003).
14) H. Jinnai, T. Kaneko, K. Matsunaga, C. Abetz, and V. Abetz, *Soft Matter*, **5** (10), 2042-2046 (2009).
15) H. Jinnai, R. J. Spontak, and T. Nishi, *Macromolecules*, **43**, 1675-1688 (2010).
16) T. Higuchi, H. Sugimori, X. Jiang, S. Hong, K. Matsunaga, T. Kaneko, V. Abetz, A. Takahara, and H. Jinnai, *Macromolecules*, **46**, 6991-6997 (2013).
17) H. Yabu, T. Higuchi, and H. Jinnai, *Soft Matter*, **10**, 2919-2931 (2014).
18) K. P. Mineart, X. Jiang, H. Jinnai, A. Takahara, and R. J. Spontak, *Macromol. Rapid Comm.*, **36**, 432-438 (2015).

19) J. Wei, K. Niikura, T. Higuchi, T. Kimura, H. Mitomo, H. Jinnai, Y. Joti, Y. Bessho, Y. Nishino, Y. Matsuo, and K. Ijiro, *J. Am. Chem. Soc.*, **138**, 3274-3277 (2016).
20) W. Wang, H. Qi, T. Zhou, S. Mei, L. Han, T. Higuchi, H. Jinnai, and C. Li, *Nature Communications*, **7**, 10599 (2016).
21) M. W. Matsen and F. S. Bates, *J. Chem. Phys.*, **106**, 2436 (1997).
22) 森田裕史, 機能材料, **25**(7), 30-35 (2005).
23) 森田裕史, 陣内浩司, 西敏夫, 土井正男, 高分子論文集, **62**, 502-507 (2006).
24) H. Morita, T. Kawakatsu, M. Doi, T. Nishi, and H. Jinnai, *Macromolecules*, **41**, 574-561 (2008).
25) 竹内雍, "「多孔体質体の性質とその応用技術」", フジテクノシステム (1999).
26) S. Ndoni, M. E. Viglid, and R. H. Berg, *J. Am. Chem. Soc.*, **125**, 13366-13367 (2003).
27) 平岡俊朗, 工業材料, **51**, 31-34 (2003).
28) X. Yang and J. Loos, *Macromolecules*, **40**, 1353-1362 (2007).
29) Y. Zhao, K. Thorkelsson, A. J. Mastroianni, T. Schilling, J. M. Luther, B. J. Rancatore, K. Mat-sunaga, H. Jinnai, Y. We, D. Poulsen, J. M. J. Fréchet, A. P. Alivisatos, and T. Xu, *Nature Materials*, **8**, 979-985 (2009).
30) Z. Li, K. Hur, H. Sai, T. Higuchi, A. Takahara, H. Jinnai, S. Gruner, and U. Wiesner, *Nature Communications*, **5**, 3247 (2014).
31) 岡本正巳, 機能材料, **11**, 27-35 (2002).
32) 駒井泰美, "「ゴム材料の配合技術とナノコンポジット」", こうじ谷信三, 西敏夫, 山口幸一, 秋葉光雄 (編), シーエムシー出版 (2003), 第8章.
33) H. Nishioka, K. Niihara, T. Kaneko, J. Yamanaka, T. Inoue, T. Nishi, and H. Jinnai, *Compos. Interfaces*, **13**, 589-603 (2006).
34) H. Jinnai, Y. Shinbori, T. Kitaoka, K. Akutagawa, N. Mashita, and T. Nishi, *Macromolecules*, **40**, 6758-6764 (2007).
35) M. Wong, R. Ishige, K. White, P. Li, D. Kim, R. Krishnamoorti, R. Gunther, T. Higuchi, H. Jinnai, A. Takahara, R. Nishimura, and H.-J. Sue, *Nature Communications*, **5**, 3289 (2014).
36) K. Akutagawa, K. Yamaguchi, A. Yamamoto, H. Heguri, H. Jinnai, and Y. Shinbori, *Rubber Chem. Technol.*, **8**, 182-189 (2008).
37) H. Kadowaki, G. Hashimoto, H. Okuda, H. Jinnai, E. Seta, and T. Saguchi, *J. Jpn. Soc. Mech. Eng.* (2016), in press.
38) 西川幸宏, 陣内浩司, 古川弘光, 成瀬幹夫, 機能材料, **22**, 11-19 (2002).
39) 陣内浩司, 日本ゴム協会誌, **76**, 384-389 (2003).
40) 陣内浩司, 未来材料, **3**, 42-49 (2003).
41) 西川幸宏, 陣内浩司, 工業材料, **51**, 27-30 (2003).
42) B. Goris, S. Bals, W. Varden Broek, E. Carbó-Argibay, S. Gómez-Graña, L. M. Liz-Marzán, and G. Van Tendeloo, *Nature Materials*, **11**, 930-935 (2012).
43) 陣内浩司, 成形加工, **16**, 342-345 (2004).
44) N. Kawase, M. Kato, H. Nishioka, and H. Jinnai, *Ultramicroscopy*, **107**, 8-15 (2007).
45) K. Aoyama, T. Takagi, A. Hirase, and A. Miyazawa, *Ultramicroscopy*, **109**, No. 1, 70-80 (2008).

46) S. Motoki, T. Kaneko, Y. Aoyama, H. Nishioka, Y. Okura, Y. Kondo, and H. Jinnai, *J. Electron Microsc.*, **59** (S1), S45-S53 (2010).
47) 進藤大輔, 及川哲夫, "材料評価のための分析電子顕微鏡法", 共立出版, 東京 (1999).
48) R. D. Heidenreich, W. M. Hess, and L. L. Ban, *J. Appl. Cryst.*, **1**, 1-19 (1968).
49) W. E. Lorensen and H. E. Cline, *Computer Graphics SIGGRAPH '87*, **21**, 163 (1987).
50) Y. Nishikawa, H. Jinnai, T. Koga, T. Hashimoto, and S. T. Hyde, *Langmuir*, **14**, 1242-1249 (1998).
51) Y. Nishikawa, H. Jinnai, T. Koga, and T. Hashimoto, *Langmuir*, **14**, 3254-3265 (2001).
52) H. Jinnai, Y. Nishikawa, T. Ikehara, and T. Nishi, *Adv. Polym. Sci.*, **170**, 115-167 (2004).
53) T. Kitaoka, H. Sugimori, H. Jinnai, K. Akutagawa, N. Mashita, and T. Nishi, *Polymer Preprints, Japan*, **56**, 758 (2007).
54) Tamas Vicsek, ""フラクタル成長現象"宮島佐介訳", 朝倉書店, 東京 (1990).
55) J. E. Martin and A. J. Hurd, *J. Appl. Cryst.*, **20**, 61 (1987).
56) F. M. Dekking, "FRACTALS", G. Cherbit edit, John Wiley & Sons, New York (1991), chapter 7, 83-97.

第6章　超小角X線散乱法によるナノコンポジット解析

西辻祥太郎*

1　はじめに

　ナノコンポジット材料の力学物性などの性能に大きく影響を与えている要素の一つとして，マトリックスであるポリマーに分散しているフィラーの分散状態が挙げられる。ナノコンポジット材料の一種であるゴム／フィラー混合系材料の場合，ゴムにフィラーの一次粒子が独立に分散しているわけではなく，一次粒子が数個集まってアグリゲートと呼ばれる凝集体を形成している。そのアグリゲートが集まってさらに大きな凝集体（アグロマレート）を作っており，秩序構造の高い階層構造を形成している。この階層構造が，ゴム／フィラー混合系材料の力学物性やバリア特性に関係しているため，分散状態を制御することは材料の高性能，高機能化に非常に重要である。またゴム／フィラー混合系材料において，貯蔵弾性率はひずみが大きくなると著しく減少するというひずみ依存性をもつ。この現象はペイン効果と呼ばれ，ゴム／フィラー混合系材料の代表例であるタイヤのエネルギーロスにつながるため，タイヤの低燃費化の妨げとなる。この現象は，ゴム中フィラーの階層構造が関係しているとされるが，未だに不明な部分が多い。この現象を理解するためには，ゴム中フィラーがどのような階層構造を形成しているのか，どの階層構造が弾性率などのパラメータに寄与しているのかを明らかにする必要がある。

　ナノコンポジット材料のフィラーの分散状態を観測する方法のひとつとして，X線散乱法が挙げられる。ここで述べるX線散乱法とは，物質にX線を照射して，散乱するX線強度の散乱角依存性を測定することによって，内部構造を明らかにする方法である。その散乱角度によって広角X線回折（WAXD）法，小角X線散乱（SAXS）法，超小角X線散乱（USAXS）法と分類され，ミクロンスケールからオングストロームスケールまで測定することができるため，ゴム中フィラーの階層構造の解析には非常に有用である。これまでWAXD法とSAXS法を用いることにより，数十nmスケールからオングストロームスケールの分散状態については，非常にたくさんの研究が行われてきた。しかし，それよりも大きなスケールであるサブミクロンスケールから$10\mu m$程度のSAXS法では観察できない領域を観察することができるUSAXS法は，これまでの光学系の小角分解能の限界から，ほとんど研究がおこなわれていない。近年，USAXS法を行うことができる光学系の装置が現れ，研究が急速に行われている。

　本章ではまずUSAXS法の光学系について説明する。そして，ナノコンポジット材料の代表例であるゴム／フィラー混合系を例として取り上げ，USAXS法を用いたナノコンポジット材料の

---

*　Shotaro Nishitsuji　山形大学　大学院有機材料システム研究科　助教

研究について紹介する。

2 USAXS法

USAXS法においては，非常に小さい散乱角度の散乱強度を測定する必要がある。散乱法で用いられる散乱ベクトル q は以下の式(1)で定義される。

$$q = \frac{4\pi}{\lambda} \sin\theta \tag{1}$$

ここで，λ，θ はそれぞれ入射光の波長および散乱角である。散乱ベクトル q は，観測される波長 $\lambda = 2\pi/q$ と関係づけられる。USAXS法で観測できる q 領域は，$10^{-3}\,\mathrm{nm}^{-1}$ オーダーであり，サブミクロンスケールから 10 mm 程度と光散乱のスケールと重なっている領域であるが，光が透過しないような物質であってもX線なら可能となる。特にゴム／フィラー混合系材料では，フィラーの体積分率が低ければ光であっても可能となる場合もあるが，高くなると光は透過しないため，X線でなければならない。この領域の散乱測定を行うためには，高い小角分解能が必要となる。それを可能としたのが，Bonse-Hartカメラを用いる方法[1]と放射光のX線源を利用した長距離カメラを用いる方法[2]である。

2.1 Bonse-Hartカメラ

Bonse-Hartカメラの模式図を図1に示す[3]。Bonse-Hartカメラの光学系はモノクロメータとアナライザーで構成されており，その間にサンプルを設置する。モノクロメータで入射X線の単色化とビームの平行化を行い，アナライザーでBraggの回折条件を満足する散乱のみを取り出し，シンチレーションカウンターで検出する。この光学系によりSAXSよりも高い小角分解

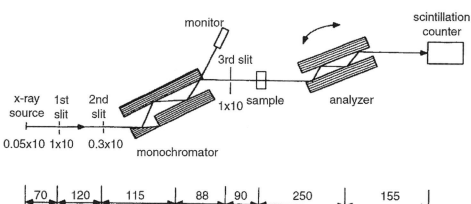

図1 Bonse-Hartカメラを用いたUSAXS法の光学系[3]

第6章 超小角X線散乱法によるナノコンポジット解析

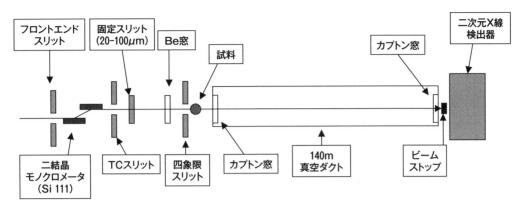

図2 長距離カメラを用いたUSAXS法の光学系[2]

能を達成することができる。Bonse-Hartカメラは中性子散乱法にも用いられており，その入射光の波長違いからX線よりも一桁小さいq領域を達成している。

2.2 放射光を用いた長距離パスカメラ

Bonse-Hartカメラは回転陰極体を使用した光学系，つまり研究室レベルで取り扱えるX線源を用いて測定することができるが，弱点も存在する。まずBonse-Hartカメラの光学系では，等方的なサンプルしかとりあつかえない。また測定時，アナライザーが動くことによってそれぞれの散乱角毎に測定を行うため，測定に時間がかかる。これらの理由から，Bonse-HartカメラによるUSAXSではサンプルの異方性や外場下で時々刻々と変化していく構造を測定する時分割測定を行うことはできない。ゴム／フィラー混合系材料の解決すべき問題であるペイン効果のような変形下で起こる現象を理解するためには，これらの弱点を克服する必要がある。それが，試料—検出器の間の距離であるカメラ長を長くするUSAXS測定である。長距離パスカメラを用いたUSAXS法は，強力なX線源を必要とするため，大型放射光施設で初めて可能となる。図2に大型放射光施設SPring-8のBL20XUにおけるUSAXS法の光学系を示す。試料と二次元X線検出器の間に140mの真空ダクトを通し，カメラ長を160mと長距離にすることによって高い小角分解能を達成している。そして2次元検出器が利用できるので，異方的な散乱画像を測定することができる。また強力なX線源を使用しているので時分割測定を行うことができる。つまりゴム中フィラーの階層構造の異方性や外場下で階層構造が異方的に時々刻々と変化していく様子を観察することができる。

3 USAXS法による階層構造の解析

3.1 Bonse-Hartカメラを用いたUSAXS測定

ゴム／フィラー混合系材料のフィラーはアグリゲート，アグロマレートといった階層構造を有していることは先に述べた通りである。その階層構造を明らかにするためには幅広いq領域で散乱測定を行う必要がある。ここではBonse-Hartカメラを用いたUSAXS法を用いたゴム／フィラー混合系材料のフィラーの分散状態を明らかにした結果の一例を示す[4]。

図3にスチレン－ブタジエンゴム／カーボンブラック混合系材料のqに対する散乱強度のグラフを示す。超小角中性子散乱（USANS），USAXS，SAXSの測定可能q領域はそれぞれ，3.0×10^{-4} nm^{-1}～1×10^{-2} nm^{-1}，0.002 nm^{-1}～0.45 nm^{-1}，0.1 nm^{-1}～7 nm^{-1}である。q領域の重なっている部分があるため，それぞれの実験の散乱強度を重ねることができ，一本の散乱曲線にすることができる。このように様々な散乱実験を組み合わせることにより，幅広いスケールで階層構造を理解することができる。この散乱曲線を見ると，高q領域である0.2 nm^{-1}～1.5 nm^{-1}に傾き$p=3.4$の直線部が現れる。このq領域ではカーボンブラックの1次粒子の表面の状態を観察でき，傾きは，表面フラクタル次元D_sと$p=2d-D_s$という関係がある。dはユークリッド次元であり，ここでは3である。つまりカーボンブラックの1次粒子の表面はなめらかではなくて，2.6という表面フラクタル次元をもつ粗さの表面であることを表している。この領域の小角側$q=0.03$ nm^{-1}付近にはなだらかなピークが現れる。これはCBの1次粒子が数個集まってできたアグリゲートの大きさに由来するものである。さらに小角側を見ると，$q=0.0012$ nm^{-1}から0.012 nm^{-1}の範囲に傾きが2.3の直線部分が現れる。これはアグリゲートが質量フラクタル次元2.3で広がり，アグロマレートを形成していることを示している。このようにUSAXS法により，これまで観察できなかったアグリゲートの大きさなどを明らかにすることができる。

この散乱結果をさらに定量的に解析する方法がある。それは，Beaucageにより提唱されたunified Guinier/power-law approachである[5]。この方法によるとn個のレベルをもつ階層構造は，ギニエ則とべき乗則の和で表現され，以下の式(2)で表される。

$$I(q) = \sum_{i=1}^{n} \left\{ G_i \exp\left(\frac{-q^2 R_{g,i}^2}{3}\right) + B_i \exp\left(\frac{-q^2 R_{g,i+1}^2}{3}\right)\left[\frac{(efr(qR_{g,i}/\sqrt{6}))^3}{q}\right]^{p_i} \right\} \quad (2)$$

ここでG_iはi番目の階層の慣性半径$R_{g,i}$のギニエ則の係数，B_iはi番目の階層のべき乗則の係数である。この式で散乱曲線をフィッティングすることによってアグリゲートの大きさなどを定量的に見積もることができる。図3の散乱曲線をこの式でフィッティングした結果を図4に示す。SBR中のカーボンブラックの階層構造を定量的に評価できているのがわかる。このように散乱曲線は各階層の構造からの散乱が重なっているので，階層構造をそれぞれ別々に解析するのではなく，この研究のように幅広い一本の散乱曲線を一つの式でフィッティングすることが必要である。そのため，SAXSでは測定できない範囲のq領域を測定できるUSAXS法は大変重要な

第6章 超小角X線散乱法によるナノコンポジット解析

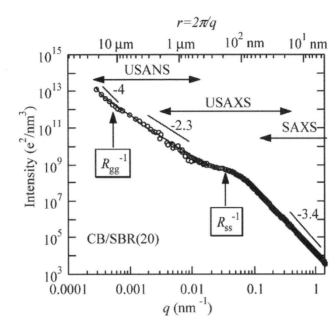

図3 SBR/CB混合系材料におけるUSANS, USAXS, SAXSを組み合わせた散乱曲線[4]

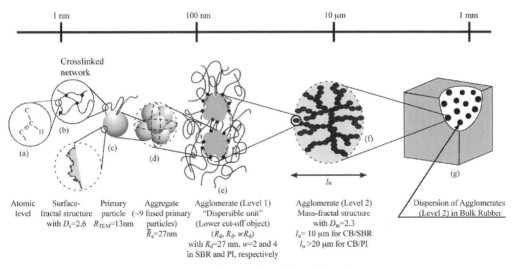

図4 SBR中CBの階層構造の模式図[4]

測定手法となる。

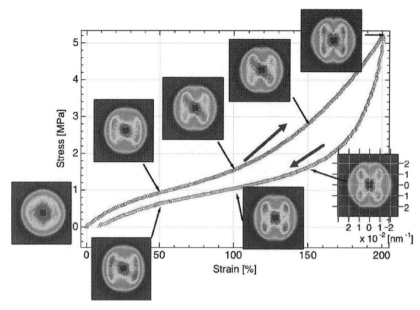

図5 SBR/シリカ混合系材料における応力 ― ひずみ曲線と2次元 USAXS 像[6]

3.2 長距離カメラを用いた USAXS 測定

　ゴム/フィラー混合系材料のペイン効果などのメカニズムを理解するためには，ゴム中フィラーの階層構造が変形下でどのように変化するのかを理解する必要がある。ここでは長距離カメラを用いた時分割 USAXS 測定によって，変形下でのゴム/フィラー混合系材料のフィラーの分散状態を調べ，そのヒステリシスについて明らかにした結果の一例を示す[6]。

　図5に SBR/シリカ/シランカップリング剤混合系材料の応力 ― ひずみ曲線とそのひずみに対応した2次元 USAXS 像を示す[6]。この実験は BL20XU で行われており，一軸伸長下で応力を測定しながら時々刻々と変化していく様子を，時分割 USAXS 法により測定している。伸長方向は散乱像の横方向である。伸長するにつれ，2点像が現れ，それが4点像になり，ひずみ200%においても4点像が観察できる。その後，ひずみを緩和させていくと，その4点像が2点像になる。このピークは，アグリゲートを形成しているシリカの一次粒子の相関由来である。つまり伸長するとアグリゲート内のシリカの一次粒子の距離がひずみとともに距離が増加し，シリカの一次粒子の配置が異方的になっているということである。またこれらの散乱像は，応力 ― ひずみ曲線のヒステリシスに対応している。それゆえ，凝集体のモルフォロジーははっきりと応力 ― ひずみ曲線のヒステリシスに影響を与えているということが明らかである。このように長距離カメラを用いた USAXS 法では，一軸伸長下に限らず外場下で時分割測定を行うことができ，フィラーの構造の異方性についても観察することができる。

第6章 超小角X線散乱法によるナノコンポジット解析

4 さいごに

　本章ではUSAXS法を用いた実際の研究例を紹介し，USAXS法について説明した。USAXS法は，これまで観察できなかったスケールの構造を明らかにすることができる強力な方法である。特にナノコンポジット材料において，階層構造を観察するためにUSAXS法の測定は必要不可欠である。またフィラーの階層構造が力学物性等にどのように影響を与えているのかということを明らかにすること，つまり力学物性と階層構造の相関は，材料の高性能化，高機能化を達成するためには大変重要である。そのため，力学と構造の同時測定が必要となり，外場下でUSAXS法の測定を行うことができる放射光のビームラインの利用はますます進んでいくものと考えられる。

文　　献

1) U. Bonse, M. Hart, *Appl. Phys. Lett.*, **7**, 238 (1965).
2) 井上勝晶，八木直人，放射光，**19**(6), 378 (2006).
3) T. Koga, M. Hart, T. Hashimoto, *J. Appl. Cryst.*, **29**, 318 (1996).
4) T. Koga, T. Hahimoto, M. Takenaka, K. Aizawa, N. Amino, M. Nakamura, D. Yamaguchi, S. Koizumi, *Macromolecules*, **41**, 453 (2008).
5) G. Beaucage, *J. Appl. Cryst.*, **28**, 717 (1995).
6) Y. Shinohara, H. Kishimoto, K. Inoue, Y. Suzuki, A. Takeuchi, K. Uesugi, N. Yagi, K. Muraoka, T. Mizoguchi, Y. Amemiya, *J. Appl. Cryst.*, **40**, s397 (2007).

第7章 固体高分解能NMR法による高分子複合材料の構造解析

浅野敦志[*]

1 はじめに

核磁気共鳴（NMR）法は，静磁場中におかれた原子核にMHzオーダーの電磁波（ラジオ波）を照射した時に，原子核に吸収されるエネルギーを観測する分光分析法である。観測される試料の形態に制限はないが，主に溶液または固体を対象としている。高分子複合材料を溶媒に溶解すると，その特徴的な物性を保持している固体構造が崩れるため，高分子複合材料の構造解析では，固体NMR法が適用されることが多い。観測される核種は^{13}C核が主流である。

固体高分解能^{13}C NMR法（いわゆる^{13}C CPMAS NMR法）は，高出力^{1}Hデカップリング法（High-Power ^{1}H Dipolar-Decoupling；DD法）とマジック角試料回転法（Magic Angle Spinning；MAS法，マジック角$54.7° = \cos^{-1}\sqrt{(1/3)}$）を用いて固体NMR信号を高分解能化する[1,2]。さらに，交差分極法（Cross Polarization；CP法）を用いて^{1}Hの磁化を^{13}Cへ分極し，最大4倍の感度へ増幅させることで，低感度核種である^{13}CのNMRスペクトルを効率よく観測する[1~4]。単純な1次元の固体高分解能NMRスペクトルを観測するために，溶液NMR法に比べて，このように複雑なパルステクニックや装置上の工夫が必要である。それは，溶液状態では分子運動でキャンセルされる^{1}H-^{13}C間の強い双極子相互作用が，固体状態ではキャンセルされず顕わになるからである。さらに，固体分子があらゆる方向に留まることによる磁気遮蔽の非対称性が顕著になり，ランダムな分子配向に起因する巨大な化学シフト異方性がスペクトル上に出現するからである。また，^{1}H核同士の双極子相互作用は非常に強大であり，DD法が原理的に使えないため，固体高分解能^{1}H NMRスペクトルの観測は容易ではない。何も工夫をしなければ，幅広い特徴の無いピークとなる。

本章における高分子複合材料は，ポリマーブレンド・アロイおよび有機／無機複合材料を指すこととする。本稿では，ポリメチルメタクリル酸／ポリ酢酸ビニル（PMAA/PVAc）ブレンド[5,6]，およびポリケトン／ポリアミド（PK/PA）アロイの相溶性解析[7~10]について述べる。また複合材料として，ナイロン6／粘土鉱物（N6/clay，粘土鉱物がモンモリロナイトの場合はN6/mmtなどと記述）の結晶多形が粘土層間に形成するモルフォロジー構造，粘土層の分散に対する粘土表面の低分子有機改質剤の役割[11~13]，ポリビニルイソブチルエーテル／ポリε-リジン／サポナイト（PVIBE/ε-PL/sapo）複合材料の結晶相の大きさと融点について解析した結果[14,15]について述べる。

---

[*] Atsushi Asano 防衛大学校 応用科学群 応用化学科 教授

第 7 章　固体高分解能 NMR 法による高分子複合材料の構造解析

2　PMAA/PVAc ブレンドと PK/PA アロイの相溶性解析

　異なるポリマー同士を混合して新たな物性を発現させる手法をブレンド法またはアロイ法と称する。異なるポリマー同士は単に混ぜても混ざり合わないことが多い。アロイ法と称する場合，混ざらないものを積極的に混ぜる工夫をするか，分子レベルでモルフォロジーを制御した場合に使われることが多いが，どちらも基本的には同じである。ポリマーブレンドにおいては，異なるポリマー間に発熱的な相互作用が存在すれば良く混ざり，温度を上げたときに相分離する下限臨界共溶温度型（LCST 型）の相図を示すことが多い[16,17]。溶液状態の低分子混合物の場合では，温度を下げたときに相分離する，上限臨界共溶温度型（UCST 型）を示す場合が多いが，ポリマーブレンドの場合，オリゴマーなど低分子を除き，UCST 型を示す組み合わせは多くない[17]。材料としての物性は，構成しているポリマーの物性とそれらの混和性（compatibility）の良し悪しに大きく左右されるため，相溶性（miscibility）の度合いを知ることは重要である。混和性が良いとは，一般に元のポリマーよりもブレンドの物性が良くなることを指す。必ずしも相溶性が良い（ポリマー鎖同士が密接に接近して相溶している）とは限らない。どちらかと言えば，混和性が良い材料の場合にポリマーアロイと称することが多い。しかし，どの程度の距離で異なるポリマー鎖同士が接近しているのかドメインサイズの距離情報が得られれば，物性と相溶性の関係，混和性との関連性について重要な知見を得ることが可能となる。固体 NMR 法では，観測される ^1H 核のスピン拡散の広がりを定量することにより，ドメインの大きさを 10～数 100 nm 程度の範囲で評価できる。したがって，この距離的情報を得ることにより，相溶性と物性との関連性を把握することが可能となる[16,17]。

　図 1 に，ポリメタクリル酸（PMAA）とポリ酢酸ビニル（PVAc），それらを質量比で 3/1 から 1/3 にブレンドした試料の ^{13}C CPMAS NMR スペクトルを示す[5]。PMAA/PVAc の場合，構成するユニットの元素の種類と数が等しいため，質量比はユニットモル比 f_{PMAA} と等価となる。PMAA/PVAc ブレンドのアリファティック領域（0～80ppm）に観測されるピークは，純粋な PMAA のスペクトルと純粋な PVAc のスペクトルをブレンド比率で足し合わせたスペクトルと同一である。しかし，PMAA/PVAc ブレンドの PMAA カルボキシ基（COOH 基）と PVAc カルボニル基（CO 基）が観測される領域（160～200ppm）では，より複雑にピークが分裂している。これは，PMAA-COOH 基と PVAc-CO 基との間で水素結合が形成されるためである[5,6]。この水素結合により，PMAA と PVAc の相溶性は非常に良い。175ppm に観測される PVAc-CO 基のピーク（●）と 179ppm に観測される PMAA-COOH 基のピーク（○）が水素結合しているピークである[6]。水素結合により元のピークからそれぞれ 4 ppm ほど低磁場シフトまたは高磁場シフトしている。通常，水素結合はピークを低磁場シフトさせる。PMAA の場合，PMAA 同士の分子内水素結合が非常に強く，PVAc との分子間水素結合で元の分子内水素結合よりも弱くなったため，高磁場シフトしたと考えられる[5]。

　図 2 に，^{13}C 核のスピン－格子緩和時間（T_1^C）の組成依存性を示した[5,18]。PVAc-CO 基の

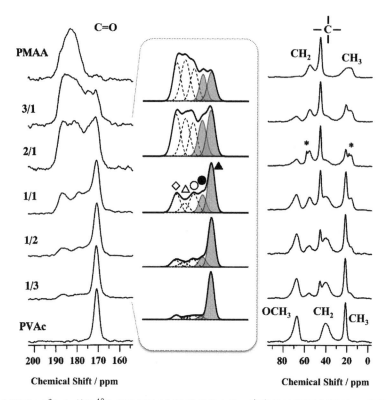

図 1 PMAA/PVAc ブレンドの ^{13}C CPMAS NMR スペクトル。中央には PMAA/PVAc＝3/1 から 1/3 ブレンドの ^{13}C CPMAS NMR スペクトルのカルボキシ基とカルボニル基由来のピークを 5 本のガウス波形でシミュレーションしたスペクトルを示した。灰色部分が PVAc 由来のピークである。記号は図 2 の T_1^C のプロットの記号に対応している。

T_1^C（▲）は，PMAA とのブレンドにより大きく影響を受け，運動が変化することがわかる。その一方で，PMAA-COOH 基の T_1^C（△，◇）は PVAc のブレンドによる影響がほとんど観測されない。しかし，分子間で水素結合している PMAA-COOH 基（○）と PVAc-CO 基（●）の T_1^C の組成依存性は，同じ官能基から得られた T_1^C の組成依存と比べて異なる。このことは，これら COOH 基と CO 基は相互作用により互いに影響を受け，協同的に運動していると言える。

相溶性を解析するために，ピーク分離が良い PMAA の CH$_2$ 基（55ppm）と PVAc の OCH$_3$ 基（68ppm）から，^{1}H 核のスピン－格子緩和時間（T_1^H）と回転座標系の T_1^H（$T_{1\rho}^H$）を求め，図 3（B）と（C）にそれぞれ示した。通常，個々の官能基は個別の運動をしているので，観測される緩和時間は異なる値を示す。しかし固体中においては，各官能基間で ^{1}H スピン拡散が速やかに起こり，緩和時間の平均化が起こる。つまり，ポリマーを構成するすべての官能基において同じ T_1^H 値が観測される。この現象がポリマーAとポリマーBからなる相溶なポリマーブレンドで起きると，ブレンドする前ではポリマーA，B がそれぞれ異なる T_1^H を示すが，ブレンドした後ではどちらも同じ値となる。その様子を図 3（A）に示した。逆に相溶していない系では，ブ

第 7 章 固体高分解能 NMR 法による高分子複合材料の構造解析

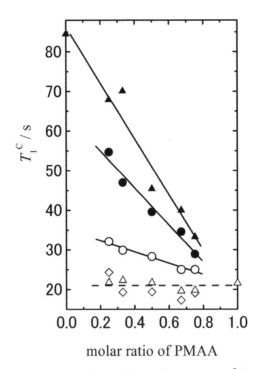

図 2 PMAA/PVAc ブレンドの PMAA の組成比に対してプロットした T_1^C 値。図中の記号は図 1 のカルボキシ／カルボニル基の化学シフト値に対応している。黒で塗りつぶした記号が PVAc のカルボニル基，白抜きが PMAA のカルボキシ基。

レンド前後で緩和時間は変化しない。^{1}H スピン拡散により ^{1}H 緩和時間が平均化される場合 ($T_{1\ ave}^H$) は次式のように，それぞれの緩和速度を ^{1}H モル比で分配した値となる[16,17]。

$$\frac{1}{T_{1\ ave}^H} = f_{PMAA} \frac{1}{T_1^{PMAA}} + \left(1 - f_{PMAA}\right) \frac{1}{T_1^{PVAc}} \tag{1}$$

図 3 (B) と (C) 中の破線が，(1)式から得られた T_1^H と $T_{1\rho}^H$ の場合の，それぞれの理論値を示す。式(1)は，T_1^H に寄与する分子運動がブレンドしたことで変化しないと仮定している。もしブレンドにより分子運動が影響されて T_1^H が変わったとすれば，T_1^{PMAA} と T_1^{PVAc} はブレンド前の T_1^H 値からずれることとなる。しかしその場合においても，ポリマーブレンドが相溶であれば，(1)式から得られる値とは異なるが，観測される両者の T_1^H の値は互いに一致する。

PMAA の T_1^H (T_1^{PMAA}) は 0.76s であり，PVAc のそれ (T_1^{PVAc}) は 3.17s と大きな差がある。ブレンド中では，PMAA と PVAc で同じ T_1^H 値が観測されている（図 3 (B)）。このことは，緩和時間を観測している間に，PMAA と PVAc との間で ^{1}H スピン拡散が効果的に働いたことを示している。$T_{1\rho}^H$ では PVAc の比率が高いところで一致していないが（図 3 (C)），元の緩和時間に比べると大きく変化しており，^{1}H スピン拡散が強く影響していると言える。^{1}H スピン拡散が効果的に働くためには，PMAA と PVAc が空間的に接近している必要がある。拡散方程

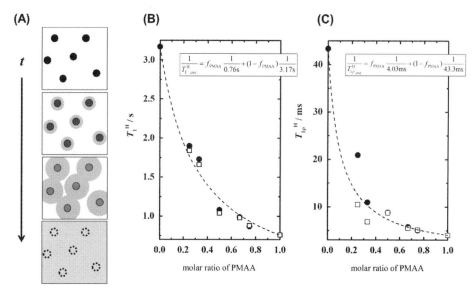

図 3 (A):固体ポリマーブレンド中で起こる ^{1}H スピン拡散の様子をモデル的に表した図。(B),(C):PMAA/PVAc の PMAA 組成に対してプロットした T_1^H(B)と $T_{1\rho}^H$(C)の実測値。□が PMAA,●が PVAc から得られた値を示す。破線は式(1)を用いて得られた理論曲線。

式の 3 次元拡散の解 $<r>^2 = 6Dt$ から,^{1}H スピンのエネルギーが時間 t 以内に拡散できる最大拡散距離 $<r>$ が算出できる。一般に,ポリマー中の ^{1}H スピンエネルギーの拡散係数 D は,500〜1000nm^{2}s^{-1} となることが多い[16, 18]。PMAA/PVAc ブレンドの場合,より短い T_1^H 値である PMAA の T_1^H(0.76s)以内に拡散が終了する必要があり,この時間以内で拡散できる距離が最大拡散距離となる[18]。拡散係数 $D = 700$nm^{2}s^{-1} を用いれば約 56nm と算出される。つまり,PMAA/PVAc ブレンドは 100nm 程度(拡散は中心から四方に拡がる。半径 56nm の球をイメージすると良い)のドメイン内に PMAA と PVAc が共存しているといえ,少なくとも 100nm 程度で相溶と言える。一方,PMAA の $T_{1\rho}^H$ は 4.03ms である。この値から最大拡散距離は約 4nm となる。つまり $T_{1\rho}^H$ の観測では T_1^H と比べて 1 桁小さい数 nm〜10nm 程度の相溶性を判断できることになる。PMAA/PVAc は 10nm 以内という近傍において両者が共存する,非常に相溶なポリマーブレンドであると言える。また図 3(C)から,PVAc が 1/3 を超えると相溶性が悪くなることも示された[5]。

PMAA/PVAc ブレンドのように,ブレンド後の T_1^H が非常に良く一致していれば,緩和曲線はほぼ単一の指数関数となる。しかし,^{1}H スピン拡散があまり効果的に働かない場合も多い。例えばドメインサイズが最大拡散距離を越えている場合,^{1}H スピン拡散が不十分に影響した緩和曲線となる。PK/PA アロイは,PMAA/PVAc ブレンドほど相溶ではないが,特殊な機械混練により単体に比べて物性が大幅に向上し,特に湿潤状態での耐衝撃性に優れた材料となる[7〜10]。図 4 に PK/PA=6/4 アロイの 3 次元透過型電子顕微鏡(3D-TEM)の画像を示し

第 7 章　固体高分解能 NMR 法による高分子複合材料の構造解析

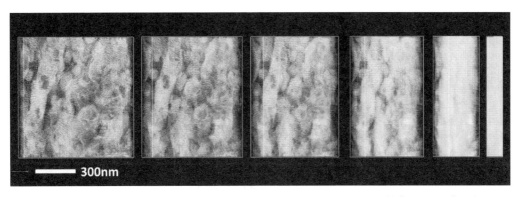

図 4　PK/PA=6/4 アロイの 3 次元 TEM 画像。フレーズ毎に取り出した図で構成した。図中，白が非晶相を表し，黒が結晶相を表す。

た[8,9]。白が非晶，黒が結晶を表す。図から結晶ラメラと思われる細かい筋が無数に存在していることがわかる。また 100nm 以上のドメインが構築されているようにも見える。実際，T_1^H の観測から ^1H スピン拡散が不十分であり，平均して 150nm 程度のドメイン内に PK と PA が存在していることが示された[7,10]。

図 5(a) に PK/PA アロイの ^{13}C CPMAS NMR スペクトルを示した。PK はエチレン／プロピレン／CO コポリマーであり，CH_2 基の比率が極端に多い。そのため，37ppm 付近に巨大なピークが 1 本観測される。PA はナイロン 6 であり PK 同様に CH_2 基が多い。しかし，PA は結晶多形であり α 結晶と γ 結晶が混在した複雑なスペクトルとなる（図 5(b)）。図 5(a) と (b) を比べると，PK/PA アロイでは PA の γ 結晶由来のピーク強度が小さくなっているように見える。また，試料の水分量が増えると PA の非晶由来のピークが減少している。CP 法における ^1H から ^{13}C への磁化分極は，分子運動が遅い場合，より効果的に起こる。そのため，水分を吸収し分子運動が速くなると CP 効率は落ちる。したがって，この観測結果は PA の非晶相に特異的に水分子が吸着することを示している[7,10]。

図 6 には，PK/PA アロイ(a)と PA(b)の ^{15}N CPMAS NMR スペクトルを示した。PK に N 元素は存在しないので，図 6(a) はアロイ中の PA を特異的に観測していることになる。PA の α 結晶と γ 結晶の ^{15}N NMR シグナルは，それぞれ異なる化学シフト値，84ppm と 89ppm に観測されるため，^{15}N NMR スペクトルから α 結晶と γ 結晶の比率を算出できる。PA 単体の場合には γ 結晶は 60% 存在するが，PK/PA アロイでは 30% と減少することがわかった。γ 結晶は α 結晶に比べて成長が早く熱安定性が悪い。PA の結晶相は，PK とアロイ化することで熱安定性の良い α 結晶の成長が促進されていた。この結晶変化と PA 非晶部に水分が特異的に吸着することによる弾力性の向上で，湿潤状態における耐衝撃性が向上していると結論づけられた[7~10]。

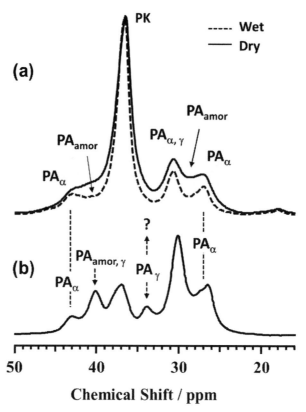

図5 PK/PA=6/4 アロイ(a)とPA(b)の^{13}C CPMAS NMR スペクトル。CH$_2$基領域を拡大して示した。(a)の破線は湿潤状態の PK/PA=60/40 アロイのスペクトル。結晶多形と非晶相の帰属は図中を参照。

3 N6/mmt 複合材料（ナノコンポジット）のモルフォロジー解析

　図7にN6/clay ナノコンポジットの^{13}C CPMAS NMR スペクトルを示した[11〜13]。このスペクトルは，結晶相と非晶相の$T_{1\rho}^{H}$緩和時間の違いを利用して全体のスペクトルから結晶相のみを編集してプロットしてある[11,13]。図7の左側(a)〜(d)は結晶相を融解した後，急冷したスペクトル，右側の(e)，(a'), (b')は徐冷したスペクトルである（(a)と(a')，(b)と(b')はそれぞれ同じ試料で温度履歴のみ異なる）。さらに(c')と(d')は，それぞれ(c)と(d)の状態の試料を結晶相の融点以下の213℃で16時間以上アニーリングを行った後のスペクトルを表している。(e)のスペクトルはN6単体であり，(a)と(a')は合成粘土のラポナイトを用いたN6/lapoナノコンポジットである。(b)〜(d)が天然粘土のモンモリロナイトを用いたN6/mmtナノコンポジットのスペクトルである。(b), (c), (d)の違いは，粘土の混練方法の違いであり，(b)が機械混練，(c)と(d)はε-カプロラクタムとモンモリロナイトを溶液内で混練し，溶液内重合で作成したN6/mmtナノコンポジット（IS-N6/mmt）である。N6はα結晶とγ結晶の結晶多形となるが，

第 7 章 固体高分解能 NMR 法による高分子複合材料の構造解析

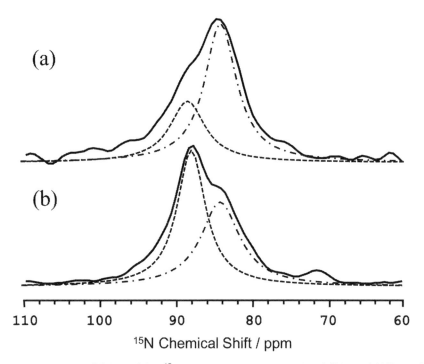

図 6 PK/PA=6/4 アロイ(a)と PA(b)の ^{15}N CPMAS NMR スペクトル。破線と 1 点鎖線は，実測を 2 つのガウス波形で最小二乗フィットした結果を表す。破線はγ結晶由来のピーク，1 点鎖線はα結晶由来のピーク。

それぞれの CH_2 基の ^{13}C NMR 化学シフト値が異なることはすでに述べた（図 5 参照）。図 7 (e)は，N6 の α 結晶に特徴的なスペクトルであり，N6 単体では徐冷により α 結晶のみが構築されたことがわかる。また(a')と(b')は，γ結晶特有のスペクトルであり，粘土の種類にかかわらず粘土鉱物を混練したナノコンポジットでは徐冷によりγ結晶のみが構築されることが示される。(a)～(d)のスペクトルを比較すると，粘土鉱物の種類や混練方法に寄らず，急冷した場合には α 結晶とγ結晶の両方が混在していることがわかる。また(c)と(d)から，試料表面にγ結晶が多いことが示された。これらの試料をアニーリングすれば（(c')と(d')），熱安定性の良い α 結晶の成長が促進される。NMR スペクトルの面積強度比から，アニーリングにより α 結晶相が 30% ほど増加することがわかった[11]。また，(c)と(d)は α 結晶とγ結晶の比率が異なるが，アニーリング後では同じ比率となることが示された。つまり，粘土鉱物が局在しているのではなく，温度の冷却速度が場所により異なり，温度むらが生じたためであると考えられる。

複合材料のモルフォロジーは，無機補強材（無機充填材）の分散度が物性に大きく影響を与えるため，TEM 画像を観測して無機材の状態を観測することが良く行われる。しかし，ポリマーがつくる複数の結晶相の比率の違いや，無機材や熱履歴によって影響を受けた結晶多形を構成する結晶相の位置情報は，TEM 観測のみから知ることは困難である。NMR 法では，図 7 に示し

143

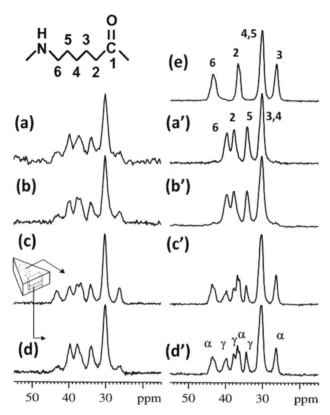

図7 N6/clayナノコンポジットの結晶相由来の ^{13}C CPMAS NMRスペクトル(a)〜(d)。(e)はN6単体。(a)〜(d)はN6の融点以上で結晶相を融解して急冷したスペクトル：(a)；N6/lapo, (b)；N6/mmt, (c)；IS-N6/mmtの円形ペレット内部, (d)；(c)と同じIS-N6/mmtの円形ペレットの外周部。(a')と(b')はそれぞれ(a), (b)の試料と同じで，融解後に徐冷して得られたスペクトル。(c')と(d')はそれぞれ(c)と(d)を213℃で16時間以上アニーリングした後のスペクトル。

たように結晶相の種類に応じて化学シフト値が異なり，個々の状態を観測することが可能である。図8に(c')の試料を用いて観測した T_1^H 緩和曲線を示した[12]。^{1}H核に反転回復法（Inversion Recovery法）を適用して ^{1}H磁化を反転させ，熱平衡状態に戻る時のピーク強度をCP法により ^{13}C磁化へと分極し，その ^{13}C磁化の強度をプロットしている。天然粘土鉱物のモンモリロナイトは，Fe^{3+} が粘土層内に存在している。Fe^{3+} は常磁性核であり，NMR緩和を促進する性質がある。したがって，粘土層に近い相の核スピンは速く緩和し，遠い相の核スピンは遅く緩和することになる。そのため，モンモリロナイト近傍とそれ以外とに結晶相が位置していれば，緩和曲線の復活速度に差が生じる。図8をみると，γ結晶（▲）の初期緩和曲線は速く減衰（復活）しているが，α結晶の初期緩和曲線（●）は逆に遅いことがわかる（図8は磁化の復活を減衰しているようにプロットしてある）。この観測結果は，γ結晶がモンモリロナイト近傍に局在していることを示している。また，磁化が反転して戻る時間が0.4s以上経過すると，

第 7 章　固体高分解能 NMR 法による高分子複合材料の構造解析

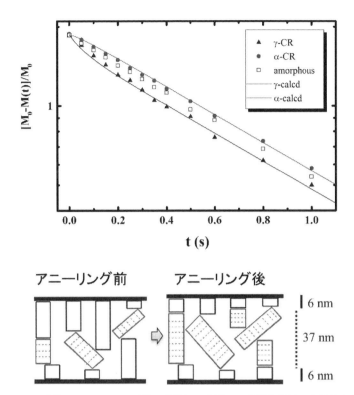

図 8　（上）アニーリング後の IS-N6/mmt（図 7 (c')）の実測の T_1^H 緩和曲線。実線はシミュレーション。（下）T_1^H 緩和曲線を再現したモルフォロジーをモデル的に表した図。アニーリング前後の N6 の結晶多形の位置情報を表している。図中の距離はシミュレーションで用いた数値。

α 結晶と γ 結晶のいずれの緩和曲線も傾きが等しくなっており，同じ緩和速度（緩和時間）になったことを示している。また非晶相由来のピーク（□）は緩和初期から同じ傾きである。これは，非晶相が粘土近傍と遠方の両方に同じように存在し，また非晶相と結晶相の間に速い ^{1}H スピン拡散が起こっていることを示している。

図 8 の実測の緩和曲線を再現するため，粘土層近傍に γ 結晶が存在し，粘土層間の中央に α 結晶，非晶相はそれ以外の全てに存在しているとして緩和曲線のシミュレーションを行った。変数は，粘土層からの距離と粘土層界面の極端に速い緩和速度の 2 つである。また既知の変数として N6 の ^{1}H スピン拡散係数，N6 の T_1^H，結晶相内の α 結晶の比率を用いている。さらに結晶相と非晶相間には速い ^{1}H スピン拡散が存在しているとした。実際，N6 の非晶相と結晶相の T_1^H は等しい値（平均化された値）を示す。図 8 の実線で示した曲線は，このようにしてシミュレーションした緩和曲線を示している。シミュレーションは実測を良く再現していることがわかる。ここで得られた距離情報を図 8 の下部にモデル図で示した。アニーリング後の試料 (c') では，γ 結晶がモンモリロナイト界面近傍 6 nm の距離に局在していることが示された。また，アニーリング前の試料 (c) においては，図 8 のような緩和曲線の違いは観測されなかった。このこ

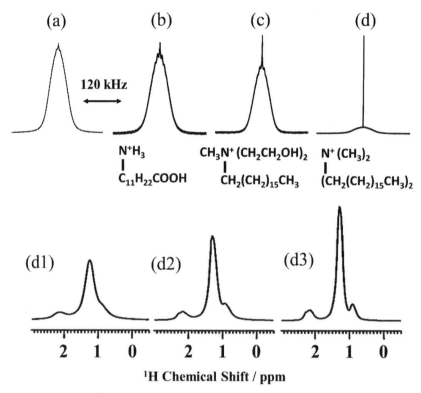

図9 N6/clay の固体 ^{1}H MAS NMR スペクトル。MAS 速度は 5 kHz。(a)；N6 単体，(b)；IS-N6/mmt，(c)；N6/lapo，(d)；N6/mmt。粘土表面の有機改質剤（低分子アンモニウム塩）の構造式も図示した。(d)のスペクトルでシャープな信号領域を拡大して示した図が(d1)から(d3)。(d1)から(d3)は N6/mmt の機械混練の条件が異なる。^{1}H 共鳴周波数で 300MHz の装置（磁束密度 7 T の磁場）を用いている。

とは，α 結晶と γ 結晶が粘土層間に局在化しておらず，どちらの結晶相も粘土層からの距離は平均して同じと考えられた[12]。

ポリマーのモルフォロジーが固体 NMR 法から解明できることを示したが，粘土鉱物の界面に存在している低分子有機改質剤の役割についても知見を得ることができる。図9は N6/clay ナノコンポジットの固体 ^{1}H MAS NMR スペクトルである[12, 13]。ポリマーの固体 ^{1}H NMR スペクトルは，非常に巨大な ^{1}H 核同士の双極子相互作用のため幅広いスペクトルとなるが，図9の N6 のスペクトル(a)も同様に半値幅が約 60kHz と幅広く，MAS の効果は小さい。図9と同じ磁場で通常の溶液 ^{1}H NMR スペクトルを測定した場合，約 3 kHz の観測幅に複数の全ての ^{1}H ピークが観測される。いかに図 9 (a)のスペクトルが巨大かわかるだろう。

ここで，図 9 (b)は図 8 (c)の試料（IS-N6/mmt），図 9 (c)は図 8 (a)の試料（N6/lapo），図 9 (d)は図 8 (b)の試料（N6/mmt）の固体 ^{1}H MAS NMR スペクトルである。また，用いた粘土の種類や混練の手法により粘土表面の低分子有機改質剤（図中の化合物）が異なっている。図

第 7 章 固体高分解能 NMR 法による高分子複合材料の構造解析

図 9 (b)～(d)を見ると，N6 の巨大な ^{1}H 信号の頂点に，非常に線幅の狭い（シャープ）ピークが重なって観測されていることがわかる。一方，(a)の頂上に観測される極めて小さい信号は，N6 分子中に存在する比較的 ^{1}H 双極子相互作用の弱い部分に起因する MAS のアーティファクト（スピニングサイドバンド）である。図 9 (b)にはシャープな信号はほとんど観測されないが，図 9 (c)と(d)では顕著に観測されている。通常，Fe^{3+} などの常磁性核種が存在する粘土鉱物の表面に存在する低分子有機改質剤は，Fe^{3+} の影響により信号が極端に広幅化するため観測できない[11]。一方，図 9 (c)の試料は常磁性核種を含まない合成粘土鉱物のラポナイトを用いているため，シャープな ^{1}H 信号は粘土鉱物表面に存在する，運動性の高い低分子有機改質剤と考えられる。しかし，図 9 (b)や(d)はモンモリロナイトを用いているため，常磁性核種の Fe^{3+} が存在し，本来なら観測できないはずである。図 9 (d)ではシャープな信号が逆に強く観測されている。このことは，N6 と粘土との親和性を高めるために導入した低分子有機改質剤が，粘土表面に存在しないことを示している。このシャープな信号と物性または分散度との関連を調べた。

図 9 (d1)から(d3)は，N6/mmt の機械混練の条件を変えて作成した試料の，固体 ^{1}H MAS NMR スペクトルのシャープな信号部分を拡大して示した図である。図 9 (d3)は図 9 (d)を拡大したスペクトルである。また，(d3)のシグナルの N6 の信号に対する面積強度比を検討すると，導入したモンモリロナイト表面に存在する低分子有機改質剤の 80% 以上が剥離していると考えられた。この 3 種類の試料はモンモリロナイトの機械混練のスクリューの種類や速度を変えて作成している。(d1)から (d2)，(d3)の順に物性値が良くなり，モンモリロナイトの分散度も向上する。拡大した ^{1}H スペクトルには化学シフト値の異なる 3 つのピークが観測されている。化学式からわかるように，0.9ppm は CH_3 基，1.3ppm は CH_2 基であり，2.2ppm は N に直接結合した CH_2 基または CH_3 基と帰属できる。ここで，N が中性かカチオン（N^+）かにより，N に直接結合したアルキル基の化学シフト値は異なる。有機改質剤としてモンモリロナイトに導入する際には，陽イオン交換法で行われているため，最初はイオン化している。その場合の化学シフト値は 3.0～3.5ppm である。ところが，中性化すると化学シフト値は 2.3～2.6ppm へとシフトする。実測は 2.2ppm であるため，N6/mmt で観測された低分子有機改質剤は中性化していると言える[12,13]。中性な化合物となるためには，CH_3 基または $CH_2(CH_2)_{15}CH_3$ 基のどちらかが脱離する必要がある。どちらが脱離したかはピークの面積強度比から求めることが可能である。最も信号分離の良い図 9 (d3)の 2.2ppm と，その他の 1.3ppm と 0.9ppm に観測されるピークとを比較すると，信号面積強度比は 1：9 となる。この比率は，CH_3 基が離脱したと考えるとぴったり一致する。この観測結果と，モンモリロナイトの分散度，物性（伸び率，剛性率）を比較検討した結果，モンモリロナイトを N6 中に分散させるために，低分子有機改質剤が N6 と相互作用し，その役割を終えると粘土表面から剥離するという結論が導き出された。

一方，図 9 (b)の観測結果から，溶液内重合でナノコンポジットを作成した場合には，ほとんど剥離していないと結論づけられる。これは，用いた低分子有機改質剤の官能基部分（$C_{11}H_{22}COOH$）のカルボキシ基と ε－カプロラクタムのアミド基が結合することで N6 の重合が

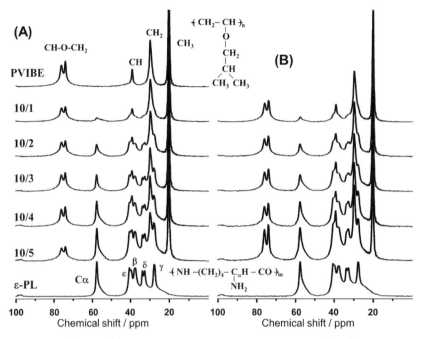

図10 PVIBE/ε-PLブレンド(A)とPVIBE/ε-PL/sapoナノコンポジット(B)の^{13}C CPMAS NMRスペクトル。構造式と帰属は図中参照。

始まり，低分子有機改質剤がN^+カチオンのままモンモリロナイトの表面に静電相互作用で留まっていることを示唆している。このように有機改質剤の役割は，機械混練と溶液重合では異なることがわかり，実験的にも証明された。

4 PVIBE/ε-PL/sapoナノコンポジットの結晶相の融点とラメラ厚

図10に，PVIBE/ε-PLブレンド(A)とPVIBE/ε-PL/sapoナノコンポジット(B)の^{13}C CPMAS NMRスペクトルを示す[10,14,15]。比較のため(B)にはε-PL/sapoのスペクトルも示した。粘土鉱物は親水性であり疎水性のPVIBEとは混ざり合わない。ε-PLは親水性であるため，ε-PL/sapoは容易に水溶液から作成できる。サポナイトの添加量はε-PLに対して3 wt%と一定である。どちらのポリマーも結晶性であり，個々のピークは比較的シャープな結晶相由来のピークと幅広い非晶相由来のピークの重ね合わせから成る。図10を見ると，(A)と(B)はどちらも似たスペクトルであるが，PVIBEのO原子に結合したCH基とCH$_2$基に帰属される2本に割れたシャープなピーク（75ppm付近）の強度が，ナノコンポジットの方が比較的強く観測されている。また，ε-PLの非晶相由来のピークはナノコンポジットの方が顕著である。これらの観測から，サポナイトを混練するとε-PLの結晶化度が落ちる，という定性的な結論が得られる。しかし逆に，PVIBEの結晶化度はε-PLとのブレンドでは結晶化度は落ちるが，ナノコン

第 7 章　固体高分解能 NMR 法による高分子複合材料の構造解析

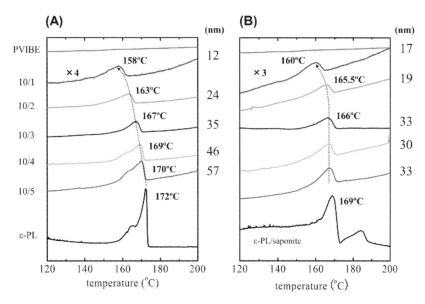

図 11　PVIBE/ε-PL ブレンド (A) と PVIBE/ε-PL/sapo ナノコンポジット (B) の ε-PL 部の結晶相の融点部分を拡大して示した示差走査熱量測定 (DSC) チャート。図の右側に示した数値は，固体 ^{13}C CPMAS NMR 測定から T_1^H 緩和曲線を解析して求めた結晶相の厚さ。

ポジットでは変化が無いように見える。実際，ナノコンポジット中の ε-PL の結晶化度は 10% ほど減少し，PVIBE の結晶化度は変化しないが，ε-PL とのブレンドでは，PVIBE の結晶化度が 10% ほど減少することが固体 NMR 法から明らかとなった[15]。

図 11 に PVIBE/ε-PL ブレンド (A) と PVIBE/ε-PL/sapo ナノコンポジット (B) の，ε-PL 結晶相の融点の変化を示す。PVIBE のガラス転移温度（約 −20℃）と結晶相の融点（約 45℃）は全く変化しないが，ε-PL 結晶相の融点は PVIBE の混合比率に依存して変化した。融点の低い PVIBE 混合比が増加するにつれて，ブレンド中の ε-PL 結晶相の融点が低温側に徐々に低下している。しかし，ナノコンポジットでは，PVIBE/ε-PL の比率が 10/3〜10/5 の間では変化せず，その後低温側にシフトしている。ブレンドにより結晶相の融点が変化する現象も一般に観測されるが，もしもブレンドによる効果で融点がシフトしているとすれば，ナノコンポジットの方も同様に変化してもおかしくはない。

ここで，融点と結晶相のラメラ厚との間には Gibbs–Thomson の関係が成り立つ。T_1^H の観測から両者のドメインサイズを求め，さらに結晶化度から結晶相全体の厚さを求めたところ，図 11(A)，(B) の右側に示した数値となった。図 11(A) のブレンドでは，10/5 から 10/1 へ PVIBE の比率が増加するにつれて，ε-PL 結晶相の厚さは 57nm から 12nm へ減少していた。またナノコンポジットでは，10/5 から 10/3 にかけては 30〜33nm と一定となっており，その後減少して 17nm となっていた。PVIBE/ε-PL = 10/3 の融点が 167℃，その時の結晶相の厚さが 35nm，PVIBE/ε-PL/sapo = 10/3/0.09〜10/5/0.15 においては，融点が 166℃ で結晶相の厚さは 30〜

33nm となった。この結果は，異なる試料間で融点と厚さの間に非常に良い相関がみられていることを示し，求めた厚さと融点に高い関連性があると言えた[15]。

求めた結晶相の厚さは厳密にはラメラ厚とは異なるが，求めた数十 nm の厚さはほぼラメラ厚に匹敵する。そこで Gibbs-Thomson の融点と厚さの関係式に適用したところ，式(2)の相関が得られた[14, 15]。

$$T_m(x) = 446.8 \pm 0.2 - \frac{220 \pm 10}{x} \qquad (2)$$

ここで x はラメラ（結晶相）の厚さを表す。式(2)は，ε-PL の完全結晶の融点が174℃（447K）であることを示している。この解析から，ε-PL の実測の融点172℃（445K）におけるラメラ厚が，約122nm であると算出された。

5 最後に

固体高分解能 ^{13}C NMR 法，特に緩和現象の解析結果について解説した。様々な手法や核種を用いると，高分子複合材料の相構造，相互作用，分子運動といった物性に影響を与える分子レベルの情報を定量的に知ることができる。NMR 法だけではなく，他の分光法や機械特性解析，熱分析等を組み合わせると，高分子複合材料の物性と構造・モルフォロジーとの関連性が明確になる。この章が固体NMR を測定している，あるいはしようとしている研究者の方々に参考になれば幸いである。

文　献

1) J. Schaefer et al., *Macromolecules*, **10**, 384-405 (1977)
2) C. S. Yannoni, *Acc. Chem. Res.*, **15**, 201-208 (1982)
3) 浅野敦志ほか，ネットワークポリマー，**32**, 160-167 (2011)
4) 三好利一，日本分光学会編　核磁気共鳴分光法，pp.159-183，"第 6 章 固体NMR"，講談社サイエンティフィク (2009)
5) A. Asano et al., *Macromolecules*, **35**, 8819-8824 (2002)
6) A. Asano, *Polym. J.*, **36**, 23-27 (2004)
7) A. Asano et al., *Macromolecules*, **42**, 9506-9514 (2009)
8) A. Kato et al., *J. Appl. Polym. Sci.*, **116**, 3056-3069 (2010)
9) A. Kato et al., "Transmission Electron Microscopy Characterization of Nanomaterials" C. S. S. R. Kumar Ed., pp. 351-414, Chapter 4 Study on Polymeric Nano-Composites by 3D-TEM and Related Techniques, Springer (2014)

第 7 章　固体高分解能 NMR 法による高分子複合材料の構造解析

10) A. Asano, "NMR Spectroscopy of Polymers : Innovative NMR Strategies for Complex Macromolecular Systems" H.N. Cheng *et al.* Eds., pp. 85-103, Chapter 5 Solid State NMR Investigations of Semi-Crystalline PVIBE/ε-PL and PK/PA Blends : Crystallite Size, Type, and Morphology Related to Physical Properties, ACS Symposium Series（2011）
11) D. L. VanderHart *et al.*, *Chem. Mater.*, **13**, 3781-3795（2001）
12) D. L. VanderHart *et al.*, *Chem. Mater.*, **13**, 3796-3809（2001）
13) D. L. VanderHart *et al.*, *Macromolecules*, **34**, 3819-3822（2001）
14) A. Asano *et al.*, *e-J. Soft Mater.*, **3**, 1-8（2007）
15) A. Asano *et al.*, *Macromolecules*, **41**, 9469-9473（2008）
16) A. Asano *et al.*, "Solid State NMR of Polymers" I. Ando and T. Asakura Eds., pp. 351-414, Chapter 10 Polymer Blends and Miscibility, Elsevier（1998）
17) 浅野敦志ほか，高分子学会高分子 ABC 研究会編　ポリマー ABC ハンドブック，pp.204-215，第 4 章第 4 節 NMR，NTS（2001）
18) 浅野敦志，高分子論文集，**64**，406-418（2007）

第8章 ポリマー系ナノコンポジットの AFMによる弾性率マッピング

中嶋　健*

1　はじめに

　走査プローブ顕微鏡（SPM）ファミリーの代表格である原子間力顕微鏡（AFM）は，カンチレバー（片持ち梁）の先端に取り付けられたナノメートルオーダーの曲率半径をもつ鋭い探針を試料表面の凹凸に沿って走査させるという，レンズを使う従来の顕微鏡とは全く異なる原理をもつ顕微鏡である。試料と探針の間に働くさまざまな相互作用力を，ピコニュートン，ナノニュートンといった非常に高い感度で，板バネとして振る舞うカンチレバーの反りとして検出する。例えばAFMは，その名の通り試料と探針の間に働くファンデルワールス力などの原子間力を検出しながら表面を走査し，試料の凹凸画像を取得するが，磁気力顕微鏡（MFM）は磁気力を，電気力顕微鏡（EFM）は静電気力をプローブにして表面の磁気力分布や電気力分布を画像化する。試料と探針の間に生じる静電容量をプローブに電気的情報を取得する走査キャパシタンス顕微鏡（SCM）や非線形誘電率を計測できる発展型も存在する。空間分解能はその相互作用力の種類に依存するが，AFMならばナノメートルの空間分解能を達成することはたやすく，原子・分子分解能を実現する事例も多く報告されている。またその測定環境の自由度の高さから，材料研究・開発の現場で広く用いられているのもAFMの特徴である。大気中，真空中はもちろんのこと液中やガス雰囲気中でも動作可能であるため，細胞の表面を生きたまま観察したり，表面反応をその場観察したりということも可能である。

　AFM探針で表面をなぞる際，通常の画像取得モードではカンチレバーの反りを一定に保つコンタクトモードにしても，カンチレバーをその共振周波数近傍で振動させ，表面を叩きながら走査するダイナミックモードにしても，探針-試料間にかかる力を一定にするようにフィードバック制御を行う。このとき，負荷が十分小さく，試料に変形が生じない場合には試料の凹凸構造を正確に再現することができるが，試料の表面弾性率が相対的に小さい場合には試料変形が生じ，試料の凹凸構造は正しく再現されない。ポリマーアロイ・ブレンド・コンポジットでは弾性率の異なるポリマー同士や硬いフィラーを複合させたりするので，場所に応じて試料変形量が異なる。容易に想像できると思うが，軟らかい相は必ず凹んで観察される。これが現実である。各点での試料変形量が分かれば真の凹凸像を再構成することも可能であるが，市販の装置でそれが簡単にできるものは現状存在しない。従って，AFMの凹凸画像を観察する際はこのことを必ず念頭に置くと良い。

---

* Ken Nakajima　東京工業大学　物質理工学院　教授

第8章 ポリマー系ナノコンポジットのAFMによる弾性率マッピング

2 AFMナノメカニカル計測

　試料が変形するという前節の顕微鏡としての「欠点」を積極的に活用することが可能である。発想の転換である。結果としては試料の力学的性質をプローブすることになるため，試料の弾性率・凝着エネルギーなどをマッピングする技術としてAFMを捉えることができる。本章で取り扱うAFMナノメカニカル計測はまさにそこに注目した技術であり，ポリマー系ナノコンポジットのナノスケールでの物性評価を与えることができる新しいツールとなる。探針を試料に押し込み，試料が変形した際の弾性復元力を記述するために，接触力学という学問が用いられる。ナノメートルスケールの接触に連続体力学を基礎にする接触力学を用いて良いかどうかというより根源的な問題はあり学問的興味があるが，経験的には数ナノメートルの接触半径までは問題ない。AFM探針を力一定モードで走査するのではなく，インデンターのように垂直方向に押し込み，引き離すという動作を行うフォースカーブ測定と呼ぶが，このフォースカーブを試料表面で二次元的に繰り返し測定（フォースマッピングと呼ばれる）することで，ナノメートルスケールの空間分解能を維持したまま弾性率マッピングができることになる。フォースカーブを丁寧に解析すると，試料変形量を算出することもできるので，必要であれば真の凹凸像を再構成することもできる。

　接触力学の詳細に立ち入ることは本章の範囲を超えることになるので成書を参照していただくことにする[1,2]。ここでは本章の理解に必要な最低限の知識をまとめることにする。完全弾性体を仮定し，探針－試料間の凝着相互作用を無視する理論がHertz理論である。曲率半径Rの球状探針が試料に押し込まれていく場合，負荷Fに応じて試料変形量δ，接触半径aが変化する。これらの量の間には次の簡単な関係が導かれる。

$$F = \frac{K}{R} a^3, \ \delta = \frac{a^2}{R} \tag{1}$$

ここでKは弾性定数と呼ばれ，試料のヤング率Eとポアソン比νを用いて，

$$K = \frac{4}{3} \frac{E}{1-\nu^2} \tag{2}$$

で表される。(1)式からaを消去すると

$$F = K\sqrt{R}\ \delta^{3/2} \tag{3}$$

が得られる。$\delta = 10$ nm，$R = 10$ nmとし，Kとして樹脂で典型的な1 GPaの値を代入すると$F = 100$ nNという値が得られる。カンチレバーのバネ定数を$k = 10$ N/mとすると，カンチレバーの反りとして$D = 10$ nmの値が検出されることになる。Hertz理論によれば接触領域の接触圧は軸対称探針の対称軸からの距離をrとして

$$p(r) = \frac{3F}{2\pi a^2} \sqrt{1 - \frac{r^2}{a^2}} \tag{4}$$

となる。探針先端（$r = 0$）では平均圧力（$F/\pi a^2$）の1.5倍の圧力がかかることに注意したい。

上記の例では $a=10$ nm となるが，このとき平均圧力は約 320 MPa，中心部の最大圧力は約 480 MPa となる．大抵の場合，この圧力は樹脂の降伏応力を超えており，樹脂には不可逆な塑性変形が加えられてしまうことになる．したがって，負荷としてはもっと小さい値を設定すべきである．

　試料と探針の間の凝着力が無視できないケースが AFM では多くなる．基準としては式(1)の負荷と凝着力 $F_{adh}=-C\pi wR$（C はモデルによって異なる数係数で 1 程度，マイナス符号は負荷方向を正としているため）の絶対値の比をとって考えることになる．例えば凝着エネルギーが $w=100$ mJ/m^2 の接触を考えると $R=10$ nm では $F_{adh}=-4.7$ nN（C=1.5）となる．降伏応力を超えないように F の値を小さくしていくと，F と F_{adh} が拮抗するようになる．ここが AFM とインデンターの大きな違いである．インデンターの場合には μN や mN という大きな弾性復元力を扱う場合が多い．このとき（接触面積も大きくなるので F_{adh} もそれに応じて大きくなるが）凝着の影響はほとんど無視できる．またインデンターでは押し込み過程では塑性変形と弾性変形が同時に進行する．インデンターで弾性率を求める際に引き離し過程のカーブを利用する[3]のは引き離し過程では弾性回復のみが生じるためである．しかし不可逆な塑性変形は画像取得という観点からはマイナスであり，できれば弾性領域で観察を続けたい．AFM 探針をインデンターのように利用する AFM ナノメカニカル計測では最大圧力が降伏応力を超えないように設定する．この点に注意が必要である．

　さて凝着力が無視できない場合には現状代表的な 2 つのモデルがある．Hertz 理論の最も単純な拡張が Derjaguin-Muller-Toporov（DMT）理論[4]で，この理論では接触面の外側で作用する引力的相互作用が取り込まれ，

$$F=\frac{K}{R}a^3+F_{adh}=\frac{K}{R}a^3-2\pi wR, \quad \delta=\frac{a^2}{R} \tag{5}$$

と表される．DMT 理論では最大凝着力が $-2\pi wR$ でそのとき $a=\delta=0$ となる．このモデルでは探針が非接触の状態からカンチレバーが引力を感じ始めることになる．一方，接触面内の凝着相互作用を考慮した Johnson-Kendall-Roberts（JKR）理論[5]では

$$F=\frac{K}{R}a^3-3\pi wR-\sqrt{6\pi wRF+(3\pi wR)^2}, \quad \delta=\frac{a^2}{R}-\frac{2}{3}\sqrt{\frac{6\pi wa}{K}} \tag{6}$$

と少々複雑な表式が必要になる．最大凝着力 F_1 は式(6)のひとつめの式の根号が 0 になるという条件から

$$F_1=-\frac{3}{2}\pi wR \tag{7}$$

で与えられ，このとき

$$a_1=\left(\frac{3\pi wR^2}{2K}\right)^{1/3}, \quad \delta_1=-\left(\frac{\pi^2 w^2 R}{12K^2}\right)^{1/3} \tag{8}$$

となる．接触面内の凝着相互作用によって引き離し過程で試料が引っ張られるという状況が生じる（DMT 理論ではそのようなことは生じない）．その状況では，a が有限値を示し，かつ δ が負

第8章 ポリマー系ナノコンポジットのAFMによる弾性率マッピング

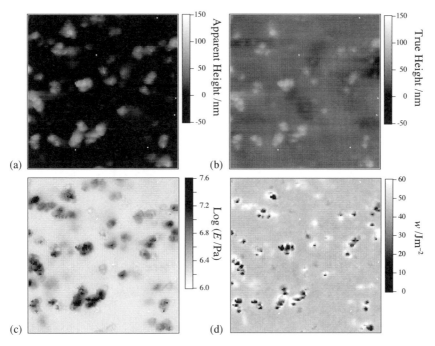

図1 10-phr CB 充填 IR の(a)見かけの凹凸像，(b)真の凹凸像，
(c)弾性率像（ログスケール），(d)凝着エネルギー像。走査範囲は 2.0 μm。

となる領域が存在する。またこのモデルでは遠距離相互作用は考えないので，接触が始まるまではカンチレバーは力を感じないことになる。実際には DMT 理論や JKR 理論のように接触面の外側だけあるいは内側だけに引力が働くということはないので，これらの理論はあくまでも凝着相互作用を近似的に取り入れているにすぎない。しかし，ポリマー系材料を相手にするのであれば，多くの場合 JKR 理論で十分なことから本章ではこれ以上の議論は割愛する。DMT 理論か JKR 理論のどちらを採用すべきかという理論的枠組みも整っている。Maugis パラメータと呼ばれる以下のパラメータを用い，

$$\lambda = 1.16 \left(\frac{16 R w^2}{9 K^2 z_0^3} \right)^{1/3} \tag{9}$$

$\lambda < 0.1$ なら DMT 理論，$\lambda > 5$ なら JKR 理論がかなりの確度で利用できることが知られている[6]。z_0 は分子間平衡距離である。

3 実例1 カーボンブラック充填ゴム

前節で説明した AFM フォースカーブを用いたナノメカニカル計測の事例を示す。試料はカーボンブラック（CB）を充填したイソプレンゴム（IR）である。まず図1に結果として得られる

ポリマーナノコンポジットの開発と分析技術

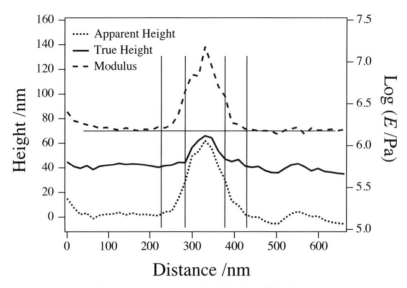

図2 見かけの凹凸，真の凹凸，弾性率の断面プロファイル

見かけの凹凸像，真の凹凸像，弾性率像および凝着エネルギー像を示す。走査範囲は2.0μmである。図2にはこの図のある部分から抽出した断面プロファイルを示す。さらに図3にはこれらの画像を得るために取得した2.0μmの範囲上128×128点におけるフォースカーブの典型的なものを示す。カンチレバーのバネ定数k=0.60 N/m（実測），探針曲率半径R=48 nm（実測）であった。図3(a)はゴムマトリックス上のフォースカーブであり，ジャンプインコンタクトの後，$δ$~40 nm試料が変形するまで探針を押し込んでいる様子がわかる。このときの設定値はカンチレバーの反りD=1.0 nm，すなわちF=0.60 nNで，この値が達成されたら引き離し過程に入るように装置を制御している。引き離し過程は白丸シンボルで示しているが，接触点を超えて$δ$<0の領域まで試料を引き上げているのがわかる。最大凝着力はおよそ-10 nNであった。実線で引き離し過程に重ねているのがJKR理論曲線である。試料の弾性率および凝着エネルギーを得るために式(6)でカーブフィッティングできればよいのであるが，フォースカーブすなわちF-$δ$関係に対して，式(6)から接触半径aを消去した関数はFと$δ$についての複雑な陰関数になり，不可能ではないがカーブフィッティングはあまり現実的でない。そこでここでは2点法[7]と呼ばれる方法を採用している。まず凝着エネルギー像を得るのは容易い。式(7)を変形すると

$$w = \frac{2F_1}{3\pi R} \tag{10}$$

を得るのでここからwのマップを取得すればよい。ヤング率Eあるいは弾性定数Kを求める式は少々複雑であるが，式(6)でF=0となる点では

$$\delta_0 = \left(\frac{4\pi^2 w^2 R}{3K^2}\right)^{1/3} \tag{11}$$

第8章 ポリマー系ナノコンポジットの AFM による弾性率マッピング

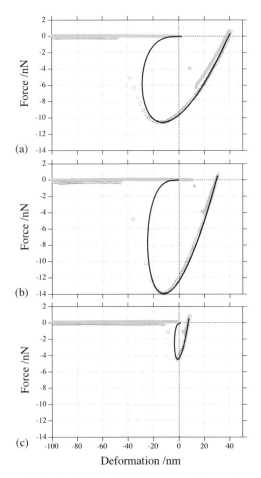

図3 CB 充塡 IR の典型的なフォースカーブ
(a)ゴムマトリックス，(b)界面領域，(c)フィラー

とかけることを利用する。式(8) (10) (11)を用いて

$$K = -\left(\frac{1+16^{1/3}}{3}\right)^{3/2} \frac{F_1}{\sqrt{(\delta_0 - \delta_1)^3 R}} \qquad (12)$$

を得る。F_1, δ_1, δ_0, 従ってフォースカーブ上の最大凝着点 $[\delta_1, F_1]$, ゼロフォース点 $[\delta_0, 0]$ の2点の情報がわかれば式(12)から K ないし E のマップが得られるのである。

図3(b)(c)はそれぞれ界面領域，CB 上のフォースカーブである。界面では試料変形量が少なく（従って K は大きく），凝着力が大きい。ナノコンポジット材料の物性をコントロールするのにマトリックスとなるポリマーとフィラーの界面制御が重要であることは他の章でも繰り返し述べられていると思うが，その制御の効果をこのように直接的に観測できるのがこの AFM ナノメカニカル計測である。この試料の場合は，図1(d)からも明らかなように界面領域の凝着力が大きいという結果を得ているが，異なる調整法ではむしろ界面の凝着力は小さくなることもあ

る[8]。CB上のフォースカーブはマトリックス上とも，界面領域とも大きく異なり，まず凝着力が目立って小さくなる。また試料変形量も明らかに少ない。CBのヤング率はGPaオーダーであるためCB自身をAFM探針で変形させることはできない。ゴムマトリックスという軟らかい海の上に浮かんだ硬い粒子であるから，その粒子を変形させているというよりは周囲も含めた領域を無理やり押し込んでいるというような状況である。したがって，この領域の弾性率は正確なものではない。実際，場所にもよるが図2にも示しているように，10 MPaから100 MPa程度の弾性率が得られることが多い。図2から読み取れる，より重要な帰結は2つある。ひとつめはこの手法では試料変形量がわかるので真の凹凸像を再構成できるということである。この試料はウルトラミクロトームで切片を切り出した残りのブロックの表面である。100 nmをくだる厚みの切片を切り出せる手法であるから凹凸は大きいはずがない。しかし押し込み負荷一定モードで取得しているみかけの凹凸画像には約60 nmの凹凸がある。しかしこれはゴムマトリックス上で約40 nm試料変形しているのが原因であって，その効果を補正すると真の凹凸として20 nm程度の凹凸が得られる。CBを切断することはできないのでこの程度の凹凸が生じることは仕方ないことだと思われる。

もうひとつは界面の厚みとその部分の弾性率がこの手法でわかるということである。マトリックス部分の弾性率はほぼ一定であるが，数十nmにわたって弾性率が変化する領域が存在する。この領域が界面領域である。界面の弾性率は決して一定ではない。フィラーに近づくにつれて大きくなっていく。この結果に対しては2つの解釈があり得る。ひとつは「壁の効果」である。材料のポアソン比にも関連するが，ポアソン比が0.5に近いゴムでは応力伝搬距離は小さくない。その結果，フィラーが存在することをある程度遠い距離から感じることができる。それが数十nmに及ぶ界面形成のひとつの理由であろう。この効果を巨視的な応力ひずみ関係へ繰り込むことができれば，フィラーによる補強メカニズムの理解により進展が見られるはずである。体積効果として知られるGuth-Gold式[9]

$$\frac{E^*}{E} = 1 + 2.5\phi + 14.1\phi^2 \tag{13}$$

は複合材料の弾性率E^*を，ゴムマトリックスの弾性率Eとフィラーの体積分率ϕで記述するものであるが，ϕだけで実際の現象を再現できないことは知られた事実である。そこでいくつかの修正式も提案されているが，その中で

$$\frac{E^*}{E} = 1 + 2.5f\phi + 14.1(f\phi)^2 \tag{14}$$

と置くものがある。$f\phi$はマトリックスゴムがフィラーと強く結合し，フィラーと同等の効果を及ぼすと「みなした」ときの有効体積分率であり，巨視的な応力ひずみ関係に対してはフィッティングパラメータとして取り扱うことができる量である。しかしAFMナノメカニカル計測結果から，界面をそのように単純化することには異論を唱えざるを得ない。界面領域の構成要素はあくまでもポリマーであり，フィラーと同等の弾性率をもっていない。値も一定ではなく，徐々

第 8 章　ポリマー系ナノコンポジットの AFM による弾性率マッピング

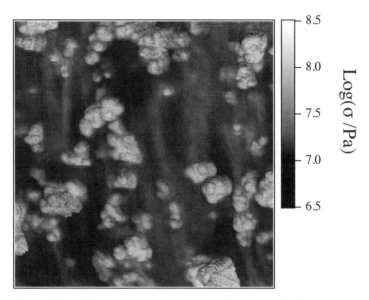

図 4　300% 伸長 50-phr CB 充填 IR の応力分布像。走査範囲は 1.0μm。

にマトリックス弾性率へと接続するものである。そういう実験結果から新たな補強メカニズムの理論がうまれてくることを期待したい。

「壁の効果」の他に，別の可能性を考えることもできる。先にも述べたようにこの領域では凝着力が大きい。おそらく架橋密度も低く，ダングリング鎖も多いのではないだろうか。つまり真の意味で「界面相」とみなしてよい状態になっていることも考えられる。現時点では結論を急ぐことは止めにして，今後のデータの蓄積に判断を任せたい。ひとついえることは，この試料ではフィラー充填量は 10 phr でそれほど多くないため顕著ではないが，実材料のように充填量が 50 phr などという大きな値になってくると，それを AFM で観察すると純粋にゴムマトリックス弾性率を示す部分はほとんどなくなるということである。ナノコンポジット材料の物性制御に界面の理解が如何に重要かは AFM ナノメカニカル計測の結果を見れば一目瞭然である。

伸長下にある試料を同様の方法で観察することもできるのが AFM の利点である[8]。試料空間に余裕が有るため，適当な治具を用意すればそのような観察が可能なのである。伸長 CB 充填 IR に対して行った結果からは非常に示唆に富む結果が得られる。図 4 に 50 phr 配合試料に対する画像を示す。この図は 300% 伸長下にある試料に対するものなので，JKR 理論を適用した同じ解析手順で解析しているのではあるが，もはや弾性率とは呼べず，応力分布図とでも呼ぶべきものになるだろう。未伸長時には見られなかった引張り方向に平行（図では上下方向）な筋状の高応力領域が各所に観察される。明らかにこの部分はもともとはゴムマトリックスであった部分であり，伸長によって不均一性が増大していることがみてとれる。さらに注意深く観察するとこれらの筋が CB を出発点として伸びているようにもみえる。この画像は深堀がスーパーネットワー

ポリマーナノコンポジットの開発と分析技術

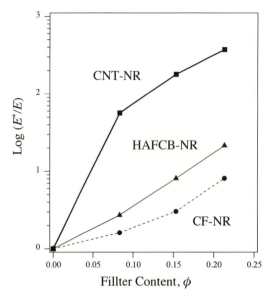

図5 さまざまなフィラーによる補強性の違い

ク構造と呼ぶ構造に大変酷似している[10]。またスケールは少し異なるのかもしれないが，五十野のブリッジフィラー網目にも似ている[11]。これらの概念はそれぞれ巨視的な力学物性計測に基づくものであったが，それが微視的に傍証できた事例がこの図4なのではないかと推察している。

4 実例2 カーボンナノチューブ充填ゴム

図5にさまざまなフィラーを天然ゴム（NR）に添加した際の補強性の違いを示すグラフを示す。中でもカーボンナノチューブ（CNT，平均直径13 nm）とのナノコンポジット材料ではその補強効果は異常なまでに高い。この結果をもとに特殊なシール材も開発されている[12]。図5のCNT充填NRの場合，式(14)に対しては$f=23.5$という値を示す。CNTの擬1次元的な形状効果から式(14)をそのまま利用するのは妥当ではないが，いずれにせよ，これほどまでに大きなfの値が得られるのには式(14)が仮定する「界面の厚み」以上のメカニズムが働いているに違いない。このことを確認するためにAFMナノメカニカル計測を行った[13]。CNT充填率を1, 3, 5, 10, 20, 60 phrと変量して行った。その中で5 phrと60 phrの弾性率像を図6に示す。2.0μmの走査範囲で測定した弾性率像である。前節同様CNTそのものの弾性率の絶対評価は難しいが，コントラストの違いからそれらがCNTであることが判断できる。充填率が増大するのに対応して，画像中のCNT占有率が増大していくのも分かる。またCNTの周りにはNRの弾性率と異なる弾性率をもつ界面領域が存在していることもCBのときと同様である。図からは判断しにくい

第 8 章　ポリマー系ナノコンポジットの AFM による弾性率マッピング

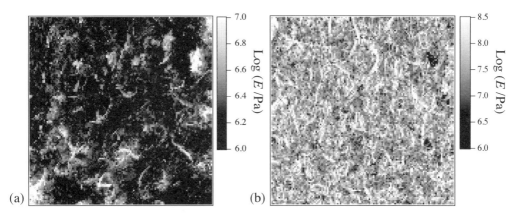

図6　(a) 5-phr CNT 充塡 NR の弾性率像（ログスケール）と
(b) 60-phr CNT 充塡 NR の弾性率像（ログスケール）。走査範囲はどちらも 2.0 μm。

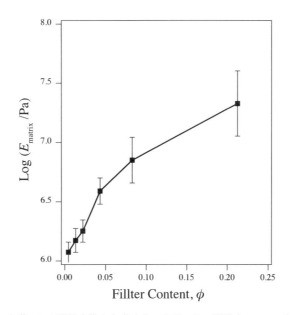

図7　CNT 充塡 NR の弾性率像から求めたマトリックス弾性率の CNT 充塡率依存性

が，拡大図で同様の測定を行って得た界面の厚みはおよそ 10〜20 nm であった。

興味深いことに充塡率の少ない試料（1〜5 phr）で見られた 1〜2 MPa 程度の純粋な NR 相は 10 phr 以上の試料ではほとんど見られなくなる。この傾向は 20，60 phr と充塡率が増えるに従って顕著になり，本質的な変化として 60 phr の試料ではゴム相が CNT およびその周辺の界面領域を壁として完全にセル化していることが分かった。図7に示したのは，それぞれの試料の弾性率像からゴム相のみを抽出，その弾性率をヒストグラム化，それに対してガウス関数でフィットした結果得た，ゴムマトリックス弾性率 E_{matrix} の CNT 充塡率依存性である。エラーは

ガウス関数の半値幅である。この値が CNT 充塡率に対して単調に増大しているのがわかる。対 1 phr（$E_{matrix}=1.19$ MPa）比で 60 phr の試料（$E_{matrix}=21.4$ MPa）は約 18 倍の弾性率を示している。同じ試料に対して行われたパルス法 NMR の結果から見積もられるゴム部分の架橋密度はせいぜい 1.6 倍の変化しか認められなかった。ゴム弾性理論によればゴム部分の弾性率は架橋密度に比例しており，実際 1 phr の試料ではその架橋密度から求まる弾性率は $E\sim 1.1$ MPa と AFM の結果と酷似している。60 phr の試料での大きな違いは我々の AFM ナノメカニカル計測が架橋密度を見ている訳ではなく，局所的な力学物性を，従って補強のメカニズムに直結する現象を見ているためであると考えている。この際，前節同様ゴムのポアソン比が 0.5 である事実が影響していると思われる。すなわちセル化されたゴムでは AFM の測定でも巨視的な引っ張り試験でもその変形様式は単なる一軸伸長ではなく体積弾性率が関与してくるような変形になっているのだろう。その結果，架橋密度だけでは議論できない高い補強効果が生じているのではないかと考えられる。

CNT を樹脂に配合したナノコンポジット材料の AFM ナノメカニカル計測結果も大変興味深い結果を提供することがわかっている。CNT によって樹脂もセル化する。その結果として巨視的な意味ではじん性化に対応する現象がつまびらかにされつつある。

5　まとめ

本章ではポリマー系ナノコンポジット材料に対して行った AFM ナノメカニカル計測の実例を示し，本手法の特徴を示した。ナノメートルスケールの界面の弾性率・凝着エネルギーなどが画像として定量的に示されることによって，材料研究・開発の現場に役立つ知見を与えることができる。なお紙面の都合で割愛せざるを得なかったが，最近では AFM ナノメカニカル計測をさらに発展させ，試料の動的弾性率や粘度などがマッピングできる手法も開発されつつある[14]。それらの新しい手法も含め，AFM ナノメカニカル計測がポリマーナノコンポジットの世界に新しい旋風を巻き起こすことに期待したい。

文　　献

1) 藤波想，中嶋健，産業応用を目指した無機・有機新材料創製のための構造解析技術, pp.200-211, シーエムシー出版（2015）
2) H. Liu, S. Fujinami, D. Wang, K. Nakajima and T. Nishi, "Polymer Morphology: Principles, Characterization, and Processing", pp.317-334, Wiley（2016）
3) W. C. Oliver and G. M. Pharr, *J. Mater. Res.*, **19**, 3（2004）

4) B. V. Derjaguin, V. M. Muller and Yu. P. Toporov, *J. Colloid Interf. Sci.*, **53**, 314 (1975)
5) K. L. Johnson, K. Kendall and A. D. Roberts, *Proc. R. Soc. Lond.*, **A324**, 301 (1971)
6) K. L. Johnson and J. A. Greenwood, *J. Colloid Interf. Sci.*, **192**, 326 (1997)
7) K. Nakajima *et al.*, *Microscopy*, **63**, 193 (2014)
8) 中嶋健, 伊藤万喜子, 梁暁斌, 接着の技術, **35**, 13 (2016)
9) E. Guth, *J. Appl. Phys.*, **16**, 20 (1945)
10) Y. Fukahori, *J. Appl. Polym. Sci.*, **95**, 60 (2005)
11) 五十野善信, 日本ゴム協会誌, **86**, 106 (2013)
12) M. Endo *et al.*, *Adv. Funct. Mater.*, **18**, 3403 (2008)
13) D. Wang *et al.*, *Polymer*, **51**, 2455 (2010)
14) T. Igarashi *et al.*, *Macromolecules*, **46**, 1916 (2013)

第9章　チップ増強ラマン散乱法

尾崎幸洋[*1]，佐藤春実[*2]

1　はじめに

　ラマン分光法はカーボンナノチューブ，グラフェンおよびそれに関連したいろいろなナノ物質の研究に用いられている。その大きな理由の一つは，これらのナノ物質が非常に強いラマン散乱を与えるからである[1,2]。図1はグラフェンのラマンスペクトルである。このスペクトルからわかるように，容易に極めてS/Nのよいラマンスペクトルが得られる。観測されるラマンバンドは限られており，その帰属は，表1に示したようにすでに確立されている。ナノ物質のラマンスペクトルのバンドの波数，強度，線幅からその物質の純度，層数，欠陥，電子状態，分子構造に関する情報が得られる[1,2]。カーボンナノチューブやグラフェンのラマンスペクトル研究はかなり以前から精力的に行われ，多くの総説や成書も出版されている[1,2]。しかしながらナノ物質研究の上でラマン分光法には重要な欠点がある。それはラマン分光法の空間分解能である。顕微ラマン分光器の分解能は光の回折限界を超えられないので，せいぜい500 nm程度である。これはナノ物質を研究するにはいささか不十分である。やはり100-10 nm程度の空間分解能が必要で

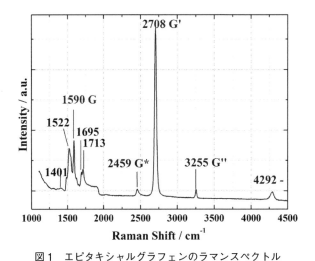

図1　エピタキシャルグラフェンのラマンスペクトル

＊1　Yukihiro Ozaki　関西学院大学　理工学部　教授
＊2　Harumi Sato　神戸大学大学院　人間発達環境学研究科　准教授

第9章 チップ増強ラマン散乱法

表1 グラフェンのラマンバンドの帰属
SiC は基板の SiC によるラマンバンド

Raman Shift [cm^{-1}]	Assignment
1401, 1522	SiC
1590	G
1695, 1713	SiC
2459	G* (LA+iTO)
2708	G'
3255	G'' (2LO)
4292	―

ある。そこで最近注目されているのが，チップ増強ラマン散乱（Tip-enhanced Raman scattering ; TERS）法である[3〜8]。

2 TERS の特徴

TERS では原子間力顕微鏡（AFM）等に使われるナノメートルオーダーの探針先端を，増強電場の発生源に使うことで，サンプルの任意の場所の微小空間からのラマンスペクトルを非常に高感度に測定することができる。TERS は SERS（表面増強ラマン散乱；Surface-enhanced Raman scattering）が持つ長所と SPM（走査プローブ顕微鏡）が持つ長所を併せ持つ[3〜8]。

SERS は，金属ナノ構造体近傍でラマン散乱が 10^4-10^{14} 倍程度増強される現象を言う。金や銀などの金属ナノ構造体にレーザー光を照射すると，金属表面の自由電子が集団振動を起こし，局在表面プラズモン共鳴（localized surface plasmon resonance）が発生する[9,10]。

このプラズモン共鳴により，金属ナノ粒子近傍には非常に強い増強電場が発生する。この増強電場内に分子が存在すると，その分子から極めて強いラマン散乱が観測される[6〜8]。一般に SERS では金属ナノ粒子，または金属ナノ構造体をもつ基板が用いられるが，この方法ではラマン散乱を測定する場所のコントロールが難しく，測定点を任意に選んで測定を行うことは困難である。そこで SPM と SERS の手法を組み合わせ，ラマン散乱を増強する場所をコントロールする方法が開発された，それが TERS である[3〜8]。TERS は SPM に使われるカンチレバーや金属ナノ探針に金や銀を用いて，その先端で増強ラマンを測定しようというものである。

TERS には，以下のような特徴，利点がある。
(1) 高い感度
SERS と同様に，通常のラマン散乱よりもはるかに高い感度を持つ。ギャップモードを用いた単一分子の TERS 測定例も報告されている。
(2) 高い空間分解能
TERS の空間分解能はチップの先端半径によって決まる。そのためチップの工夫によって光の回折限界を超えた，1 nm に迫る空間分解能が達成可能である。
(3) イメージング測定
TERS は，チップを走査して測定することで非常に分解能の高いイメージング測定が可能である。SPM と同時に測定していくことも可能であり，測定対象の形状や物理的特性のイメージングと TERS イメージングの同時測定も可能である。

TERS は，チップ近傍の数 nm〜10 数 nm 程度の範囲からの増強ラマンを測定するので，ナノ物質のほかに，TERS は蛋白質などの単分子や微小物質の測定，生体膜や単分子膜の測定などに

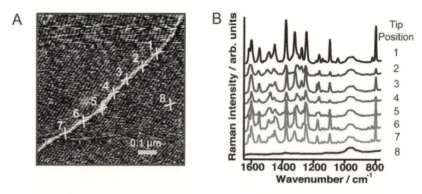

図2 RNAの(A)AFMイメージと(B)各点のTERSスペクトル（文献3より）

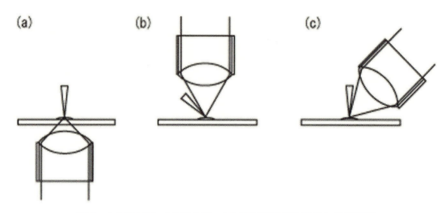

図3 (a)倒立型, (b)正立型, (c)斜め照射型のTERS光学配置

威力を発揮する。ただし，バルクの物質や細胞の場合，試料のごく表面のみを測定することになり，内部を測定することはできない。

TERSの威力の例を示そう。図2はRNAの(A)AFMイメージと(B)各点のTERSスペクトルである[3]。この研究例から明らかなように，TERSはRNAの部分構造を見事にとらえている。

3 TERS装置とチップの特性[8]

3.1 TERS装置の光学配置とその特性

TERS装置は顕微ラマン装置のサンプルステージ部位に，SPMを設置した構成になっている。TERS装置の光学配置は，用いる顕微ラマン装置の光学配置と，SPMの配置によって(a)倒立型，(b)正立型，(c)斜め照射型の光学配置に分けられる（図3）[8]。倒立型では高い開口度のレンズを用いた非常に高感度な測定が可能になる。また，光の照射方向とラマン散乱光の集光方向はチップの位置と逆の面になるため，チップによって光がさえぎられる影響を考える必要がない（図3

(a))。しかし，その構造上透明なサンプル，厚みが薄いサンプルでなければ測定が難しいという欠点がある。正立型TERS装置は正立型顕微鏡を用いて，サンプルのななめ上方からチップを接近させ，上から励起光を照射してTERSを測定する方法である（図3(b)）。正立型は不透明なサンプルも測定可能であるため，応用範囲は倒立型より広い。また，倒立型の装置に比べて，大きく複雑な表面形状を持つサンプルも容易に測定できる。一方，正立型ではサンプルとレンズの間にチップを設置しなくてはならないので，長い作動距離を持つレンズを用いる必要があり，高い開口度を持つレンズを使用できず，倒立型に比べて感度が劣るという欠点がある。

正立型のTERS装置では主に不透明な固体やポリマーなどの測定が試みられている。また，基板に金や銀を使うことで，チップと基板の間でナノギャップを作り増強度を高めるギャップモードの測定にもよく用いられる。斜め照射型TERS装置は，チップの影がシグナルに影響を与えないようにサンプルに対して斜めに対物レンズを配置するタイプの装置である（図3(c)）。斜め照射型では正立型と同様に不透明なサンプルや大きなサンプルのTERS測定が可能である。また，チップの影の影響が正立型に比べて少なく，サンプルに垂直に針を配置しても測定できるという利点があるため，不透明なサンプルを測定する際に比較的多く利用されている。

3.2 チップの作製法[8]

TERSでは感度，空間分解能などにおいてチップが非常に大きな役割を果たす。したがってどのようなチップを用いるかが，TERS測定のカギとなる。チップの素材としては銀と金が用いられる。銀は増強度は高いが，安定性が低い。それに対して金は安定性が高いが増強度は銀に比べて低いといわれている。いずれを用いる場合も金属の局在表面プラズモンに合わせたレーザーの波長を使う必要がある。銀の場合は514.5, 532 nmが，金の場合は633や785 nmなどがよく用いられる。

チップの作り方には大きく分けて二種類の方法がある。一つは，すでにあるAFMのカンチレバーやSPMの探針に真空蒸着やスパッタリングで金や銀の薄膜をコーティングする方法である。もう一つのチップ作製方法は，金や銀の細線を化学研磨で微細化する方法である。

3.3 測定装置

図4に筆者らが用いたTERS装置の模式図を示す。反射型の光学設計により，不透明なサンプルもダイレクトに測定可能である。非接触モードのAFMを用いているので，接触による針の劣化が少ない。用いた測定条件は以下のとおりである。

レーザー波長；Arレーザー，514.5 nm, 488 nm
長作動距離対物レンズ；45倍，90倍
AFMコントロール；シェアフォース型非接触モード
TERSプローブ；電解研磨タングステン針＋銀コーティング
（UNISOKU製，先端半径50-100 nm）

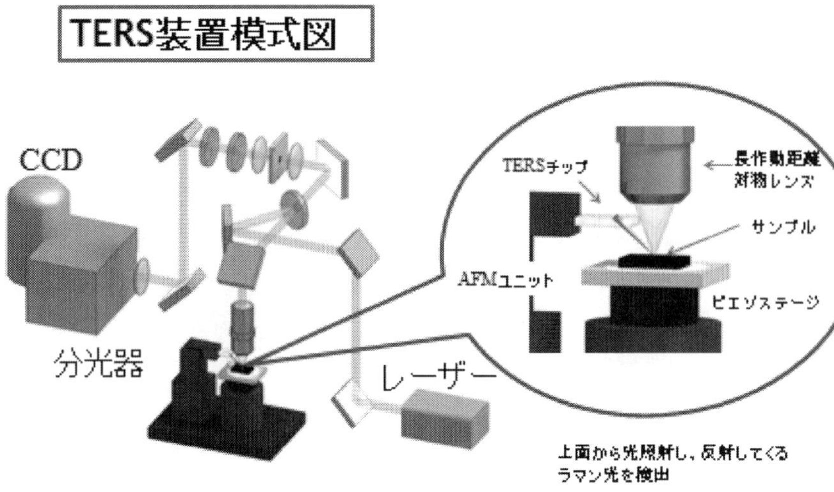

図4 TERS装置の一例

空間分解能；50-100 nm

4 TERSによるポリマーナノコンポジットの研究

　ポリマーナノコンポジットの物性改善には一般に，ポリマー・フィラー間の界面における相互作用とそれに伴う構造変化が重要と考えられている。しかし，ポリマー・フィラー界面は非常に小さい領域で，通常のラマンスペクトル測定では界面を選択的に研究することはできない。図5はポリマーナノコンポジットを通常のラマン散乱とTERSで測定した場合を比較したものである。ラマンでは平均化したスペクトルを見てしまう。一方，TERSはナノメートルオーダーの空間分解能を持つため，ナノコンポジット界面からのスペクトルを選択的に測定することが可能である。顕微ラマンスペクトルの測定条件は一般に，空間分解能　約1μm，検出深さ　約1μm程度である。一方，TERSの測定条件は一般に，空間分解能　約50-100 nm，検出深さ＜10 nmである。

4.1　TERSによるポリマーナノコンポジットの研究例1[13]

　図6(a)(b)(c)は，スチレンブタジエンゴム（SBR）に，多層カーボンナノチューブ（multiwall carbon nanotubes；MWCNTs）を1 phr（per hundred rubber；ポリマー全重量に対するフィラーの%）添加したSBR/MWCNTsナノコンポジットのラマンスペクトル，MWCNTsのラマンスペクトル，SBRのラマンスペクトルを比較したものである[13]。(a)のSBR/MWCNTsのラマンスペクトルは，ほとんど(b)のMWCNTsのラマンスペクトルと(c)のSBRのラマンスペクトルの重ね合わせとなっている。表2はSBR/MWCNTsのラマンスペクトルの帰属をまとめた

第9章　チップ増強ラマン散乱法

図5(a)　顕微ラマン分光装置でポリマーナノコンポジットを研究する場合の模式図

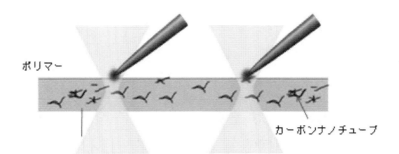

図5(b)　TERS装置でポリマーナノコンポジットを研究する場合の模式図

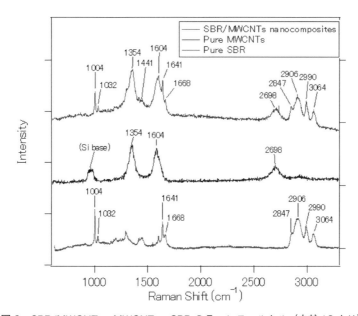

図6　SBR/MWCNTs, MWCNTs, SBRのラマンスペクトル（文献13より）

図7はSBR/MWCNT（1 phr）ナノコンポジットの各測定点におけるラマンスペクトルの変化を示したものである[13]。場所を変えてもスペクトルに大きな変化はないことが分かる。目立ったピークのシフトやバンド強度の変化なども観測されなかった。図8は，図7と同じ点で測定したTERSスペクトルである。ラマンスペクトルの場合と異なり，各スペクトルが場所により，大きく変化した。興味深いことに場所(1)～(5)ではカーボンナノチューブのバンドが強く現れ，一方場所(6)～(8)ではフィラーのバンドが大方である。

この結果は，TERSの高い空間分解能によって，カーボンナノチューブが存在する個所と，カーボンナノチューブが存在しない個所をはっきりと分けて測定ができることを示している。

図9は(3)と(7)のTERSスペクトルを拡大して示したものである[13]。両者を比較すると，3000 cm^{-1}付近のスペクトル形

表2 SBR/MWCNTsのラマンスペクトルの帰属とSBRの化学構造（文献13より）

1004	phenyl（SBR）
1032	phenyl（SBR）
1354	D-band（CNT）
1604	G-band（CNT）+
1641	phenyl（SBR）
1668	Cis C=C（SBR）
	Trans C=C（SBR）
2698	Overtone CNT
2847	
2906	Aliphatic C-H（SBR）
2990	vinyl（SBR）
3064	Aromatic C-H

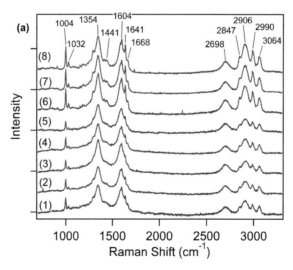

図7 SBR/MWCNTsのラマンスペクトルの場所依存性（文献13より）

第9章 チップ増強ラマン散乱法

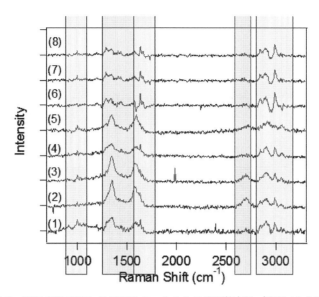

図8 SBR/MWCNTs の TERS スペクトルの場所依存性（文献13より）

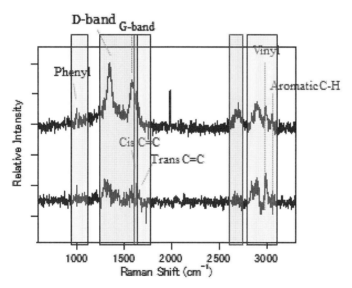

図9 TERS スペクトルの場所依存性
図8の(3), (7)のスペクトルの拡大図（文献13より）

状に顕著な変化が見られる。カーボンナノチューブが存在しない領域のスペクトル（スペクトル(7)）では、ビニル基の振動に帰属される 2990 cm^{-1} のピークが通常のラマンに比べて強く増強されているのに対して、3064 cm^{-1} のフェニル基の振動によるピークは増強されていない。一方、カーボンナノチューブのシグナルが観測されるスペクトル（スペクトル(3)）では、2990 cm^{-1}

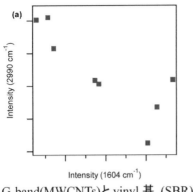
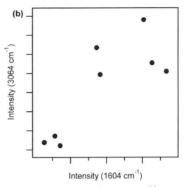

G-band(MWCNTs)とvinyl基 (SBR)の
シグナル強度のプロット

G-band(MWCNTs)とphenyl基 (SBR)の
シグナル強度のプロット

図10　TERSシグナルのピーク強度の比較（文献13より）

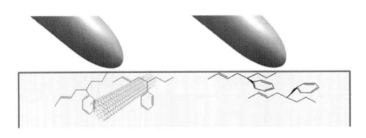

フィラー近傍　　ポリマーのみの部位

図11　SBR/MWCNTsの界面における相互作用の模式図（文献13より）

のビニル基のバンドも 3064 cm^{-1} のフェニル基のバンドもはっきりと観測された。図10は(1)〜(8)の点で測定された TERS スペクトルについて，ビニル基のバンド（2990 cm^{-1}）とフェニル基のバンド（3064 cm^{-1}）の強度をそれぞれカーボンナノチューブのGバンド（1604 cm^{-1}）の強度に対してプロットした結果である。フェニル基のバンドはGバンドが強くなるにしたがって強くなり，逆にビニル基のバンドは弱くなった。この変化は，チップに対して高分子鎖がどのような配向をとっているかに影響していると考えられる。すなわち，カーボンナノチューブ近傍ではポリマーのフェニル基とカーボンナノチューブの間でπ－π相互作用が起こり，カーボンナノチューブに沿うような形でフェニル基の配向が変化する。そのことで，ポリマー鎖中のフェニル基や二重結合のチップに対する配向が変化し，シグナル強度に変化が表れたものと考えられる（図11）[13]。

4.2　TERSによるポリマーナノコンポジットの研究例2[12]

第 9 章 チップ増強ラマン散乱法

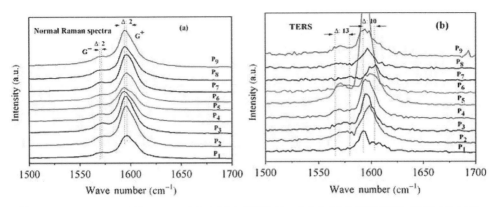

図12 SWCNTs/PS のラマンスペクトル(a)と TERS スペクトル(b)の場所依存性（文献 12 より）

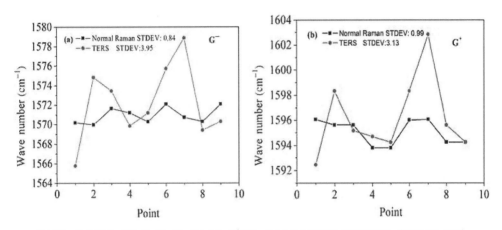

図13 SWCNTs/PS の G^- バンド(a)と G^+ バンド(b)の振動数の場所依存性（文献 12 より）

Yan ら[12] SWCNT（Single-Wall Carbon Nanotube）とポリスチレン（PS）からなるポリマーナノコンポジットについて TERS を用いて研究した。図 12(a)，(b)は 0.5 wt % SWCNT/PS ナノコンポジットの各点 P_1，P_2–P_9 におけるラマンスペクトル(a)と TERS スペクトル(b)を比較したものである[12]。ここに観測されているのは G^+（～1600 cm^{-1}）と G^-（～1570 cm^{-1}）バンドである。ラマンスペクトルはほとんど場所依存性を示さなかった。一方 TERS スペクトルは大きな場所依存性を示している。図 13(a)，(b)は G^- と G^+ バンドの振動数の場所依存性を示している。図 13(a)，(b)の結果から Yan ら[12] は G バンドのシフトは PS マトリックス中の SWCNTs の分布と PS マトリックスからの場所に依存する機械的圧縮によると結論した。この研究もやはりポリマーナノコンポジット研究における TERS 法の重要性を示すものである。

5 終わりに

本稿では，TERSの利点，特徴，装置の構成，チップの作製方法などTERSの基礎とポリマーナノコンポジットの応用について解説した。TERSは高い空間分解能と高い感度を持つ非常に魅力的な分光法である。TERSはSPMとの同時測定により，分子の配向や相互作用など分光でしか得られない情報と測定対象の形状の情報を同時に測定できる。ポリマーナノコンポジットの研究にはまさにうってつけの方法で今後この分野の一般的研究方法となりえる。

文　献

1) A. Jorio, M. S. Dresselhaus, Raman Spectroscopy in Graphene Related Systems, Wiley-VCH (2011)
2) S.-L. Zhang, Raman Spectroscopy and its Application in Nanostructures, Wiley (2012)
3) E. Bailo, V. Deckert, *Chem. Soc. Rev.*, **37**, 921-930 (2008)
4) A. Tarun, N. Hayazawa, S. Kawata, *Anal. Bioanal. Chem.*, **394**, 1775-1785 (2009)
5) J. Stadler, T. Schmid, R. Zenobi, *Nanoscale*, **4**, 1856-1870 (2012)
6) J. Wessel, *J. Opt. Soc. Am. B: Opt. Phys.*, **2**, 1538-1541 (1985)
7) N. Hayazawa, Y. Inouye, Z. Sekkat, S. Kawata, *Opt. Commun.*, **183**, 333-336 (2000)
8) 鈴木利明，尾崎幸洋，"チップ増強ラマン散乱-原理と応用"山田淳編著，プラズモンナノ材料開発の最前線と応用，シーエムシー出版 (2013)
9) R. Aroca, "Surface-enhanced Vibrational Spectroscopy" John Wiley & Sons Ltd. (2006)
10) Y. Ozaki, K. Kneipp, R. Aroca eds., "Frontiers of Surface-Enhanced Raman Scattering: Single-Nanoparticles and Single Cells", Wiley (2014)
11) X. Yan, H. Sato, and Y. Ozaki, "Raman and tip-enhanced Raman scattering spectroscopy studies of polymer nanocomposites" in Spectroscopy of Polymer Nanocomposites, ed. by S. Thomas, p. 88, Elsevier (2016)
12) X. Yan, T. Suzuki, Y. Kitahama, H. Sato, T. Itoh, and Y. Ozaki, *Phys. Chem. Chem. Phys.* **15**, 20618 (2013)
13) T. Suzuki, X. Yan, Y. Kitahama, H. Sato, T. Itoh, T. Miura, and Y. Ozaki, *J. Phys. Chem. C*, **117**, 1435 (2013)

第Ⅲ編

応　用

第10章　高屈折率透明ナノコンポジット薄膜

長尾大輔[*]

1　はじめに

　無機ナノ粒子とポリマーから成る高屈折率ナノコンポジットは近年，発光素子から光を高効率で取り出すための封止剤を始め，透明性と加工性がともに求められるフレキシブルな光学デバイスへの利用が進んでいる。透明な有機ポリマーに屈折率の高い無機ナノ粒子を凝集させることなく均一分散させることができれば，ポリマーの透明性を損なうことなく屈折率を高めることが可能となる。

　ポリマー充填材としてはチタニア[1]，ジルコニア[2]等，様々な種類のナノ粒子が検討されているが，我々は主にチタン酸バリウム（BT）のナノ粒子を高屈折率フィラーとして利用してきた。BTナノ粒子をフィラーとして用いる最大の利点は，ナノコンポジット薄膜の屈折率とともに，誘電率も高められる点にある[3〜5]。このため，最近ではトランジスタやメモリ素子に用いられる絶縁膜としてのBTナノコンポジット膜の利用が検討され始めている[6]。BTナノ粒子をフィラーとすることのもう一つの利点は，チタニア（TiO_2）に見られるような強い光触媒作用がなく，紫外領域を含む光に晒される環境でもポリマー劣化の懸念がないことにある。本稿では初めにゾル-ゲル法を利用したBTナノ粒子の液相合成法を紹介し，その後でBTナノコンポジット薄膜の作製法について述べることにする。

2　ゾル-ゲル法による結晶性BTナノ粒子の合成

　当研究グループでは長年にわたり，ゾル-ゲル法を利用して結晶性BTナノ粒子を合成してきた。本法はアルコールを主溶媒として用いており，比較的低い温度（40〜70℃）でも結晶性のBTナノ粒子を合成することができる[7,8]。アルコール溶媒種がナノ粒子の結晶性に及ぼす影響についても検討しており，アルキル鎖の短いアルコール溶媒中で合成したBTナノ粒子は長鎖アルキルの場合より結晶性が高いことを明らかにしている[8]。この優れた結晶性にはBTナノ粒子に残留する有機物量が少ないことが強く関与していることも合わせて示した。

　Tetraethylorthotitanate（TEOT）と金属バリウムから調製したBa-Ti複合アルコキシドを出発原料として作製したBTナノ粒子の電子顕微鏡（TEM）像を図1に示す。このナノ粒子は，2-メトキシエタノール中で加水分解・縮合させて調製した例であり[7]，その粒子径は約20 nm

---

　[*]　Daisuke Nagao　東北大学　大学院工学研究科　教授

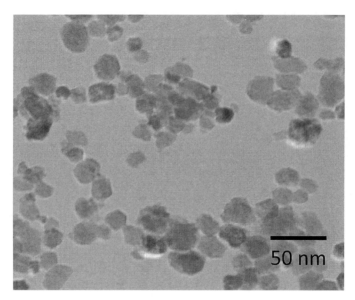

図1　2-メトキシエタノール中で合成したBTナノ粒子

である。TEM 像に示すように本手法では比較的大きさの揃ったナノ粒子が得られる。本粒子をX線回折で評価したところ，合成粒子は結晶子径 16 nm の BT で構成されており，本手法で調製した BT ナノ粒子の多くが，単結晶に近い状態で生成することがわかる。

　2-メトキシエタノールで調製した BT ナノ粒子は液中分散安定性に優れており，得られた BT ナノ粒子の表面を種々の分子で修飾することができる。例えば 3-methacryloxypropyltrimethoxysilane (MPTMS) で BT ナノ粒子を表面修飾すると，合成に用いた 2-メトキシエタノール中だけでなく，種々の高分子の溶剤になり得る N-メチル-2-ピロリドン（NMP）中にも良好に分散するようになる[9]。NMP 中におけるナノ粒子の分散粒径を動的光散乱で評価したところ，表面修飾しない BT ナノ粒子の分散粒径が 100 nm 以上であったが，MPTMS で表面修飾した BT ナノ粒子では 50〜60 nm 程度であり，ナノ粒子を表面修飾することで分散粒径を大幅に小さくできる。ナノ粒子とポリマーの複合化過程では，多くの場合，ポリマーの溶剤に対して如何にナノ粒子を均一に分散するかということが克服すべき課題となるが，合成した BT ナノ粒子（図1）は溶剤中での分散性という点で他の手法より優れる。

3　ポリマーとの複合化のための BT ナノ粒子表面修飾

　ポリマー中に無機ナノ粒子が均一に分散したナノコンポジット膜を作製するため，これまで様々な手法が検討されてきた。それらの手法を大別すると以下のようになる。

（1）　あらかじめ調製しておいた無機ナノ粒子をポリマーと混ぜ合わせる手法（ブレンド法）

第10章　高屈折率透明ナノコンポジット薄膜

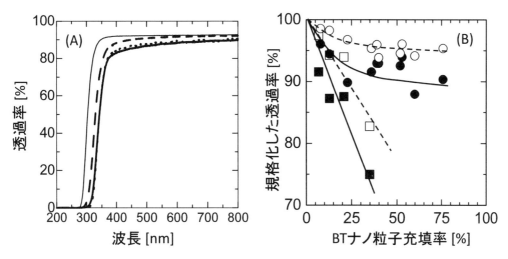

図2　PMMA ナノコンポジット薄膜の透過率
(A)MPTMS 修飾 BT ナノ粒子を用いたナノコンポジット薄膜の透過スペクトル。細実線：0 vol%，破線：8 vol%，点線：35 vol%，太実線：76 vol%。(B)ナノ粒子充填なしの透過率で規格化した波長 400 nm と 633 nm における透過率。MPTMS 修飾 BT ナノ粒子：400 nm (●)，633 nm (○)。未修飾ナノ粒子：400 nm (■)，633 nm (□)。

(2)　無機ナノ粒子共存下でモノマーを重合する手法 (in situ 重合法)
(3)　ポリマー共存下で無機ナノ粒子を発生させる手法 (in situ 合成法)

　いずれの手法においてもナノ粒子との複合化により薄膜の屈折率を高めることができるが，ナノ粒子充填により高められる屈折率の増大幅は，充填するナノ粒子の種類（粒径や形状）やナノ粒子の充填状態によって大きく変わってくる。当研究グループでは，ナノ粒子の粒径制御性という観点から，手法 (1) と (2) について主に検討してきた。本章では初めに手法 (1) で作製した BT ナノコンポジット薄膜について示す。本章後半では，手法 (2) について検討した結果を中心に紹介することにする。

3.1　ポリメタクリル酸メチルと BT ナノ粒子のナノコンポジット薄膜

　我々が初めに取り組んだのは，高い透明性を有するポリメタクリル酸メチル（PMMA）への BT ナノ粒子均一分散である[9]。PMMA 膜中でのナノ粒子分散性を高めるため，ゾル-ゲル法で作製した BT ナノ粒子を前述の MPTMS 分子で表面修飾した。MPTMS 分子にはメタクリロイル基があり，PMMA のモノマーと類似構造を有することから PMMA に対して高い親和性を期待できる。MPTMS 修飾 BT ナノ粒子をブレンド法により PMMA と複合化して得られるナノコンポジット薄膜の光透過スペクトルを図2(A)に示す。可視光領域では，BT ナノ粒子添加による透過率低下は小さく，高充填率まで高い透過性を示すことがわかる。波長 400 nm と 633 nm における透過率をナノ粒子充填率に対してプロットした結果を図2(B)に示す。図中には

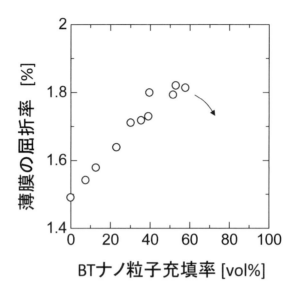

図3 PMMAナノコンポジット薄膜の屈折率
（測定波長：633 nm）

比較として，未修飾のBTナノ粒子の透過率を合わせて示した。この図から，ナノ粒子充填による光透過率の低下は，MPTMS修飾によって大幅に抑制できることがわかる。BTナノ粒子充填による薄膜の屈折率変化を図3に示す。ナノ粒子充填率が53 vol%のとき最大の屈折率1.82を示し，それ以上のナノ粒子を充填するとナノコンポジット膜の屈折率は低下した。

粒子分散系のポリマー溶液では一般に，枯渇効果によりポリマー鎖が粒子の間隙に侵入しにくくなる。この効果は粒子径が小さくなってポリマー鎖の拡がりに近づくほど顕著になると予想される。ポリマー鎖が粒子間隙から排除された形で溶媒が乾燥すれば，粒子サイズより小さな空隙が生じやすくなる。大幅な透過率低下が見られなかったナノ粒子充填領域（図2）において，大きく屈折率が低下したのはこのような空隙生成によるものと考えられる。

図4にPMMAナノコンポジット薄膜の誘電率と誘電損失を示す。周波数10 kHzで測定した薄膜の誘電率は，ナノ粒子充填に対して顕著に増大し，充填率53 vol%では38に達した。一方，誘電損失は5%以下を維持しており，誘電膜としても優れた性質を示した。

ブレンド法によるナノコンポジット薄膜作製に関しては最近，フッ素系シランカップリング剤（fluoroalkylsilane）で表面修飾したBTナノ粒子をポリフッ化ビニリデン（PVDF）と複合化したナノコンポジット薄膜を作製した[5]。BTナノ粒子とPVDFとの組み合わせでは誘電率44（10 kHz）を達成しており，誘電性に優れる透明ナノコンポジット薄膜が得られている。

第 10 章　高屈折率透明ナノコンポジット薄膜

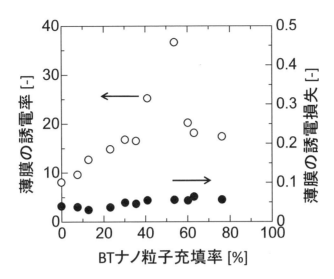

図 4　PMMA ナノコンポジット薄膜の誘電率（○）と誘電損失（●）

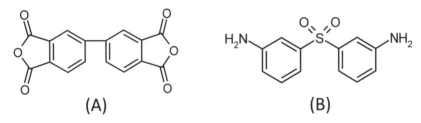

図 5　ポリアミド酸合成に用いたテトラカルボン酸二無水物(A)とジアミン(B)の化学構造

3.2　ポリイミドと BT ナノ粒子のナノコンポジット薄膜

　ポリイミドとの複合化においては，BT ナノ粒子とポリイミドの前駆体であるポリアミド酸とをブレンドしてナノコンポジット薄膜を作製した[10]。ポリアミド酸は，テトラカルボン酸二無水物（具体的には 3,4:3',4'-biphenyltetracarboxylic dianhydride, 図 5(A)）とジアミン（具体的には bis（3-aminophenyl）sulfone, 図 5(B)）を NMP 中（室温）で 15 時間反応させることで調製した。BT ナノ粒子にはポリアミド酸との親和性を高めるため，ポリイミド骨格に類似の構造をもつ修飾分子で BT ナノ粒子表面を修飾した。この表面修飾は 2 段プロセスで行った。初めにゾル - ゲル反応を利用して aminopropyltrimethoxysilane を BT ナノ粒子表面に導入する。次いで，粒子表面に導入されたアミノ基に無水フタル酸を付加反応させる。その際，無水フタル酸とともにピリジンも添加し，脱水環化させることで化学的なイミド化を進行させた。この 2 段階操作により N-propylphtalimide を Si 原子に結合させた。この表面修飾粒子を以後，NPPI 修飾 BT ナノ粒子と記す。

　NPPI 修飾 BT ナノ粒子とポリアミド酸を混合した溶液を成膜し，その後，熱処理したところ，

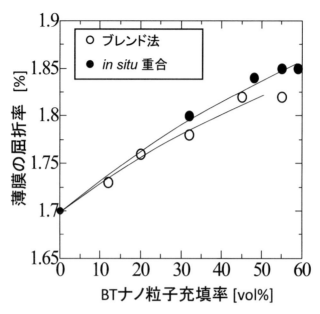

図6 ポリイミドナノコンポジット薄膜の屈折率
（測定波長：633 nm）

ナノ粒子の凝集をほとんど含まない透明なナノコンポジット薄膜が得られた。図6に，NPPI修飾BTナノ粒子とポリイミドの複合化によって得られるナノコンポジット薄膜の屈折率（測定波長：633 nm）を示す。NPPI修飾BTナノ粒子を加えなかったポリイミドのみの屈折率は1.7であるのに対し，NPPI修飾BTナノ粒子をブレンド法で45 vol%添加したナノコンポジット薄膜の屈折率は1.82まで増大した[10]。しかし，それ以上ナノ粒子を充填しても，薄膜の屈折率を高めることはできなかった。BTを高充填しても屈折率が増大しなかった要因としては，ポリアミド酸溶液の高い粘度が挙げられる。PMMAナノコンポジット薄膜の作製と同様，コンポジット薄膜内でBTナノ粒子が形成する空隙にポリアミド酸が十分に浸入できなかった可能性が考えられる。

そこでBTナノ粒子間に生じる空隙形成を抑制するため，モノマーであるテトラカルボン酸二無水物とジアミンをNPPI修飾BTナノ粒子共存下で重合（in situ重合）してナノコンポジット薄膜を作製した[10, 11]。図6に示すように，in situ重合により作製したナノコンポジット薄膜の屈折率はブレンド法で作製した薄膜より高く，その屈折率はBT充填率59 vol%において1.85に達した[10]。このときのナノコンポジット薄膜の誘電率は37となり，優れた誘電特性も得られることを確認した。このようにBTとポリイミドという同じ組み合わせでも，複合化プロセスを変えることでナノコンポジット薄膜の屈折率をさらに高められる場合もある。

ポリイミドは代表的な耐熱性ポリマーとして知られているが，当研究グループでは最近，別の耐熱性ポリマーとBTナノ粒子を複合化した高屈折率ナノコンポジット薄膜の作製も検討し

第10章 高屈折率透明ナノコンポジット薄膜

た[12]。検討したのは分子内に芳香族環とシアノ基（-CN）を有するポリマーであり，5%重量減少温度が500℃以上の耐熱性ポリマーである。このポリマーとの複合化に際しては，BTナノ粒子表面を2種類の分子で修飾した。一つはCyanobenzylphosphonateであり，耐熱性ポリマーとの親和性を高めるための修飾分子。もう一つはFluoroalkylsilaneであり，溶剤NMP中でのナノ粒子分散性を高めるために修飾した。2種分子で表面修飾したBTナノ粒子をブレンド法で耐熱性ポリマーと複合化したところ，屈折率1.88の高屈折率耐熱ナノコンポジット薄膜を作製することにも成功した。

4 まとめ

ゾル－ゲル法で作製した結晶性BTナノ粒子をフィラーとして用いたナノコンポジット薄膜の作製法を説明してきた。ポリマーへのナノ粒子の均一分散にはナノ粒子の表面修飾が極めて重要になるが，ポリマー分子は勿論であるが，ポリマーの溶剤分子に対しても親和性が高まるような表面修飾分子を適切に選定することが特に重要である。フィラーの大きさがさらに微小化すれば，均一分散のために使われる表面修飾分子の量も必然と増えてくる。今後のナノコンポジット材料開発においては，如何に少ないフィラーで，あるいは如何に少ない表面修飾剤で求める特性を引き出すかがカギとなる。一種のポリマーに複数種のフィラーを充填する場合[13]も今後は想定され，各フィラーの空間的な配置を精密に制御できるナノコンポジット薄膜の作製法も求められるようになるであろう。

文　献

1) C. L. Tsai, H. J. Yen, W. C. Chen, G. S. Liou, "Novel solution-processable optically isotropic colorless polyimidothioethers – TiO$_2$ hybrids with tunable refractive index" *Journal of Materials Chemistry*, **22**, 17236-17244 (2012)
2) C. L. Tsai, G. S. Liou, "Highly transparent and flexible polyimide/ZrO$_2$ nanocomposite optical films with a tunable refractive index and Abbe number" *Chemical. Communications*, **51**, 13523-13526 (2015)
3) Y. Kobayashi, A. Kurosawa, D. Nagao, M. Konno, "Fabrication of barium titanate nanoparticles-polymethylmethacrylate composite films and their dielectric properties", *Polymer Engineering & Science*, **49**, 1069-1075 (2009)
4) Y. Kobayashi, A. Kurosawa, D. Nagao, M. Konno, "Fabrication of barium titanate nanoparticles-epoxy resin composite films and their dielectric properties", *Polymer Composites*, **31**, 1179-1183 (2010)

5) N. Kamezawa, D. Nagao, H. Ishii, M. Konno, "Transparent, highly dielectric poly (vinylidene fluoride) nanocomposite film homogeneously incorporating $BaTiO_3$ nanoparticles with fluoroalkylsilane surface modifier" *European Polymer Journal*, **66**, 528-532 (2015)

6) Y. Y. Yu, C. L. Liu, Y. C. Chen, Y.-C. Chiu, W. C. Chen, "Tunable dielectric constant of polyimide-barium titanate nanocomposite materials as the gate dielectrics for organic thin film transistor applications" *RSC Advances*, **4**, 62132-62139 (2014)

7) Y. Kobayashi, H. Saito, T. Kinoshita, D. Nagao, M. Konno, "Low temperature-fabrication of barium titanate hybrid films and their dielectric properties", *Thin Solid Films*, **519**, 1971-1975 (2011)

8) Y. Kobayashi, T. Tanase, D. Nagao, M. Konno, "Influence of different parameters on the particle and crystallite sizes of barium titanate prepared by an alkoxide sol-gel method", *Journal of the Ceramic Society of Japan*, **115**, 661-666 (2007)

9) D. Nagao, T. Kinoshita, A. Watanabe, M. Konno, "Fabrication of highly refractive, transparent $BaTiO_3$/PMMA composite films with high permittivities", *Polymer International*, **60**, 1180-1184 (2011)

10) K. Abe, D. Nagao, A. Watanabe, M. Konno, "Fabrication of highly refractive, barium titanate-incorporated polyimide nanocomposite films with high permittivity and thermal stability", *Polymer International*, **62**, 141-145 (2013)

11) K. Abe, D. Nagao, M. Konno, "Fabrication of highly refractive $BaTiO_3$ nanocomposite films using heat resistant polymer as matrix", *European Polymer Journal*, **49**, 3455-3459 (2013)

12) N. Kamezawa, D. Nagao, H. Ishii, M. Konno, "Fabrication of highly refractive, heat-resistive barium titanate nanocomposite films using a blending route", *Materials Today Communications*, **4**, 233-237 (2015)

13) T. Kanamori, Y. Han, D. Nagao, N. Kamezawa, H. Ishii, M. Konno, "Luminescence enhancement of ZnO-poly (methylmethacrylate) nanocomposite films by incorporation of crystalline $BaTiO_3$ nanoparticles", *Materials Science Engineering B*, **211**, 173-177 (2016)

第11章　電磁波吸収材料のナノコンポジット技術

日髙貴志夫[*1]，吉本尚起[*2]

　半導体実装技術として，破砕シリカをエポキシ樹脂と複合化したコンポジット材料は古くから実用化されている。材料の高機能化へのニーズは年々高まっており，最近ではナノレベルまで微細化することによって，さらなる高機能化を研究する動きがある。本稿では，「フィラー」として電磁波吸収する磁性材料を，高ストレスをかけた樹脂混練でも均一分散されるフィラー成型プロセスの一端を紹介し，その新たな可能性を引き出す技術開発について述べる。また，電磁波吸収性能を評価するために必要な設備について紹介する。

1　はじめに

　半導体の実装用のエポキシ樹脂はその強度および耐熱性を高めるため，破砕シリカを混練してきた。その強度は原則的に複合則に従うため，シリカ添加量を増加することで高強度・耐熱性を向上させてきた。

　電磁波吸収材料はノイズ抑制材料に分類されることが多く，シールド材料とは区別して用いられてきた。しかし，通信の高速化に対する要求は年々増加しており，ギガヘルツ帯の通信が一般化してきている。そのため，シールド材を絶縁シートで被覆することで，電磁波吸収性能を得るようになってきた。これは，シールド用の金属箔に樹脂コーティングすれば良いことになる。また，部品の高密度化および小型化はノイズ抑制材料の薄膜化に強い関心を持たせる傾向にある。モバイル用回路設計者からのノイズ抑制シートに対する厚さ要求は50μmより薄くなることは必須である。また，シートの機械的性質および耐酸・アルカリ性などの化学的性質に優れていなければならない。耐熱性を向上させ，難燃性や不燃性の付与，絶縁耐圧の保障なども条件に挙げられる。これらの諸条件を同時に満たした50μmより薄いシートを提供するためには，クリアしなければならない材料に対する開発要求が多くある[1]。本章では，材料開発者が求める電波吸収特性に相応しい評価方法を提示し，電波吸収材料の効果的使用法について述べる。近年の情報通信機器の急速な高速化および高密度化により，ITS（Intelligent Transport System），マルチメディア移動通信，無線LAN等にギガヘルツ帯の電磁波が用いられるようになってきている。

＊1　Kishio Hidaka　山形大学　地域教育文化学部　教授
＊2　Naoki Yoshimoto　㈱日立製作所　研究開発グループ　基礎研究センタ　主任研究員

今後，ますます利用が拡大すると予想され，電磁環境における電磁波干渉も問題が深刻化してきている。電磁波吸収特性を向上させるには，複素比透磁率および複素比誘電率のバランスを制御しながら，その虚数部を大きくさせることが必要である。その有効な手段の一つとしてスピネル型フェライトが用いられてきたが，その複素透磁率がSnoekの限界則に従うため，ギガヘルツ帯での使用は望めない。また，軟磁性金属は飽和磁化がフェライトの二倍以上あるため，渦電流の発生を制御できれば，フェライトを凌駕する電磁波吸収性能を期待できる。しかし，電気抵抗が小さいので，高周波では渦電流の発生による複素比透磁率のバランスが崩れ，インピーダンス整合がとれなくなってしまう。例えば，フェライトではスピンスプレーフェライトメッキ法により作製したNi-Zn膜が，ギガヘルツ帯において大きな複素比透磁率を得たという報告がある[2]。また，M型六方晶フェライトのFeと一部のTiおよびMn置換により，異方性磁界を有する焼結体がギガヘルツ帯で有望であるとの報告もある[3]。一方，軟磁性金属では形状を扁平粒子にすることで形状異方性を持たせ，シート中に面内配向させることにより，ギガヘルツ帯への適用を検討している[4]。

さらに，電磁波吸収性能を向上させるには樹脂への高充填化が必須課題であり，高充填化は熱伝導性の向上にも役立つ。しかし，金属フィラーを高充填すると絶縁性が損なわれる。本研究では絶縁性セラミックスを高配合比で軟磁性金属に混合し，微細セラミックス粒子が軟磁性金属の周囲を覆いつくすことで[5]，粒子の絶縁性確保および高充填化を維持しながら，電磁波吸収特性を向上させる粉末の効果を明らかにすることを目的とした。

2　ナノコンポジット粒子の開発

磁性粉をゴムまたはエラストマーに混練してシート化する技術は確立しているが，熱硬化性樹脂および熱可塑性樹脂へのフィラー混練時にかかる高ストレス下で，表面の絶縁層を剥離させずに均一分散させるフィラーが無かった。そこで，高ストレス下での樹脂混錬に適したフィラー開発に着手した。開発に先立ち費用対効果およびビジネスモデルを検討した。樹脂に混錬するフィラーは，その価格が樹脂価格を越えないことが鉄則である。しかし，開発費の償却を5年以内で考える場合には，オリジナルなフィラー開発価格をいたずらに引き上げてしまう可能性があるため困難である。また，ビジネス形態は知財とノウハウ，フィラー，またはコンポーネントなど多様である。特に，モノづくりのグローバル化が進む時代では，知財よりも技術のブラックボックス化を熟考することが必要になる。様々な要因を検討した結果，当時は異例であったが開発方針を以下のように決定した。①フィラー売りをビジネスとする。②フィラーの製造を外部委託にする。③研究期間をゼロ年とする。④開発期間を二年とする。

開発着手にあたって最初に行ったことは，埋もれてしまった研究成果の発掘である。藤枝らの先行研究[4]を応用するフィラー開発に着手した。

第11章　電磁波吸収材料のナノコンポジット技術

3　電磁波吸収ナノコンポジット

　藤枝ら[5]が研究成果とした電磁波吸収のナノコンポジットの製造方法は以下の通りである。『出発原料として軟磁性鉄粉およびシリカ粒子を用いた。これを所定量配合した混合粒子をFritsh社製遊星ボールミルにより処理した。処理方法は，直径9.5 mmのSUS製ボールと粉末の質量比（B/P）を10～80として，SUS製ポットにアルゴンガス雰囲気下で封入した後，ポットを回転数3.3/秒で行った。』いくつかの前記製造方法からプロセスでの改良[6]はあった。開発したナノコンポジット粒子の断面形態を図1に示す。扁平鉄粉の周囲をナノレベルのシリカ粒子が被覆した二層構造を取っている。さらに，この二層構造のフレークが積層して，直径20～40μmの粒子を形成している。このフィラーの特性を評価するため，樹脂への混練可能性を検討した。表1にフィラー混練を検討した結晶性樹脂を示す。これらはエンジニアリングプラスチッ

図1　ナノコンポジット粒子の断面SEM像

表1　ナノコンポジット粒子の混練検討用の結晶性樹脂とその用途

PA（ポリアミド）	LCP（液晶ポリマ）	PET（ポリエチレンテレフタラート）	PBT（ポリブチレンテレフタラート）		
コイルボビン リレー コネクター	コネクター，ソケット ボビン，抵抗器 リレー，プリント基板	電子部品	コイルボビン，ソケット コネクター，リレー コンデンサケース		
PPS（ポリフェニレンサルファイド）	SPS（シンジオタクティックポリスチレン）	PEI（ポリエーテルイミド）		PE（ポリエチレン）	PP（ポリプロピレン）
コイルボビン ソケット キャパシタハウジング	電子部品 回路基板	ICソケット 電子部品全般		ワイヤハーネス用 チューブ及び シート	ワイヤハーネス用 チューブ及び シート

表2 ナノコンポジット粒子の混練検討用の非結晶性樹脂および熱硬化性樹脂とその用途

PPS（ポリフェニレンサルファイド）	PET（ポリエチレンテレフタラート）	PPE（ポリフェニレンエーテル）	PC（ポリカーボネート）
コイルボビン ソケット キャパシタハウジング	コイルボビン，ソケット コネクター，リレー コンデンサケース	コイルボビン 端子板 アダプター	電子部品
TPE（熱硬化性エラストマー）	EP（エポキシ）	PDAP（ジアリルフタレート）	PI（ポリイミド）	TPU（熱硬化性ポリウレタン）
封止	封止 プリント基板	コイルボビン ターミナル ソケット，コネクター スイッチ	プリント基板 コネクター スイッチ	封止

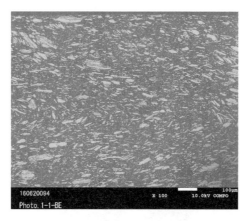

図2 ナノコンポジット粒子を混練した液晶ポリマーの断面SEM像

クと呼ばれる熱可塑性樹脂であり，混練温度はそれぞれの樹脂によって異なるが，体積比で0.5までの混練がすべての樹脂で可能であることを確認した。表2にフィラー混練を検討した非結晶性樹脂および熱硬化性樹脂を示す。結晶性樹脂と同様の検討を行い，すべての樹脂で均一分布することを確認した。図2に液晶ポリマーに分散した混練試料の断面SEM像を示す。体積分率はフィラー60%である。コンパウンドは板状に加工されているため，軟磁性鉄粉は一方向に配列しているが，均一に分散していることが分かった。図3にシリコンゲルに分散した場合の断面SEM像を示す。シリコンゲルへの分散ではそれほど大きいストレスがかからないため，シート化した後もフィラーが配向せず，均一な分散も実現していることが分かった。

第11章　電磁波吸収材料のナノコンポジット技術

図3　ナノコンポジット粒子を混錬したシリコンゲルの断面SEM像

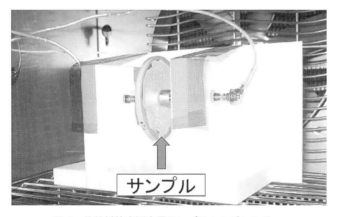

図4　体積抵抗率測定用サンプルおよびホルダー

4　体積抵抗率測定法

　絶縁性については，十分に硬い樹脂サンプルについては，図4に示す装置を用いて体積抵抗率を測定した。サンプルホルダについては試作した。その構造は，導電性確保の目的で銀ペーストを塗布した円盤状のサンプル表面に，両側から電極をバネで押し付ける構造にした。抵抗測定は，高砂製作所製 TMK10-50 を電源，アドバンテスト製デジタルマルチメータ TR6846 を電圧計，および Hewlett-Packard 製デジタルマルチメータ 3458A を電流計として用いた。電圧を最大1kVまで印加しながら，電圧印加によりサンプル中を流れる電流を測定した。体積抵抗率はサンプル形状に依存するが，直径30 mm，厚さ5 mmのサンプルに，電圧を1kVまで印加した結果，シリカフィラーのみを同量混練したサンプルで得られる $10^{13}\,\Omega\cdot\mathrm{cm}$ と同等以上の高い絶縁性が得られた。

5 電磁波吸収測定法

電波吸収体の材料測定法は，橋本[7]の著書に詳しく述べられているので，あえて重複箇所があることをご容赦頂きながら，基本的な考え方を下記に示す。電磁波吸収率は，基本伝送損を通路利得係数で評価するリターンロス（以下，RLと略す）を用いる。RLは次式で与えられる。電波吸収の評価法は，電波の伝搬モードにおける減衰を電波吸収体のインピーダンスZ_{in}とすると，RLは次式で示される。

$$RL = 20 \log |(Z_{in}-1)/(Z_{in}+1)| \quad (1)$$

また，インピーダンスZ_{in}は材料定数を用いた次式で示される。

$$Z_{in} = (\mu/\varepsilon)^{1/2} \tanh[j2\pi ft(\mu\varepsilon)^{1/2}] \quad (2)$$

ただし，μは透磁率，εは誘電率，fは周波数，tはサンプル厚さである。材料定数である透磁率および誘電率は複素数であり，jは虚数単位である。そして，その整合条件を求めることになる。

IEC62333 では，測定法は4項目について規定されている。下記に各項目を示す。
(1) 内部減結合率（Rda）：基盤内部での結合がシート着装でどれくらい減衰するか。
(2) 相互減結合率（Rde）：部品間での結合がシート着装でどれくらい減衰するか。
(3) 伝送減衰率（Rtp）：伝導ノイズがシート着装でどれくらい減衰するか。
(4) 輻射抑制率（Rrs）：回路基板からの放射ノイズがシート着装でどれくらい抑制されるか。

ノイズ抑制シートの評価方法として，マイクロストリップライン法がある。これは，近傍電磁界を求める方法であり，両端をネットワークアナライザに接続したストリップライン上にシート状サンプルを敷いて，伝送減衰率（Rtp）を求める。Rtpは次式にて示される。

$$Rtp = -10 \log[(10^{S21/10})/(1-10^{S11/10})] \quad (3)$$

ただし，S_{11}はサンプルに入射した電波が反射を示すパラメータであり，S_{21}は同様に入射した電波が透過を示すパラメータである。

同様に IEC62333 で規定された測定方法として，輻射抑制率（Rrs）がある。これは，電波暗室に中で計測する方法である。伝送減衰率測定で用いられるマイクロストリップライン法をそのまま利用することが可能である。サンプル形状は 55.2 mm × 4.7 mm の短冊状であり，銅箔上に張り付けて，片端を 50Ω に終端してRrsを測定する。Rrsは次式で与えられる。

$$Rrs = -10 \log[P_1/P_0] \quad (4)$$

ただし，P_0はサンプルが無い時の放射電力，またP_1はサンプルが有る時の放射電力である。本測定法は，CISPR22 の EMI 測定法にも準拠している。

第11章　電磁波吸収材料のナノコンポジット技術

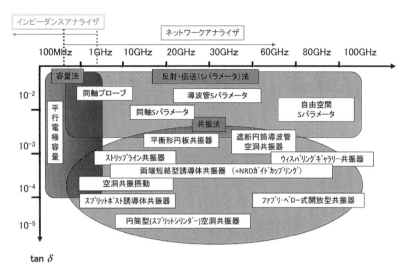

図5　周波数とtan δに最適な測定法

　特性評価法として，図5に示すように周波数範囲GHz以下を扱うインピーダンスアナライザを用いる方法と，GHz以上を扱うネットワークアナライザを用いる方法がある。縦軸はtan δで横軸は周波数を示している。ネットワークアナライザは，スカラーネットワークアナライザとベクトルネットワークアナライザの2種類のタイプに大別出来る。前者は測定サンプルの幅振を測定し，後者は幅振に加え位相も測定する。これらインピーダンスアナライザやネットワークアナライザより，入射信号が測定サンプルを介して反射信号や伝送信号の振幅や位相の変化を測定することで，電磁吸収率を求めることが出来る。ただし，温度や湿度，雑音などの環境状態，またドリフトによる測定誤差は避けることは出来ない。この測定誤差は製品化した後も影響を及ぼす。測定誤差を最小限に抑えるためには，必ず校正を行い測定しなければいけない。

5.1　空洞共振法

　図6に空洞共振法に用いられる装置の概観を示す。空洞共振法は電波の波長によって共振器のサイズが決まるので，周波数を関数としたデータ採取ではワンポイントしか得られないことに注意を要する。したがって，周波数を走査させて特定周波数での評価物質の特異性を計る目的には不向きである。特に，反射伝送法で低損失材料を評価する場合，ポートからのマッチング特性の影響によりネットワークアナライザの測定が不確かになる場合がある。そのため，サンプルのtan δ測定の精度が落ちる。そこで，高周波帯域で低損失材料に適した評価法として，空洞共振器利用される。試料の挿入前と挿入後のf_0とQ値の変化量を測定し，共振器の直径（D）と長さ（H）から，単一の周波数でtan δと複素誘電率を求める。求める複素誘電率は，サンプル全体の平均値である。材料は液体，固体，粉末に問わず測定が出来るが，サンプル形状は共振器の試料挿入孔に入るほどの細長い短冊状，薄膜及び角棒状に加工する必要がある。粉末材料を用い

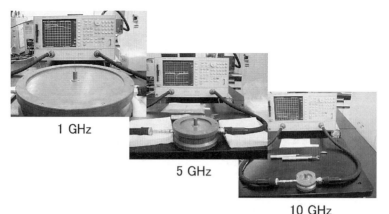

図6 空洞共振法の装置外観

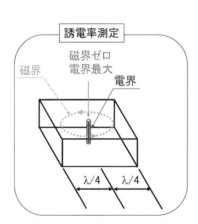

$$\varepsilon_r' = 1 - \frac{1}{\alpha_\varepsilon} \frac{f_L - f_O}{f_L} \frac{V}{\Delta V}$$

$$\varepsilon_r'' = \frac{1}{2\alpha_\varepsilon} \left[\frac{1}{Q_L} - \frac{1}{Q_O} \right] \frac{V}{\Delta V}$$

λ：管内波長
ΔV：試料体積
V：共振器体積
Q_L：試料挿入時のQ値
Q_O：試料非挿入時のQ値
f_L：試料挿入時の共振周波数
f_O：試料非挿入時の共振周波数
α_ε：モードおよび試料形状で決まる定数

図7 空洞共振法を用いた誘電率測定原理

るときは，粒径が小さいほど充填率が向上して高精度の結果を得ることが出来る。これは，粉末材料の粒径が小さい分，結着材の使用量が増えることを意味する。測定結果は，混入された材料がどの程度の割合量入っているかで誘電率がかわってしまうため，サンプルを作成する時は混入割合を均一にする必要がある。欠点として，高周波側の測定をするにつれて，サンプル加工が困難になってくることが挙げられる。これは共振器のサイズが高周波になるにつれて小さくなるためである。

また，評価材料の誘電率および透磁率を求めることも出来る。図7の空洞共振器は誘電率測定を目的としているため，その棒状サンプルが電界に対して最大かつ磁界に対して最小となるようにサンプルポジションを決めている。したがって，計測した材料のバルク全体の誘電率を算出することが出来る。透磁率を求める場合はその逆になり，磁界に対して最大かつ電界に対して最小

第11章 電磁波吸収材料のナノコンポジット技術

となるようにサンプルポジションを決定する。

5.2 マイクロストリップライン法

図8にマイクロストリップライン法に用いられる装置の概観を示す。マイクロストリップライン法は，近傍電磁界を求める評価法として，IEC62333で規定されている。Sパラメータとして反射率（以下S_{11}と略す）と透過率（以下S_{21}と略す）を測定し，(3)式に示した伝送減衰率を算出すれば良い。導電のストリップライン上に，IEC62333で規定されたシート（100 mm × 50 mm □以上）のサンプルを置くことで電磁波を伝送する。伝導ノイズの減衰量を求めることで，電磁波吸収率を評価出来る。また，測定したSパラメータから特性インピーダンスも求めることが出来る。材料は固体，粉末の測定

図8 マイクロストリップライン法の装置外観

が出来るが，シート状に加工する必要がある。粉末材料は，シート状のサンプル形状であるため，インピーダンスアナライザと同様に加工すれば良い。また，伝送損失を低減させるために低誘電率材料を選択することが好ましい。伝送損失は導体線路が長くなることや周波数特性により周波数が高くなることで増大する。そこでインピーダンス整合により，信号幅に変化を持たせることで，静電容量（C）を少なくさせることが出来る。この原理より，信号幅を太くして，伝送損失を低減させることが出来るのである。

5.3 同軸管法

図9に同軸管法に用いられる装置の概観を示す。同軸管法は，遠方電磁界における高損失材料に適した評価法であり，広周波帯域の測定が可能である。SパラメータとしてS_{11}とS_{21}を測定し，複素誘電率と複素透磁率を求める。同軸ケーブル先端のサンプルホルダにドーナツ形状の試料を挿入することで，挿入前と比べて特性インピーダンス（Z）と伝搬定数（γ）が変化する。材料定数は，次式にて示される。

$$\mu_r = \frac{K \cdot \gamma \cdot \lambda g}{2\pi j} \tag{5}$$

$$\varepsilon_r = \frac{\mu_r}{K^2} \tag{6}$$

ただし，Kは真空インピーダンスZ_0に対するZの比であり，S_{11}とS_{21}から求める。λgは管内波長，jは虚数単位である。

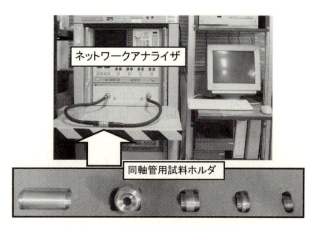

図9 同軸管法の装置外観

　また，同軸ケーブルのサンプルホルダにサンプルを挿入して，金属のプレートで蓋をすれば，遠方界用の吸収率を求めることが出来る。この場合は，(1)式に則ったリターンロスが計測できる。また，その時のサンプル中の電波吸収体の濃度による誘電率および透磁率として得られるので，(2)式の各周波数に対応した材料定数として用いると，サンプル厚さの最適化が設計可能である。サンプルをドーナツ状に加工する時にいくつかの注意が必要である。粉末材料の場合には，粉末粒径を十分考慮しないと空間充填率が小さくなり，空隙が生じやすくなる。また，繋ぎとして混練する樹脂剤は乾燥・硬化時に気泡が発生する場合があるので，真空脱泡などのプロセス上の改良を心がける必要がある。これらサンプル作製上の諸注意が払われれば，測定結果の精度が変わることはない。しかし，測定誤差の多くはサンプル形状の寸法公差に起因している。これは，高周波になるにつれて同軸管のサイズが小さくなるためである。同軸管にサンプルを挿入する時に隙間が出来てしまい計測誤差に繋がるが，サイズが小さくなるほどサンプル製造が困難になりこのような事態を引き起こす。同軸管法は，装置構成上 TEM 波の測定をすることになるが，サンプルの加工精度の要求が高くなり，寸法公差が厳しくなる。つまり，セラミックスのような難加工材料やゴムおよびエラストマーのような柔らかい材料は，正しい測定結果が求めにくいといえる。

5.4　自由空間法

　図10に自由空間法に用いられる装置の概観を示す。自由空間法は，高損失材料に適した評価法である。自由空間を伝送路とみなして，入射波に対する S_{11} と S_{21} を S パラメータとして測定し，複素誘電率と複素透磁率を求める。使用するアンテナによって入射角が可変である特徴を持つ。試料は液体，固体，粉末に問わず測定出来る。粉末材料は，ゴム等に混練した磁性シートとして評価することが主流であるが，粉末の状態の粉末材料で測定を行う場合は，測定結果に影響が出ないように低誘電率材料の容器にいれる必要がある。液体材料についても，同様に適当なフィク

第 11 章　電磁波吸収材料のナノコンポジット技術

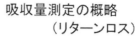
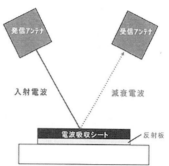

図 10　自由空間法の装置外観

スチャに流し込み，空隙などが無い状態で計測を行う。サンプル形状は，サンプルが波長と比較して十分に大きいこと（$\geqq 10\lambda$），サンプル厚さが均一であること，折れ曲がりや曲面がないことが求められる。発信された電波の照射面積は比較的大きいため，測定結果はサンプルシート全面の平均値になる。したがって，シート上の微小領域からの吸収性能を調べる場合は，誘電レンズ等を用いた計測が必要となる。ただし，照射面積の保障は難しいため，シミュレーション結果との比較をすることが望まれる。ガイドレールに沿って発信・受信アンテナが移動する装置では，浅い入射角からのEM波の吸収性能を計測できるメリットがある。また，TEM波に対しては，発信・受信アンテナおよびサンプルを一列に並べる事で，計測が可能である。

6　おわりに

　紙面の都合上，評価装置のいくつかを割愛させて頂いた。しかし，汎用性の高い装置についてはすべてカバーしたつもりである。電磁波吸収ナノコンポジット粒子を混錬した樹脂特性は他にもあるが，熱硬化性エポキシ樹脂に破砕シリカと体積分率で同量添加した場合の比較とすると，ナノコンポジット粒子を混錬した樹脂のヤング率はほぼ同等であり，熱伝導率は約3倍になる。本稿で紹介したナノコンポジット粒子はキンセイマテック株式会社から上市されている。モノづくりは海外勢に押され気味であるが，コンポーネントを支える高機能材料はメイドインジャパンに勢いがあり，まだまだいけると感じている。これもひとえに，日本の材料開発者の方々の努力の賜物であると思っている。今後も，モノづくりを支える縁の下の力持ちとして，お役に立てれば幸いである。

文　　献

1) Kishio Hidaka, *et al.* : "Development of less than 100 mm thick sheet for noise attenuation by electromagnetic induction", ICEP-IAAC2015, Proc. FC4-3 (2015)
2) 松下伸広ほか：日本応用磁気学会誌　**26**, 475-478 (2002)
3) S. Sugimoto *et al. : Mater, Trans, JIM* **39**, 1080-1083 (1998)
4) 齋藤章彦ほか：まてりあ　**38**, 46-48 (1999)
5) 藤枝正ほか：日本金属学会誌　**66**, 1345-1349 (2002)
6) 日髙貴志夫ほか：「電磁波吸収ナノコンポジット」第22回エレクトロニクス実装学会講演大会講演論文集，p.203-204 (2008)
7) 橋本修，高周波領域における材料定数測定法，森北出版株式会社 (2003)

第12章 ナノコンポジットを用いた難燃材料

西澤 仁*

1 はじめに

高分子材料の難燃化技術は，分子内に難燃元素を含む難燃剤を高分子材料に添加し混合分散したり，高分子鎖に直接化学的に反応結合させたりして難燃化を行っている。

しかしながら，現状の難燃化技術は，現在運用されている規格のレベルの難燃性は満足するものの得られる難燃材料の物性，成形加工性を考えると更に難燃効率の高い難燃剤，難燃系の開発が強く望まれている。

そのため，最近は，難燃機構の研究が進められ，新規分子構造の難燃剤の開発，新規相乗効果系の研究，ナノコンポジット難燃材料の開発，難燃効率を促進する新規難燃助剤の開発等が進められている。

今回は，その中のナノコンポジットを使用した難燃化技術についてその基本技術と最近の進歩をまとめたい。

2 ナノコンポジット難燃材料とその特徴

ナノコンポジット材料とは，ポリマー中にナノサイズのフィラーを配合し，2軸押出機のような混練設備により均一に分散，フィラー層間へのポリマーの挿入により作られる複合材料のことであるが，一般の複合材料と比較して少量の（数部～10部）添加量で優れた機械的強度，剛性，ガスバリヤー性，難燃性を示す。日本では，豊田中研のグループが最初に研究を開始しその後多くの研究が行われている。

3 難燃材料に使用されるナノフィラーの種類と特徴

難燃化技術に使用されるナノフィラーは，クレイ，CNT，水和金属化合物が主として使用されるが，ナノサイズのシリカを使用する場合もある。その各種ナノフィラーの特性を表1に示し，ナノクレイのMMT，CNT及びナノシリカ，水酸化ALの構造を図1に示す[1~3]。

実際のナノフィラー難燃材料の研究は，MMT，CNTを使用した研究が大部分である。水酸化ALは研究の段階にあり，ナノシリカは，他の難燃剤との併用で難燃助剤的に使用されている

---

* Hitoshi Nishizawa 西澤技術研究所 代表

ポリマーナノコンポジットの開発と分析技術

表1 難燃材料に使用されるナノフィラーの種類,特性と特徴[1~3]

種類	構造,製法,特徴	性状及難燃機構	代表的商品名又は製造者
ナノクレイ (MMT)[1,2]	スメクタイト類に属する代表的な種類であり合成品は天然品より白色度が高く,陽イオン交換容量を自由に調整出来る特徴を持つ。ナノ粒子の層間に有機化合物を挿入し,2軸押出機で溶融,混練しナノコンポジットを作る。MMTと高分子モノマーと混ぜて重合する方法もある。	代表的な粒子サイズは平均10~20nmで,厚さ数nm程度。難燃機構は,固相におけるバリヤー層の形成による断熱,酸素遮断効果と推定される。分散性とフィラーと高分子の親和性が難燃化を左右する。難燃性の特徴として,発熱量試験では,その低下効果が大きいが,酸素指数,UL94,V試験では効果が低い。	商品名 クニピアFP スメクトンS Cloisite 等
カーボンナノチューブ (CNT)[2]	中空のウイスカー状構造を有し,製造法によって大きさが異なる。すなわち内部が円錐状の同心円状の積層壁と単層壁を有し,更に三角形のようなホーン状もある。炭素原子の配列によって半導体から導電体まで制御できる。構造はナノサイズの円筒状のカーボンである。	主な特性は,嵩比重20,表面積200m^2/g,アスペクト比100~1000,直径100個(8層)約10nm。難燃機構は,完全固相におけるバリヤー(チャー層)の生成効果であり,主として分散性が難燃効果を左右する。高分子に数部添加して2軸押出機で混練り分散して作成する。	製造者 ハイペリオン・キャタリシス・インターナショナル,日揮装,大阪ガス 等
水和金属化合物[3]	ナノ酸化金属の水和化,マクロ粒子の粉砕,逆相ミセル法による合成等によって製造出来る。	水和金属化合物表面に有機層を有する直径約10nmの粒子(汎用品は平均粒子径0.8~5μm)。汎用品と同一配合量で最大HRRで25%低下,UL94,VでV2程度の難燃性を示す。	合成品
活性ナノシリカ	水ガラスを塩酸,硝酸で中和して得られる非結晶性白色粉末。一般にホワイトカーボンと呼ばれる含水ケイ酸である。中和時の反応条件によって粒度,PH値,酸性度の制御可能。表面に多数のシラノール基を有し,活性が高い。補強性が高く,各種表面処理剤によって,ポリマー中の分散性を改良可能。一般には,難燃ナノコンポジットは,MMT,CNTによるものを言うが,このナノフィラーを使用したものも含まれる場合もある。	表面OH基の数は8~10個/mm^{2}である。400~800℃で熱処理することにより,粒子径は,一次粒子がnmサイズで,二次粒子が数~数十nm程度である。表面に雲のようなクラスター構造を有し,これが二次粒子を形成する構造となっている。嵩比重は1.9~2.1。PH5~9,比表面積30~800m^2/g。難燃効果は,燃焼残渣が強靭で安定なバリヤー層を形成する固相での効果が主体。	製造者 トクヤマ 日本シリカ 水沢化学 塩野義製薬 等

場合が多い。ここでは,MMTとCNTによるナノコンポジットを中心に記述したい。

第12章　ナノコンポジットを用いた難燃材料

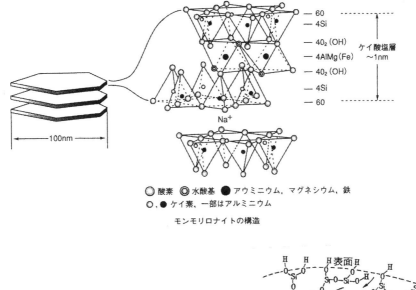

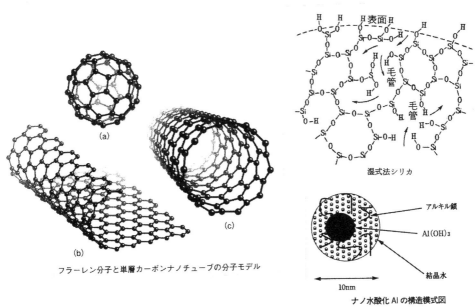

図1　各種ナノフィラーの構造
MMT，CNT，活性ナノシリカ，ナノ水酸化AL

4　ナノコンポジットの製造法

　難燃性ナノコンポジットは，ベース樹脂として多くの高分子が使用されており，PA，PS，ポリオレフィン，PMMA等が挙げられる。製造法は，一般的に次のように分類されている。
(1)　層間挿入法
　　(a)モノマー挿入重合法，(b)ポリマー挿入法

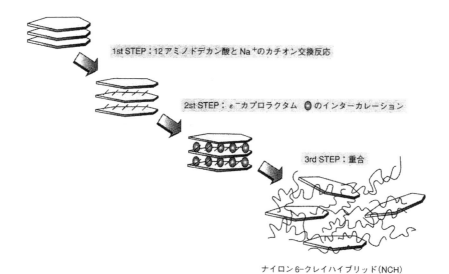

図2 PAのMMT層間モノマー挿入法によるナノコンポジット化

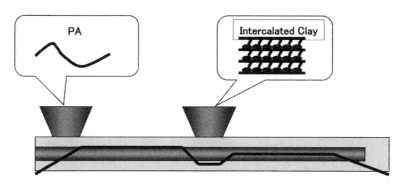

図3 PAの2軸押出機によるMMT層間挿入法によるナノコンポジット化
挿間は有機化合物（1,2アミノデカン酸等）により有機化。押出温度 250〜280℃

(2) In-Situ法
 (a)In-Situフィラー形成法，(b)In-Situ重合法
(3) モレキュラーコンポジット形成法
 ポリマーアロイ形成
(4) 超微粒子直接分散法

ここでは，層関挿入法の二つの方法について簡単に示しておきたい。

2軸押出機によって高分子中にMMTを混練り分散して，MMTの層筒に高分子を挿入（インターカレート）する混練分散法と，高分子モノマーをMMTの層間に挿入して重合するIn-situ重合法がある。図2には，PAの原料であるε-カプロラクタンを挿入して重合させるIn-situ

第12章 ナノコンポジットを用いた難燃材料

法によるナノコンポジットの製造法を示し，図3には，混練分散法を示している[4]。なお，両法ともMMTは，予め層間のNaカチオンを有機化合物（1,2アミノデカン酸等）によってイオン交換させておき，高分子との親和性を向上させておく処置が必要となる。

5 ナノコンポジット難燃材料の難燃機構とその特性

5.1 ナノコンポジット難燃材料の難燃機構と難燃性

ナノコンポジット難燃材料の難燃機構は，図4に示す気相におけるラジカルトラップ効果，発生する不燃性ガスによる酸素遮断，希釈効果，難燃剤中の結晶水の脱水吸熱反応によるのではなく，固相におけるチャー生成（バリヤー層）による酸素遮断効果，断熱効果によっていることが明らかにされている。

ここでは，MMTとCNTの二つの代表的なナノコンポジットの難燃機構について説明しておきたい。

その一つは，図5に示すようにEVAに対するMMTによるナノコンポジット例である[5]。ナノフィラーとポリマーとの親和性に左右され，親和性が高い方が難燃効果が高い。また，もう一つの例は，図6に示すようにPMMAに対するCNTによるナノコンポジットの例である[6]。ここでは，難燃性はCNTの分散性に大きく依存しており，分散性が優れているほうが難燃効果が高いことが検証されている例である。

図5に示されているEVAに対するMMT供試試料の難燃性及び物性を表2に示すので参照されたい[5]。

ナノコンポジット難燃材料の特徴は，表2を見ると良く理解できる。すなわち，難燃性向上効

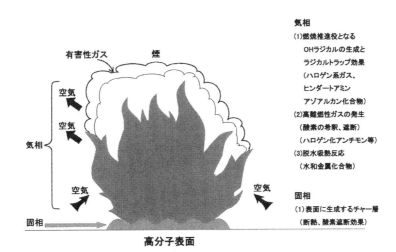

図4 難燃機構のモデル図

（1）供試試料、ベース樹脂 EVA、MMT10 部、2 軸押出機による開壁化

試料	特徴
MM1	不開壁、非難燃性
MM2	部分開壁、透明、チャー生成量多く、チャー安定性が高く発熱量低減効果大。
MM3	完全開壁、半透明、チャー生成量が少なく安定性もやや低く難燃せいもやや低い

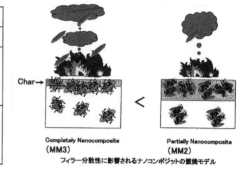

（2）フィラーモデル、EVA と MMT 界面の 3 層の T_2L, T_2M, T_2S の存在とポリマー、MMT との親和性と難燃性の関係を評価。

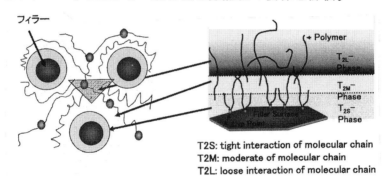

（3）NMRによるスピン緩和時間の測定による EVA-MMT 層間親和力の評価

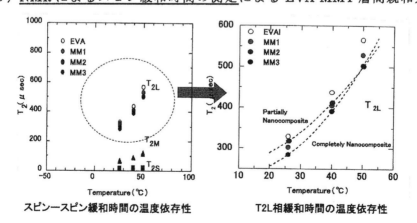

図5 EVA-MMTナノコンポジットの層間開壁度と難燃性（チャー生成量及び安定性），NMRスピン-スピン緩和時間の測定による難燃機構の評価（部分開壁のMM2試料の親和力が大きく難燃性も高いことを確認）

第12章　ナノコンポジットを用いた難燃材料

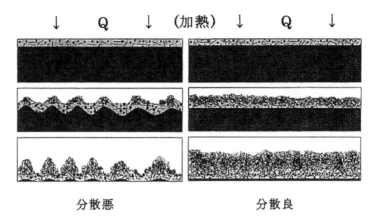

図6　PMMA-CNTナノコンポジットの分散性とチャー安定性の関係（難燃性→分散性良＞分散性悪）

表2　EVA-MMTナノコンポジットの物性及び難燃性

特性	単位	EVA	MM1	MM2	MM3
引張強度	MPa	4.7	4.3	5.3	5.8
引張弾性モジュラス	MPa	8.7	11.7	21.1	17.5
伸長率	%	962	802	843	789
EVAに対する伸び保持率	%	−	81.4	87.6	83.1
酸素指数	%	17.0	18.5	19.0	19.5
UL94, V試験	−	NR	NR	NR	NR
放散熱量	KW/m^2	2899	1899	785	1117

注1）NR−不合格
　2）MM1−EVA＋MMT, MM2−EVA＋有機化MMT（ドデシルアミン）
　　　MM3−EVA（マレイン酸グラフト型）＋有機化MMT（ドデシルアミン）

果は，コーンカロリメーターによる発熱量を見ると難燃前と比べて大きく低減されているが，酸素指数の増加効果は小さく，更にUL94，垂直燃焼試験では，V2の合格が達成されていない。通常の難燃剤による難燃材料は，発熱量の低減効果と酸素指数及びUL94，垂直燃焼試験ともバランス良く難燃性向上効果が見られる。

　この差は，ナノコンポジット難燃材料が，固相におけるチャー層の生成による難燃機構が影響しており，酸素指数とUL94垂直燃焼試験とコーンカロリーによる発熱量試験との試験試料のセット方法の違いが影響しているのではないかと推定される。すなわち，発熱量試験では，試料のセット方法が水平で燃焼時の生成チャーが落下する心配がなく，生成チャーによる酸素遮断効果，断熱効果が働き優れた難燃効果を示すが，酸素指数，UL94垂直試験では，短冊状の試料が垂直にセットされており，燃焼時に生成チャーが落下して難燃効果が充分発揮されないのではないかと推定される[7]。しかし，これはMMTによるナノコンポジット難燃材料に対する推定であ

表3 難燃性ナノコンポジットに関する最近の研究動向

研究テーマ	内容	文献資料
ドデシル硫酸イオンを含む層状水和金属によるPMMAナノコンポジットの難燃性，熱安定性	Zn／Ni等の金属水和物層を有する2層水和物をアミン，硫酸ドデシルで処理して作成した化合物を溶融キャスト法でPMMAをナノコンポジット化し，難燃性，熱安定性を評価した。10%の添加で優れた難燃性を示す。効果としてHRR40%低減する。	L. Zhau, et al Polymer for Advanced Technologies **23**, 371 (2012)
透明難燃PMMA樹脂の2種類の臭素化合物により有機化されたMMTによるナノコンポジット	2種類の臭素化合物により有機化されたMMTを溶融キャスト法によりナノコンポジット化し，相関挿入状態を確認。難燃性の向上と90%以上の透明度を保持した難燃材料を作ることが出来た。	W, S, Wang et al : Polymer for Advanced Technologies **23**, 625 (2013)
ポリシロキサン芳香族アンハイドライド共重合体のクレイナノコンポジットの難燃性	ポリジメチルシロキサン（芳香族ジアンハイドライド）共重合体の有機化ナノクレイナノコンポジット（クレイ1～5%）は，THRRが126KJ/gを示し，優れた難燃性を示す。これは共重合体のカルボニル基とクレイのOH基の結合力による。	R, Kirby et al : Polymer-Plasitics Technologies and Engineering **52**, 1527 (2013)
PP-CNTナノコンポジットの耐熱性，難燃性に対するナノカーボンの効果	PP-CNTナノコンポジットに対するナノカーボンブラックの効果は，チャーと結合し，安定なカーボン-チャーバリヤー層を形成する。これは架橋構造による強固な結合力による。	X. Wen et al : Polymer for Advanced Technologies **24**, 971 (2013)
Slatoran錯化合物の合成とPET／MMTナノコンポジットへの難燃効果	シリカとトリエタノールアミンからSilatoran化合物を合成し，これをPET／MMTナノコンポジットの難燃剤として使用すると難燃性向上効果を示す，この難燃機構は，チャー層の中にシラン架橋を生成し，チャーの安定性の向上をもたらし固相における難燃機構を示す。	P, Sonsilkhai et al : Polymer & Polymer Composites **22**, No7, 633（2014）
PS有機化クレイナノコンポジットの難燃性とチャー生成挙動	PSの有機化MMTによるナノコンポジットを作製し，難燃機構のチャー生成挙動を考察した。熱分解時のチャー生成を各種分析により解析し，酸素指数の向上効果は顕著ではないが，HRRの低減効果が大きい。チャーの中にフィラー間壁に挿入された構造が観察された。チャーは，燃焼時表面に粗いささくれ立った状態で観察されたが，安定性は高い。窒素気流中では破壊され難いが，酸素雰囲気では燃焼する。自己消炎性を付与する性能はやや低い。	C, J, Liu et al : Polymer for Advanced Technologies **24**, 273 (2013)
PP-セプロライトクレイ-CNT複合体の熱安定性と難燃性	PPにナノクレイとCNTを添加してナノコンポジット作成し，PCFC（熱分解流束コーンカロリメーター）による試験では顕著な放散熱容量の低減は認められなかったが，ナノクレイ10%＋CNT2%の併用系でコーンカロリメーターで試験を行った結果，82%のHRRの低下効果を確認した。	T, Dahnucika et al : Polymer for Advanced Tchnologies **24**, 311 (2013)
ナノカーボン，膨張性黒鉛，多層CNT，官能性グラフェンで難燃化したナノコンポジットの特性	多層CNT（＜10層），官能性グラフェンは，2軸押出機での分散性に優れ，特に官能性グラフェンはドリップ性を向上し，熱分解温度を40℃上昇させる。そしてHRRを76%低減させ，チャー保護層の生成を促進する。層状CNTは，着火温度を低下させる。官能性グラフェンと多層CNTは，ナノコンポジットとして優れた添加剤である。	B, Dittrich et al : Polymer for Advanced Technologies **24**, 416 (2013)
多層CNTナノコンポジット着火時間に対するCNT分散性の影響	CNTの分散性は，ナノコンポジットの難燃性に影響し，着火時間を短縮する効果が大きい。それは，表面の熱吸収特性が高くなるからである。	R, Sonier et al : Polymer for Advanced Technologies **26**, 277 (2015)

り，CNTによるナノコンポジットに関しては定かではない。

　最近このような課題を克服するためにこのナノコンポジット難燃材料とハロゲン系難燃剤をはじめとする従来難燃系を併用する傾向が出て来ている。最近の研究は，従来難燃系との併用による研究が増加している。このチャーの品質を改良するための難燃助剤との併用に関する研究も行われている。

6 難燃性ナノコンポジットの最近の研究動向

　最近のナノコンポジットの研究は，すでに述べたようにMMTを中心とするナノクレイ，CNTを中心とした系に関する研究が行われている。その他，ナノコンポジットの範疇に属するか議論の余地があるが，ナノフィラーを従来難燃系と併用してナノフィラーの微粒子，活性表面等の特徴を生かして難燃性を向上させる研究も多く行われている。ナノコンポジットに関する最近の研究例を表3にまとめて示す。

表4　従来難燃系とナノフィラー併用による難燃化技術の最近の研究動向

研究テーマ	内　容	文献資料
PBTとフォスフィン酸塩とナノ酸化鉄の相乗効果	PBTに5~8%のジエチルホスホン酸AL塩と2%ナノ酸化鉄を併用するとUL94，V0の高い難燃性を示す。ホスフィン酸塩は，ホスフィン酸を放出し気相における難燃効果を示し，ナノ酸化鉄は固相におけるチャー生成反応を示すため難燃効果が高い。	E, Gallo et al : Polymer for Advanced Technologies 23, 2382 (2011)
IFR難燃PPに対するナノフィラー，POSSの難燃効果	有機化ナノクレイ，LDH（2層水和金属化合物），CNT，POSS（シリコーン化合物）のIFR（inntumescent難燃系）PPに対する難燃効果は，有機化クレイが最も高い。	B, Du et al : Polymer for Advanced Technologies 22, 1139 (2011)
IFR難燃PPに対するDOPOに結合したナノシリカの相乗効果	リン化合物DOPOとナノシリカを結合させた化合物を25%IFR含有難燃PPに1.0%添加するとチャー層の増加を示し，UL94はV1に，OIは32に上昇する。チャーはコンパクトな発泡チャーとなる。	Q, Dong et al : Polymer for Advanced Technologies 24, 733 (2013)
有機化ナノクレイとホウ酸塩の相乗効果によるPPの難燃化	有機臭素化合物で有機化したナノクレイ（セポロライト）をホウ酸亜鉛と共にPPに溶融ブレンドするとチャー生成率12%，HRR62%低減する難燃性を示す。	M, He et al : Polymer for Advanced Technologies 24, 181 (2013)
PA6に対するリン酸メラミンとHCNT（ハローサイト）の難燃効果	PPに対しリン酸メラミンとHCNTの併用（12%配合）によりチャー層の安定化を示し，UL94, V2, HRRを約55%低減することが出来る。	J, Sun et al : Polymer for Advanced Technologies 25, 1552 (2014)
IFR難燃PPに対するポリシロキサン処理ナノシリカの難燃効果	ポリシロキサン処理ナノシリカをIFR20%配合PPに配合することによりUL94, V0に合格，OIは34にまで向上する。ナノシリカによる緻密なチャー層の生成による効果が大きい。	S, Gao et al : Polymer for Advanced Technologies 22, 2609 (2011)

表5 繊維用として研究されている従来難燃系とナノフィラー併用系

繊維／ナノフィラー	ナノフィラー量%	製造法	従来難燃系
綿／TiO_2	0.2～0.4	パッド乾式架橋	リン化合物，メラミン樹脂，リン酸
綿／TiO_2	0.25～0.75	ゾル－ゲル法	マレイン酸，フォスフィン酸Na
綿／ZnO	0.2～0.4	パッド乾式架橋	リン化合物，メラミン樹脂，リン酸
PP／ZnO	4～8	溶融混合法	リン酸メラミン，ペンタエリスリトール
綿／Al_2O_3	—	ゾル－ゲル法	SiO_2
PA／Fe_2O_3	15	溶融混合法	—
PET／Sb_2O_3	2	溶融混合法	フォスフィン酸，AL
PA／BPO_4	3～10	溶融混合法	—

7 従来難燃系とナノフィラーの併用難燃系の研究動向

先に触れたように従来難燃系とナノフィラーの併用系は，難燃効率を高めるために比較的多くの研究がなされている。その代表的な例を表4に示す。

この他，ナノフィラーの従来難燃系との併用の関する研究例が注目されているのが繊維への応用である。ナノフィラーとして酸化Ti，酸化亜鉛，炭酸亜鉛，酸化AL，酸化鉄，酸化ケイ素等が研究されている（表5）[8]。

文　献

1) 中條澄：ポリマーナノコンポジット（2003）工業調査会
2) 飯島澄雄：ナノテクノロジーのすべて（2002）川合知二監修，工業調査会
3) 大越雅之：難燃剤，難燃化材料の最前線（2015）西澤仁監修，シーエムシー出版
4) 加藤誠：ナノテクノロジーのすべて（2002）川合知二監修，工業調査会
5) H, Nshizawa, M, Ohkoshi : International Rubber Conference Paper, 28-S6-23 (2006) Yokohama
6) 柏木孝：第16回難燃材料研究会講演資料（2006）発明会館
7) 西澤仁：難燃化技術の基礎と最新の開発動向（2016）シーエムシー出版
8) N, Morouzi et al : *Polymer Review* **55**, 551（2015）

第13章　ナノコンポジットを用いたトライボマテリアル

西谷要介*

1　はじめに

　高分子材料は自己潤滑性を有し，かつ化学的安定性が高いことから，極低温から200℃程度の温度範囲において，歯車，軸受，シールおよびカムなどをはじめとした機械しゅう動部品向けの材料（機械しゅう動部材，トライボマテリアル）として多く利用されている[1〜6]。特に，潤滑が難しい特殊環境下（例えば，真空下，極低温下など）において，高分子材料が有する自己潤滑性が発揮されることもあり，今後も益々その発展が期待されている分野である。トライボマテリアルとしてプラスチックをはじめとした高分子材料を用いる場合，そのまま単体で用いることは少なく，多くの場合は何らかの手法により改質・改善して使用されるのが一般的である。その手法としては，①ポリマーアロイ・ポリマーブレンド（アロイ・ブレンド化），②複合材料（複合化。いわゆる強化繊維，充填材や固体潤滑剤の添加），③潤滑剤（油）の塗布や含浸，④表面処理やコーティング，⑤化学的改質などがあげられ[1〜6]，その中でも，①および②に示したポリマーアロイ（Polymer Alloy），ポリマーブレンド（Polymer Blend）および複合材料（ポリマーコンポジット，Polymer Composites），いわゆる高分子ABC（アロイ・ブレンド・複合材料）技術[7]は，工業的に簡便かつ既存の装置を利用できるため，また低コストかつ短時間で複数の機能や物性を両立できることから，高分子材料のトライボロジー的性質を制御する方法として，現在においても開発の主流となっている。特に，最近ではナノサイズのフィラー（ナノフィラー）を用いたナノフィラー充填系高分子複合材料（ナノコンポジット）も積極的に検討されている。その理由としては，従来の充填材とは異なり，ナノフィラー充填系では，微量添加により改善できる事例も多く，コストや成形加工性で優位な面が多いためである。トライボロジー用途の改善として用いられるナノフィラーの代表例としては，カーボンナノチューブ（CNT）[8〜10]，カーボンナノファイバー（CNF）[10〜14]，ナノ二酸化チタン（nano-TiO_2）[15〜18]，ナノシリカ（nano-SiO_2）[19,20]，ナノアルミナ（nano-Al_2O_3）[21]，およびナノクレイ（Clay）[22〜25]などが検討されている。本章では，ナノフィラー充填系高分子ナノコンポジットを用いたトライボマテリアルを中心に，ポリマーブレンドをベースにした多成分系複合材料を用いたトライボマテリアルを含めて，筆者らの検討例を中心に解説する。

---

*　Yosuke Nishitani　工学院大学　工学部　機械工学科　准教授

2 ナノコンポジットを用いたトライボマテリアル

2.1 カーボンナノファイバー充填系

　ナノフィラー充填系高分子複合材料においてトライボマテリアルとして最も盛んに検討されているのは，カーボンナノチューブ（CNT）やカーボンナノファイバー（CNF）を中心としたナノカーボン系材料である。これらナノカーボン系材料の多くは表面がグラファイト構造を有するため，優れたしゅう動特性（潤滑性）が期待されているためである。しかも，微量充填においても，しゅう動特性を複合材料に付与することが期待できるだけでなく，機械的性質の向上や流動成形性などの成形加工性を確保することができるためである。筆者らは，これまでにカーボンナノファイバーの1種である気相成長炭素繊維（VGCF）を中心に検討を行ってきた[14, 25〜29]。本節ではVGCF充填系複合材料のトライボロジー的性質について述べる。

　図1にVGCF充填ポリアミド66（PA66）複合材料のトライボロジー的性質として，リングオンプレート型すべり摩耗試験（荷重$P=200N$，すべり速度$v=0.5m/s$，すべり距離$L=3,000m$）の結果を示す[30]。ただし，用いたVGCFは繊維径$\phi 150nm$および（初期）繊維長$l=10\mu m$である。摩擦係数μはVGCFの繊維充填量V_f増加に伴う変化は小さいものの，比摩耗量V_sはV_f充填により改善される。特に，$V_f=1vol.\%$と微量添加時に大きく改善されていることが注目される。これはVGCF充填により結晶構造（結晶化度など）の変化に伴い，機械的性質などが変化する影響が，トライボロジー的性質にも現れるためと考えられる。図2に各種炭素繊維（CF）充填系ポリブチレンテレフタレート（PBT）複合材料のボールオンディスク型すべり摩耗試験（$P=5N$，$v=0.2m/s$，$L=1,000m$，相手材はS45C（$\phi 3mm$のボール））の試験結果を示す[29]。

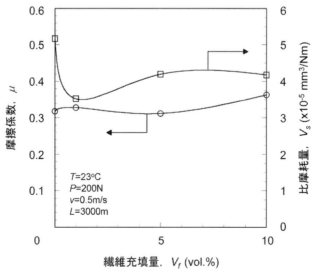

図1　VGCF/PA66複合材料のトライボロジー的性質に及ぼすVGCF充填量の影響[30]

第13章　ナノコンポジットを用いたトライボマテリアル

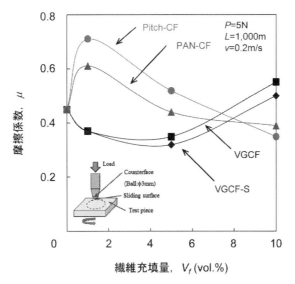

図2　VGCF/PBT複合材料の摩擦係数に及ぼすVGCF充填量の影響 [29]

ただし，用いた各種CFとしては，VGCF，VGCF-S（$\phi 100$nm，$l=10\mu$m），ピッチ系炭素繊維（Pitch-CF，$\phi 13\mu$m，$l=700\mu$m）およびポリアクリロニトリル系CF（PAN-CF，$\phi 7\mu$m，$l=6000\mu$m）の4種類である。工業的に多用されている一般的なCF（PitchおよびPAN-CF）では，繊維充填量$V_f=1\sim 5$vol.%の微量添加領域において摩擦係数μがPBT100%よりも高い値を示すが，VGCFおよびVGCF-Sでは逆の傾向を示し，微量添加でμは低下する特徴的な傾向を示す。これは，VGCFおよびVGCF-SなどのCNFでは微量添加領域において，一般的なCFと比較してしゅう動面に出現する充填材の数が多くなること，またPBTの内部構造（結晶構造など）が変化するためと考えられる。図3にVGCF/PBT複合材料のトライボロジー的性質に及ぼす荷重依存性として，リングオンプレート型すべり摩耗試験（荷重$P=50$，100，200および400N，すべり速度$v=0.3$m/s，すべり距離$L=1,500$m）による測定結果を示す [14]。ただし，図3(a)は摩擦係数μ，図3(b)は比摩耗量V_sと垂直荷重Pの関係である。荷重30Nの低荷重域から100Nまでは荷重Pの増加に伴いμは上昇するが，100N以上の高荷重ではPの増加に伴いμは低下する。つまり，$P=100$Nをピークとして異なる特徴的な荷重依存性を示す。このような荷重依存性にピークをもつ挙動は，結晶性樹脂，たとえばPAなどのすべり摩擦（相手材は鋼）で認められる特徴的な挙動である [31]。一方，比摩耗量V_sはPの増加により大きくなる傾向を示す。しかも，VGCF充填量V_fの違いにより，V_s-P曲線の立ち上がりは異なり，V_fが増えるにつれて，その立ち上がりは遅れる傾向を示す。なお，VGCF10vol.%/PBTは400Nでの荷重下に耐えることが可能であるが，$V_f=5$vol.%以下での充填量では限界pv値を超えてしまい，異常摩耗が生じ溶融してしまい，測定不能であった。これらの結果から，VGCF充填により比摩耗量V_sも改善されることがわかる。これらの結果から，VGCFは微量添加でトライボロジー的性質を大

209

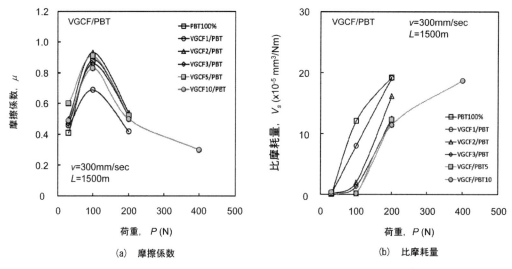

図3 VGCF/PBT複合材料のトライボロジー的性質の荷重依存性 [14]

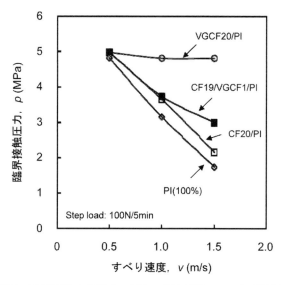

図4 ステップロード法により評価した各種CF充填PI複合材料のみかけの面圧とすべり速度の関係 [27]

きく改善できることを示唆している。しかも，フィラー充填系熱可塑性樹脂系複合材料においては，成形時に射出成形等の流動成形を採用されることが多いこともあり，微量添加での改質が可能であれば，溶融粘度をあまり上昇させずに，樹脂の易成形性を維持できる利点も有する。

次に，熱硬化性ポリイミド（PI）を用いたVGCF充填系複合材料のトライボロジー特性として，図4に各種CFを充填したポリイミド系複合材料のリングオンプレート型すべり摩耗試験機（相手材はS45C）を用い，一定速度下におけるステップロード法によりトライボロジー特性を評

第13章　ナノコンポジットを用いたトライボマテリアル

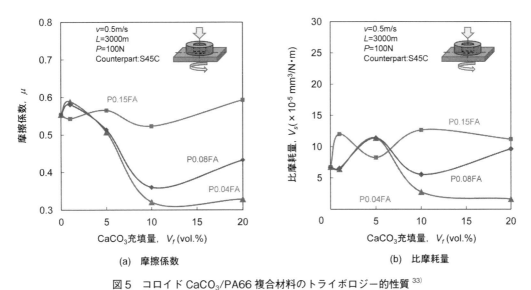

(a) 摩擦係数　　　　　　　　　　　　(b) 比摩耗量
図5　コロイドCaCO₃/PA66複合材料のトライボロジー的性質[33]

価した結果を示す[27]。ただし，ステップロードPは100N/5min，vは0.5，1.0および1.5m/sとし，試験片が溶融した場合はその荷重で試験を終了し，その一つ手前のステップ荷重を臨界荷重P_{max}としたものである。この臨界荷重P_{max}を摩擦面のみかけの接触面積で除した臨界接触圧力pとすべり速度vの関係が図4である。なお，各種CF充填量は20wt.%であり，CF/VGCF/PIとはPitch-CF19wt.%にVGCF1wt.%を微量添加したハイブリッド型CF系複合材料である。PI100%と比較して，各種CF充填系ではpは高い値を示し，しかもすべり速度が高いほどその効果が大きいことがわかる。しかもVGCF充填系の効果が最も高く，VGCFを1wt.%を微量添加したCF/VGCF/PIでも，その効果が現れている。これはVGCFが有する高い熱伝導率に起因し，VGCF充填により摺動メカニズムが変化するためと考えられる。

2.2　ナノ炭酸カルシウム充填系

沈降性炭酸カルシウム（CaCO₃）の1種であるナノサイズのコロイドCaCO₃を用いた検討例を紹介する。増量用途などをはじめ，汎用的に用いられているμmスケールの重質CaCO₃に対し，コロイドCaCO₃は20～200nmの合成炭酸カルシウムの総称であり，樹脂の種類にもよるが，樹脂への充填により弾性率と衝撃特性の両者を改質できることが知られている[32]。このコロイドCaCO₃自身は固体潤滑性を示すものではないが，充填効果による機械的性質の改質や低コスト化だけでなく，表面処理による機能発現も期待されるものである。図5にコロイドCaCO₃充填PA66複合材料のトライボロジー的性質として，リングオンプレート型すべり摩耗試験（P=100N，v=0.5m/s，すべり距離L=3,000m）の結果を示す[33]。ただし，用いたコロイドCaCO₃の粒径dは40nm，80nmおよび150nmの3種類である。摩擦係数μに及ぼすコロイドCaCO₃の充填量V_fの影響としては，V_f=5vol.%以下ではPA66単体（100%）とほとんど変化はないも

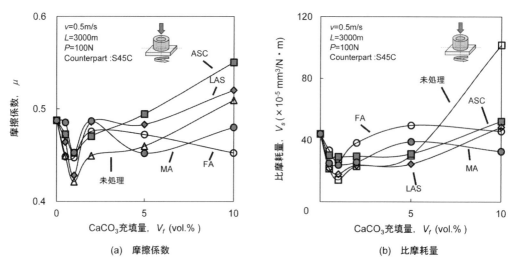

図6 各種表面処理を施したコロイド炭酸カルシウム充填PA6複合材料のトライボロジー特性[37]

のの，$V_f=10$vol.%以上では粒径dにより異なる挙動を示し，特にdが小さい系ほどμの低減効果が大きい。一方，比摩耗量V_sはμよりも複雑な挙動を示すものの，μと同様に，$V_f=10$vol.%以上ではdが小さいほどV_sは改善する。このような挙動を示す理由としては，粒径や充填量の違いにより摩擦摩耗のメカニズムが変化するためと考えられる。そのため，これらメカニズムを詳細に検討するためには，すべり摩耗試験後の摩擦面，相手材表面（移着膜形成など），および摩耗粉などの観察が必要不可欠である[34]が，紙面の都合上，省略する。

次に，フィラー表面処理効果がトライボロジー的性質に及ぼす影響について論じる。ナノコンポジットをはじめとした複合材料は，高分子材料と異種材料との組み合わせであるため，フィラーと高分子材料による異種材料間には物理的な界面が存在し，何かしらの相互作用が働いており，その量と質が複合材料のバルク物性や機能を大きく左右するため，フィラー表面処理などによる適切な界面制御を行う必要がある[35,36]。フィラー表面処理による強度や弾性率などの機械的性質を改善した研究例は数多くあるが，トライボロジー的性質に及ぼす影響を系統的に検討した例は少なく，今後更なる発展が期待される分野でもある。図6にPA6に各種表面処理を施したコロイドCaCO$_3$（$d=150$nm）を充填したPA6/CaCO$_3$複合材料のトライボロジー特性に及ぼす表面処理の影響ついて示す[37,38]。ただし，使用した表面処理は，未処理，脂肪酸（FA），アミノシラン（ASC），アルキルベンゼンスルホン酸（LAS）およびマレイン酸（MA）処理であり，相手材としてS45Cを使用したリングオンプレート型すべり摩耗試験（$P=100$N，$v=0.5$m/s，$L=3,000$m）の結果である。摩擦係数μや比摩耗量V_sなどのトライボロジー的性質はコロイドCaCO$_3$充填量や表面処理の違いにより異なり複雑な挙動を示すが，低CaCO$_3$充填量領域では表面処理効果は小さいのに対し，高CaCO$_3$充填量領域では表面処理効果が大きい。また，充填量ごとに適切な表面処理の選択することによりトライボロジー特性が大きく改善できることがわか

る。これは表面処理を施すことにより $CaCO_3$ の分散性や樹脂との界面接着性が変化することで，それに伴い機械的性質が改質されるためである。特に，マレイン酸（MA）処理がトライボロジー的性質をバランス良く改善できる。一方，1vol.%の微量充填系では，先に述べたPA66系とは異なり，ナノフィラー充填効果が現れ，μ および V_s ともに急激に改善されていることも特徴的な結果である。これはナノスケールのコロイド $CaCO_3$ がPA6の結晶構造の核剤的な役割を果たし，結晶化度をはじめとした樹脂内部構造が変化したためと考えられる。

3 多成分系複合材料

3.1 多成分系複合材料のトライボロジー的性質

　ナノフィラー充填系ナノコンポジットを用いたトライボマテリアルの開発においても，ポリマーアロイ・ブレンド技術と複合材料（複合化）技術を組み合わせた多成分系複合材料技術が最近益々注目を集めている[6,7,36]。実際のトライボマテリアルとして用いるためには，トライボロジー的性質はもちろんのこと，機械的性質や成形加工性などが高度にバランスのとれた材料が必要なためである。具体的な方法としては，複合材料に第3成分となるポリマー成分（相容化剤を含む）を添加する方法や，マトリックス樹脂そのものにポリマーアロイ・ブレンド材料を採用する方法などが挙げられる。基本的に多成分系複合材料においても，材料内部構造（モルフォロジー）を上手く制御して，所望の物性・機能をいかに発現するかが重要となる。特にナノフィラー分散系などでは単純な機械的な混合・分散操作だけでは良好な分散・分配状態を得るのが難しいため，ポリマーアロイ・ブレンド技術，フィラー表面処理技術，流動場（高せん断流動・伸長流動）などの成形加工技術などを組み合わせることにより，フィラー分散状態，配置，また相分離構造や共連続構造の形成，それらの形状や大きさ，さらにはフィラーの選択的分散などを実現するもので，これまでにはない高性能・高機能な材料開発が可能となる。本節では筆者らのグループが検討した多成分系複合材料を用いた高分子トライボマテリアルの開発例を中心に示す。

　図7にVGCF/PBT複合材料に第3成分となる各種スチレン系熱可塑性エラストマー（TPE）を添加した3成分系複合材料（VGCF/PBT/TPE）の各種物性と分散相粒径の関係を示す[39]。添加したTPEとしては，エポキシ基（EP），水酸基（OH）およびアミン基（NH_2）の各種反応性官能基が付与されたスチレン系TPEを用いたものである。図7(a)はノッチ付アイゾット衝撃強さ a_{iN}，また図7(b)はリングオンプレート型すべり摩耗試験（$P=150N$, $v=0.3m/s$, $L=1,500m$, 相手材はS45C）により求めた比摩耗量 V_s におけるTPE分散相の粒径依存性である。ここで，TPE分散相の粒径 d_v とは，VGCF/PBT/TPE中に分散するTPE相の粒径をSEM観察（および画像処理）により求めた体積平均径のことである。また，図中のアルファベットは官能基の種類を，その後に続く数字はVGCF充填量である。添加するTPEの種類やVGCF充填量によりTPE分散相の粒径 d_v は変化するが，アイゾット衝撃強さ a_{iN} は d_v が小さくなるほど良好な結果を示し，一般的なポリマーアロイ・ブレンド系の特徴を示す。しかしながら，比摩耗量

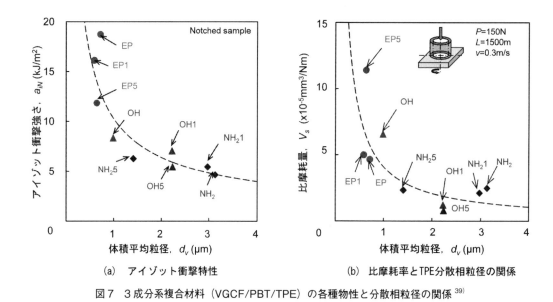

(a) アイゾット衝撃特性　　(b) 比摩耗率とTPE分散相粒径の関係

図7　3成分系複合材料（VGCF/PBT/TPE）の各種物性と分散相粒径の関係[39]

V_s は d_v が小さくなるほど大きくなる，すなわち耐摩耗性が低下する。したがって，機械的およびトライボロジー的性質のバランスがとれた材料を設計するためには，適切なモルフォロジーが存在することがわかる。

一方，モンモリロナイトなどの層状珪酸塩を充填材としたナノクレイ（Clay）充填系，特にポリアミド（PA，ナイロン）をマトリックス樹脂としたナノコンポジット（PA/Clay）についても，多成分系複合材料による高性能化が検討されている[24,40]。ここでは，TPEとしてスチレン系TPE（スチレン-エチレン/ブチレン-スチレン・コポリマー，SEBS）を用いた3成分系ナノコンポジット（PA6/Clay/SEBS）について，PA中のアミド基との反応を考慮し，SEBSには各種反応性官能基（マレイン酸変性，カルボン酸変性，アミン変性）を付与したものを用い，官能基の種類やTPE添加量がトライボロジー特性に及ぼす影響を検討したものである。図8に各種官能基を付与したPA6/Clay/SEBSのリングオンプレート型すべり摩耗試験（$P=200$N，$v=0.4$m/s，$L=2,100$m，相手材はS45C）の結果を示す[40]。基本的に摩擦係数 μ および比摩耗量 V_s ともに，SEBS添加量の増加に伴い，単調に低下し，かつ反応性官能基を付与していない未変性のSEBSが最も改善効果が大きいことがわかる。これらの結果も，TPE分散相の形状・大きさやフィラー分散状態などの材料内部構造（モルフォロジー）が変化するためである。

3.2　多成分系複合材料のトライボロジー的性質に及ぼす混練手順の影響

前節のVGCF/PBT/TPEやPA6/Clay/SEBSなどをはじめとした多成分系複合材料では，材料内部構造（充填材の分散状態やブレンド分散相の形状・大きさなど）は成形加工法により大きく変化するため，トライボロジー的性質をはじめとした各種物性も成形加工法の影響を強く受け

第13章 ナノコンポジットを用いたトライボマテリアル

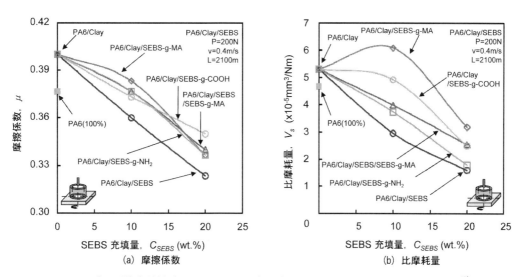

図8 3成分系複合材料(PA6/Clay/SEBS)の各種物性に及ぼすSEBS添加量の影響[40]

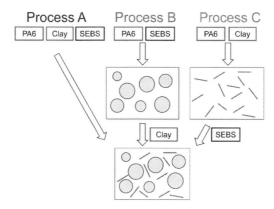

図9 3成分系複合材料(PA6/Clay/SEBS)の混練手順のイメージ図[43]

る[41,42]。本節では,PA6/Clay/SEBS-g-MA複合材料の物性に及ぼす溶融混練時における混練手順(材料投入手順)の影響を検討した結果を報告する[43]。ただし,SEBS-g-MAとはマレイン酸変性タイプのSEBSのことである。混練手順の影響として,3種類の試料調整手順を検討したものであり,A法はPA6,Clay,SEBS-g-MAの3種類全てを同時に混練する方法,B法はPA6とSEBS-g-MAを混練してPA6/SEBS-g-MAを調整した後,これにClayを後添加する2段階調整法である。C法も2段階調整法であるが,はじめにPA6/Clayを調整した後,SEBS-g-MAを後添加したものである。これらの成形法の概略図を図9に示す。図10に3成分系複合材料(PA6/Clay/SEBS-g-MA)の各種物性に及ぼす混練手順の影響を示す。ただし,図10(a)はアイゾット衝撃強さa_{iN}および図10(b)はリングオンプレート型すべり摩耗試験($P=200$N,$v=$

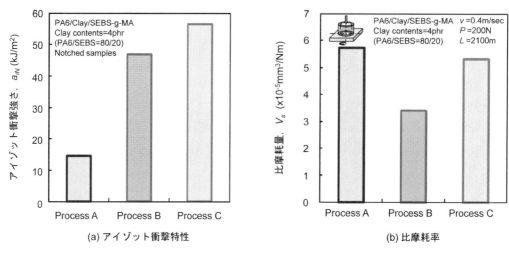

図10 3成分系複合材料（PA6/Clay/SEBS）の各種物性に及ぼす混練手順の影響[43]

0.4m/s，$L=2,100$m，相手材はS45C）により求めた比摩耗量 V_s である。アイゾット衝撃強さ a_{iN} はProcess A＜Process B＜Process Cの順であるのに対し，比摩耗量 V_s はProcess A＞Process C＞Process Bの順である。なお，図表は省略するが全ての系において同すべり摩耗試験による摩擦係数 μ は0.31程度であり，成形手順を変更してもほとんど影響を受けない。これらの結果から，混練手順変更は測定する各種物性により異なることがわかる，つまり，混練手順の変更により材料内部構造，特にTPE分散相の形状や粒径，VGCFの分散状態などが変化するためである。したがって，目的に応じた成形方法の選択が重要となることがわかる。

次に，3成分系複合材料（VGCF-X/PA6/SEBS）の各種物性に及ぼす混練手順の影響について論じる[44]。ただし，VGCF-XとはVGCFの1種であり，繊維径 $\phi=15$nm および繊維長 $l=3\mu$m である。混練手順の違いの影響を調べるために，5種類の混練手順方法を検討したものである。3成分を同時に溶融混練する一段階調整法による方法（Process A），そのA法を再混練する2段階調整法による方法（Process AR），またB～D法も2段階調整法であり，Process BはPA6とVGCF-Xを混練してVGCF-X/PA6を調整した後にSEBSを添加する方法，Process CはPA6とSEBSを混練してPA6/SEBSを調整した後にVGCF-Xを充填する方法，Process DはVGCF-XとSEBSを混練してVGCF-X/SEBSを調整した後にPA6を投入する方法である。これらの概略図を図11に示す。図12は，これら混練手順の違いがトライボロジー的性質に及ぼす影響である。図12(a)に示す摩擦係数 μ は混練手順の違いにより大きな差異は認められないものの，比摩耗量 V_s は混練手順の違いにより大きく変化する。特に，Process AR，BおよびDが最も V_s の改善効果が高いことがわかる。これらの混練手順はVGCFを2回溶融混練した系であり，その結果，母材中に分散するVGCFの分散性が向上し，バルクの機械的性質も変化したためである。ちなみに，VGCF/PBT/TPE系複合材料[45,46]やVGCF/PA6/SEBS複合材料[47]にお

第13章　ナノコンポジットを用いたトライボマテリアル

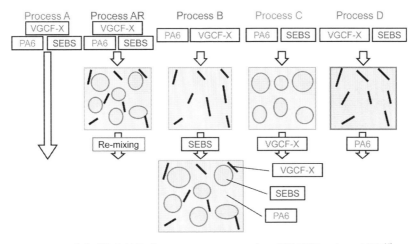

図11　3成分系複合材料（VGCF-X/PA6/SEBS）の混練手順のイメージ図[44]

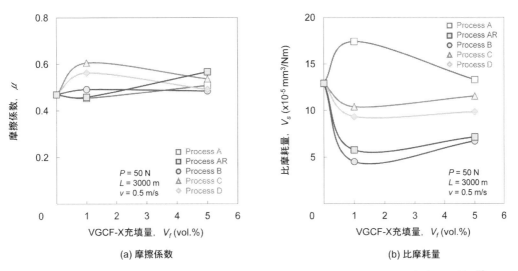

(a) 摩擦係数　　　　　　　　　　　　　(b) 比摩耗量

図12　3成分系複合材料（VGCF-X/PA6/SEBS）の各種物性に及ぼすVGCF-X充填量の影響[44]

いても混練手順がトライボロジー的性質に及ぼす影響が顕著に現れることが報告されており，多成分系複合材料を用いた高分子系トライボマテリアルの開発においては，十分な考慮が必要であることが示唆されている．

4　おわりに

本章では，ナノフィラー充填系ナノコンポジットを用いたトライボマテリアルについて，筆者らの検討結果を中心に，その概要を説明した．トライボロジー的性質は，ここで述べた材料その

ポリマーナノコンポジットの開発と分析技術

ものが有する特性はもちろんのこと，試験方法（試験機や形状），運動状態，荷重，摩擦速度，摩擦距離，相手材，表面粗さ，雰囲気環境（温度，湿度，大気中，ガス中，液中など），潤滑（有無，種類）など複数の因子が同時に影響を与えるため，注意する必要がある[6]。また，高分子系ナノコンポジットにおいては，材料固有の性質（組成，比重，硬さ，弾性率など）のみならず，マトリックス樹脂の分子量（その分布を含む），分子鎖構造や結晶構造はもちろんのこと，充填材の種類，サイズ（長さ，径，アスペクト比，それらの分布），充填材の分散状態・配向，充填量，表面処理，界面状態などに注意する必要がある。さらには成形加工（成形加工方法や成形条件の違い）に起因する高次構造（結晶構造や充填材配向など）が各種物性に及ぼす影響も強く現れるため，どのように成形され，どのような構造を有する材料なのかを把握することが何よりも大切なことである。今後，更なる検討が進められ，より高性能なナノコンポジットを用いたトライボマテリアルが開発されることが期待される。

文　　献

1) 山口章三郎，プラスチック材料の潤滑性，日刊工業新聞社（1981）
2) 渡辺真，関口勇，笠原又一，広中清一郎，高分子トライボマテリアル，共立出版（1990）
3) 関口勇，野呂瀬進，似内昭夫，トライボマテリアル活用ノート，工業調査会（1994）
4) 山口章三郎編，新版プラスチック材料選択のポイント第2版，日本規格協会（2003）
5) 広中清一郎，トライボロジスト，**53**, 712（2008）
6) 西谷要介監修，高分子トライボロジーの制御と応用，シーエムシー出版（2015）
7) 西敏夫，伊澤槙一，秋山三郎編，ポリマーABCハンドブック，NTS（2001）
8) A. Tanaka, K. Umeda, M. Yudasaka, M. Suzuki, T. Ohana, M. Yumura, S. Iijima, *Tribol. Lett.*, **19** 135（2005）
9) H. Chen, O. Jacobs, W. Wu, G. Rudiger, B. Schadel, *Polymer Testing*, **26**, 351（2007）
10) K. Enomoto, T. Yasuhara, S. Kitakata, H. Murakami, N. Ohtake, *New Diamond and Frontier Carbon Technology*, **14**, 11（2004）
11) P. Werner, V. Altstadt, R. Jaskulka, O. Jacobs, J. K. W. Sandler, M. S. P. Shaffer, A. H. Windle, *Wear*, **257**, 1006（2004）
12) M. C. Galetz, T. Blab, H. Ruckdaschel, J. K. W. Sandler, V. Altstadt, U. Glatzel, *J. Appl. Polym. Sci.*, **104**, 4173（2007）
13) M. H. Cho, S. Bahadur, *Tribol. Lett.*, **25**, 237（2007）
14) 西谷要介，平野雄貴，関口勇，石井千春，北野武，材料技術，**26**, 114（2008）
15) B. Wetzel, F. Haupeiit, K. Friedrich, M. Q. Zhang, M. Z. Rong, *Polym. Eng. Sci.*, **42**, 1919（2002）
16) L. Chang, Z. Zhang, C. Breidt, K. Friedrich, *Wear*, **258**, 141（2005）
17) L. Chang, Z. Zhang, H. Zhang, A. K. Schlarb, *Composi. Sci. Technol.*, **66**, 3188（2006）

18) G. Xian, R. Walter, F. Haupert, *Composi. Sci. Technol.*, **66**, 3199（2006）
19) G. Zhang, A. K. Schlarb, S. Tria, O. Elkedim, *Composi. Sci. Technol.*, **68**, 3073（2008）
20) G. Zhang, L. Chang, A. K. Schlarb, *Composi. Sci. Technol.*, **69**, 1029（2009）
21) P. Bhimaraj, D. L. Burris, J. Action, W. G. Sawyer, C. G. Toney, R. W. Siegel, L. S. Schadler, *Wear*, **258**, 1437（2005）
22) G. Srinath, R. Gnanamoorthy, *J. Mater. Sci.*, **40**, 2897（2005）
23) Q.-Y. Peng, P.-H. Cong, X.-J. Liu, T.-X Liu, S. Huang, T.-S. Li, *Wear*, **266**, 713（2009）
24) Y. Nishitani, K. Ohashi, I. Sekiguchi, C. Ishii, T. Kitano, *Polym. Composi.*, **31**, 68（2010）
25) 西谷要介，平野雄貴，北野武，関口勇，成形加工 '07，東京，97（2007）
26) 内藤貴仁，西谷要介，関口勇，北野武，成形加工 '08，東京，339（2008-9）
27) 西谷要介，伊藤純一，石井千春，関口勇，北野武，材料試験技術，**54**，12（2009）
28) 内藤貴仁，西谷要介，関口勇，石井千春，北野武，成形加工，**22**，35（2010）
29) 西谷要介，材料技術，**28**，263（2010）
30) 西谷要介，富樫翔，関口勇，石井千春，北野武，材料技術，**28**，292（2010）
31) M. Watanabe, M. Karasawa, K. Matsubara, *Wear*, **12**, 185（1968）
32) 相馬勲，フィラーデータ活用ブック，工業調査会（2004）
33) K. Itagaki, Y. Nishitani, T. Kitano, K. Eguchi, *AIP Conference Proceedings*, **1713**, 090003（2016）
34) S. Bahadur, *Wear*, **245**, 92（2000）
35) 井手文雄，界面制御と複合材料の設計，シグマ出版（1995）
36) 由井浩，ポリマー系複合材料−基礎・実践・未来−，プラスチックエージ（2005）
37) 漆川壮騎，西谷要介，北野武，日本トライボロジー学会トライボロジー会議予稿集東京，2012-5，169（2012）
38) 西谷要介，月刊トライボロジー，**312**，51（2013）
39) 内藤貴仁，西谷要介，関口勇，石井千春，北野武，成形加工，**22**，35（2010）
40) Y. Nishitani, Y. Yamada, I. Sekiguchi, C. Ishii, T. Kitano, *Polym. Eng. Sci.*, **50**, 100（2010）
41) 西谷要介，成形加工，**21**，371（2009）
42) 西谷要介，潤滑経済，**536**，25（2010）
43) 西谷要介，川原崇，関口勇，北野武，成形加工 '09，181（2009）
44) Y. Osada, Y. Nishitani, T. Kitano, *AIP Conference Proceedings*, **1713**, 120009（2016）
45) 鶴渕淳也，内藤貴仁，西谷要介，後藤芳樹，北野武，複合材料シンポジウム講演予稿集，**35**，159（2010）
46) J. Tsurubuchi, T. Naito, Y. Nishitani, Y. Goto, T. Kitano, Proceedings of International Tribology Conference Hiroshima 2011（ITC2011），P05-03, Hiroshima（2011）
47) 西谷要介，佐野将太，竹中裕紀，北野武，材料試験技術，**60**，164（2015）

第14章　有機・無機ハイブリッドナノ微粒子の創成

川口正剛*

1　はじめに

近年，有機・無機ハイブリッド材料に多くの関心が集まっている。これは高分子物質の利点である柔軟性，軽量，合成・設計の容易さおよび多様性と，無機物の利点である硬さ，高熱伝導性，高耐熱性，高屈折率などの特性を組み合わせることで，それぞれ単独では成し得ない特性が発現すると期待されるからである[1]。微粒子の分野においても有機・無機ハイブリッド化に関する研究例が活発化している[2〜5]。これは，高分子微粒子がすでに数十nmから数百nmあるいは数μmサイズに画分化（細分化）され高い比表面積をもっているため，これを無機物と混合することによって有機・無機ハイブリッド材料が水分散体の状態で比較的容易に得られることに関係する。

一方，高分子微粒子サイドから見渡すと従来の塗料やインキ，接着剤，樹脂改質材の分野はもとより，医療，情報，エレクトロニクスなどといった最先端の分野においても広く利用されてきており，今後ますます用途の拡大が進むものと期待される。また，近年では微粒子の1次元，2次元および3次元配列制御[2]やコロイド結晶を利用したフォトニック結晶，構造発色などについても活発に研究がなされている[6〜10]。このように，高分子微粒子の多岐にわたる用途に対して高分子微粒子の更なる高性能化および高機能化が強く望まれている。

高分子微粒子の機能化方法について方法論別にまとめたものを図1に示す。重合法，集積法，ピッカリングエマルション法の3つの方法に大別することができる。図1(a)に示すように重合法を用いる方法では，いわゆるシード乳化・分散重合法を用いて所望の機能を持った機能性モノマー，マクロモノマー，さらには最近では表面制御リビンググラフト重合法を用いてヘア層の長さや密度を精密に制御したコア－コロナ型の高分子微粒子が合成されている[11〜13]。また，大久保らの系統的な研究によって中空，コア－シェル，ラズベリー状，ディスク状，金平糖状，野イチゴ状，雪だるま状，お椀状，ゴルフボール状といった様々な異形形態を持つ高分子微粒子の合成やそれらの生成機構が明らかにされている[14]。高分子微粒子をシードに用いた表面ゾルゲル法はシリカ層で覆われた有機・無機ハイブリッド微粒子および熱処理による中空シリカ微粒子を与える[15,16]。さらに，微粒子内部に機能性物質を内包した高分子微粒子が，順相および逆相ミニエマルション重合法[17]およびミクロゲル微粒子内の無機物質の酸化還元反応によって合成されている[18]。

---

*　Seigou Kawaguchi　山形大学　大学院有機材料システム研究科　教授

第14章　有機・無機ハイブリッドナノ微粒子の創成

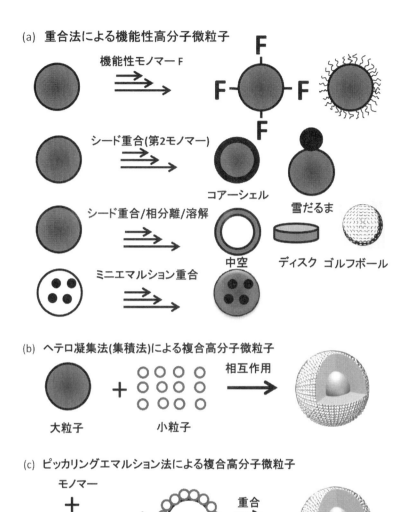

図1　機能性高分子微粒子の合成法
(a)重合法，(b)集積法，(c)ピッカリングエマルション法

　図1(b)には微粒子集積法（ヘテロ凝集法）について示した。この方法は大粒子（親粒子）と小粒子（子供粒子）間の相互作用を利用したものである。有機・無機ハイブリッド微粒子は主にこの方法を用いて合成され，一般にラズベリー状の複合微粒子が得られる。相互作用としては，従来の静電相互作用[19〜21]，異符号の高分子電解質を用いたLayer-by-Layer法[22]，疎水性相互作用[23〜25]および水素結合[26〜28]，共有結合[29]などが利用され，様々なハイブリッド微粒子が合成されている。この方法を用いると高分子微粒子と無機微粒子を比較的容易にハイブリッド化す

ポリマーナノコンポジットの開発と分析技術

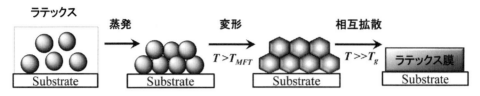

図2　透明ラテックス膜形成の模式図

ることができる。無機微粒子として TiO_2, SiO_2, 粘土, Fe_3O_4, Ag, Au, ZnS, CdS, CdTe, カーボンナノチューブなどを用いた系が既報されている[2]。このようなラズベリー状のハイブリッド微粒子は，ナノコンポジット化のビルディングブロックとして有用であるばかりでなく，微粒子状の凹凸を利用した超撥水剤など，表面ぬれ性制御剤としても注目されている[30]。

3番目の方法として図1(c)に示すようにピッカリングエマルション法があげられる[31]。乳化・分散安定剤として機能する無機微粒子として粘土, TiO_2, SiO_2 が用いられ，サブミクロンからミクロンサイズの有機・無機ハイブリッド微粒子が合成されている[2～4,32]。

このように高分子微粒子は高機能化を目指して様々な視点から進歩を遂げてきたが，屈折率制御などの光学特性に関する研究例は非常に少ない。特に高屈折率かつ高透明なラテックスフィルムが得られれば，透明材料や接着材等の分野において更なる用途拡大が図られると期待される。筆者らは最近，ジルコニア（ZrO_2）ナノ微粒子を利用した高分子材料の高屈折率化に興味を持ち研究を行っている。ZrO_2 は TiO_2 よりも屈折率の点で劣るが（$n=2.17$），優れた熱的および機械的特性，化学的に不活性などの特性に加え，吸収端も248nmであるため，より低波長領域までの透明性が期待されている。粒子径が可視光波長よりも十分小さな ZrO_2 ナノ微粒子（＜10nm）を高分子材料中にナノ分散できれば，透明かつ高屈折率な光学材料が合成できるものと期待される。事実，筆者らは透明な ZrO_2 水分散液からトルエン中に凝集することなく移動させる新規な表面処理化方法と，ポリスチレンやポリメタクリル酸メチルなどのバルク中に ZrO_2 を高含有量（80wt%）でナノ分散させることによって高透明かつ高屈折率な光学材料を合成することに成功している[33,34]。

本稿では，シングルナノサイズの ZrO_2 微粒子水分散液を用いて水系ラテックスフィルムの高屈折率化について筆者らの最近の取り組みについて紹介する。図2にはラテックス膜形成機構を示した。一般に透明なラテックス膜は水の蒸発，細密充填化，変形，および相互拡散の過程を経て形成される。高屈折率かつ高透明なラテックス膜を得るためには，微粒子を構成する高分子自体の屈折率を上げる方法と有機・無機ハイブリッド化の2つの方法が考えられる。前者の方法は硫黄やハロゲン，芳香族基などといった屈折率の高い原子および原子団を導入することによって達成できる。しかし，この方法では最低造膜温度（T_{MFT}）の増加，黄変，環境負荷等の観点からその適用範囲が狭くなると考えられる。これに対して図3に示すように，微粒子集積化方法（ヘテロ凝集）を利用して無機ナノ微粒子を高分子微粒子表面に集積する方法や，ミニエマル

第14章 有機・無機ハイブリッドナノ微粒子の創成

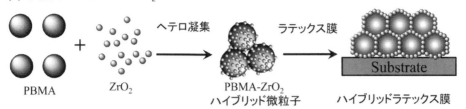

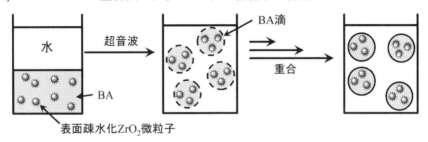

図3 ZrO₂ ハイブリッド微粒子の合成スキーム
(a)集積法，(b)ミニエマルション法

ション重合法を利用して微粒子内部にZrO₂微粒子をナノ分散させることによって高屈折率かつ高透明な有機・無機ハイブリッドラテックスが水系で簡便に得られるものと期待される。以下には，集積法とミニエマルション法による透明かつ高屈折率なハイブリッドラテックス膜の合成法について筆者らの研究を紹介する。

2 微粒子集積法を用いた透明ポリメタクリル酸ブチル−ZrO₂ハイブリッドラテックス膜の合成

ナノZrO₂微粒子は平均粒子径およそ6nm，ζ-電位は10mM NaCl中で+27mVの正に帯電したものを用いた。用いたZrO₂微粒子の透過型電子顕微鏡（TEM）写真を図4に示す。比較的単分散でシングルナノサイズの結晶性（高倍率において格子像が観察される）のZrO₂微粒子であることがわかる。このサイズの水分散液は目視的に透明である。親粒子はポリ（メタクリル酸ブチル）（PBMA）をモデル物質として用い，アニオン性，非イオン性，カチオン性のPBMAラテックスを用いた。アニオン性

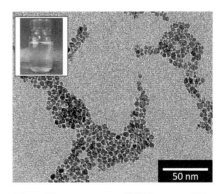

図4 用いたZrO₂ナノ微粒子のTEM写真

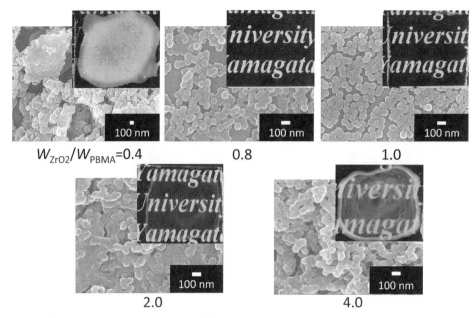

図5 PBMA-ZrO$_2$ ハイブリッド微粒子の SEM 写真およびラテックス膜の光学写真

の PBMA ラテックスは，界面活性剤にドデシル硫酸ナトリウム（SDS），開始剤に過硫酸カリウム（KPS）を用いて 70℃，メタクリル酸ブチル（BMA）の乳化重合によって合成した。SDS の量を調節することによって粒子径 417nm，204nm，114nm，78nm，74nm，59nm，55nm の 7 種類を合成した。これらの微粒子径を持つ PBMA 微粒子単独からはすべて透明なラテックス膜が得られた。図 5 には，平均粒子径 78nm の PBMA（ζ-電位 = −48mV）を親粒子に用いて ZrO$_2$ 量を変化させて集積化を行った時に得られる複合微粒子の走査型電子顕微鏡写真（SEM）およびラテックス膜（厚さおよそ 10μm）の光学写真を示す。ZrO$_2$ 量が PBMA 量に対して重量比で 0.4 の場合には水分散液の状態で激しく凝集が起こり，分散安定性が減少した。動的光散乱（DLS）から得られる平均粒子径はおよそ 4μm 程度まで増加し，得られたラテックス膜は不透明であった。しかしながら，ZrO$_2$ 量を PBMA 量に対して重量比で 0.8 および 1 まで増加させると，興味深いことに光学的（550nm における全光線透過率は ZrO$_2$ がない場合に比べて 95％ 以上）に透明なラテックス膜が得られることがわかった。この時の SEM 写真からハイブリッド微粒子は凝集状態ではなく比較的独立に存在している様子が観察された。また，DLS からの平均粒子径は 150～190nm 程度であり，PBMA 微粒子が数個集まった複合微粒子になっていることが示唆された。ZrO$_2$ 量を PBMA 量に対してさらに 2 倍および 4 倍と増加させると，ラテックス膜はある程度の透明性は維持しながら白濁する傾向にあった。すなわち，集積法を用いて透明なラテックス膜を得るためには適量の小粒子/親粒子の重量比（W_{ZrO2}/W_{PBMA}）が存在し，粒子径およそ 80nm の場合には重量比でおよび 0.8～1 程度であるといえる。

第14章　有機・無機ハイブリッドナノ微粒子の創成

　図6には,$W_{ZrO2}/W_{PBMA}=1.0$ で作成されたハイブリッド微粒子のエネルギーフィルターTEMを用いた炭素（赤色）とジルコニウム（緑色）の2次元マッピングを示す。期待されたように,PBMA親微粒子のコアの表面にZrO$_2$が濃縮されており,ラズベリー状の複合微粒子が形成されていることが分かる。

　図7にはZrO$_2$添加量に伴う複合微粒子のζ-電位（左軸）と平均粒子径（右軸）をプロットしたものを示す。ZrO$_2$添加量と共にζ-電位は-48mVから+40mVへと変化している様子が観

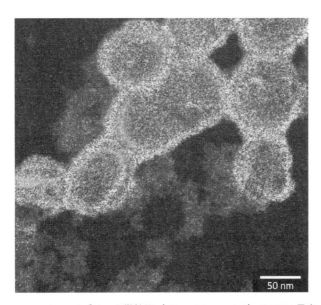

図6　PBMA-ZrO$_2$ ハイブリッド微粒子（$W_{ZrO2}/W_{PBMA}=1.0$）のTEM元素マッピング（炭素（赤）とジルコニウム（緑））
本図のカラー版を,シーエムシー出版のwebサイトにて公開しております。
http://www.cmcbooks.co.jp/user_data/colordata/T1022_colordata.pdf

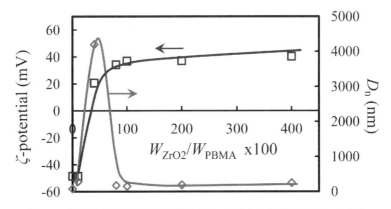

図7　ZrO$_2$添加量に伴う複合微粒子のζ-電位および微粒子径 D_n の変化

ポリマーナノコンポジットの開発と分析技術

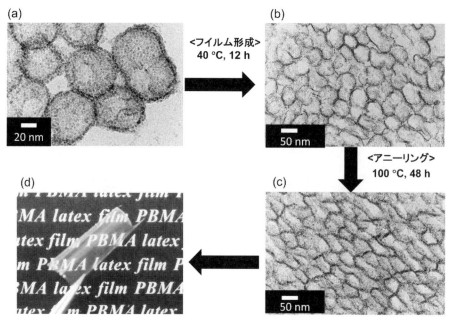

図8　PBMA-ZrO$_2$ ハイブリッド微粒子，ラテックス膜の TEM および光学写真
(a)PBMA-ZrO$_2$ ハイブリッド微粒子，(b)40℃で乾燥させた透明ラッテクス膜，(c)100℃，48時間アニーリング後の透明ラテックス膜，(d)ラテックス膜（厚さ100μm）の光学写真

察された。これはもともと負に帯電していた PBMA 微粒子表面に正帯電の ZrO$_2$ が静電相互作用によって集積したためである。一方，平均粒子径は ZrO$_2$ 添加量と共に最初大きく増加し，最大値（4.2μm）を示した後は急激に減少し，分散安定なサブミクロンサイズのハイブリッド微粒子が形成されている様子が観察された。しかし，平均粒子径は元の粒子径（78nm）までは戻らず，元の粒子径の2～3倍程度のサイズ（150～180nm）で安定に分散していた。ζ-電位および平均粒径の ZrO$_2$ 量依存性から，ZrO$_2$ ナノ微粒子は PBMA 微粒子表面に集積し，ZrO$_2$ 微粒子で覆われたラズベリー微粒子が形成しているものと考えられる。ラテックスフィルムが透明になった ZrO$_2$ 量比が0.8～1はζ-電位が＋側で安定になり，微粒子径もサブミクロンサイズで分散安定になったところと関係しているものと考えられる。

図8には PBMA-ZrO$_2$ ハイブリッド微粒子（PBMA（粒子径78nm）に対して W_{ZrO2}/W_{PBMA} = 1），40℃で12時間フィルム形成させたラテックス膜，および100℃で48時間熱処理を行ったラテックス膜の超薄切片の TEM 像，さらには同じ条件で厚さ100μmになるように調整して作成したラテックス膜の光学写真を示す。PBMA 微粒子表面上にナノ ZrO$_2$ 微粒子が分散型でかつ高密度で集積し，ラズベリー状の複合微粒子が形成されていることがわかる（図7(a)）。また，それを用いて40℃でラテックス膜を形成すると緻密な連続膜が形成されていることが観察された（図7(b)）。さらに，PBMA 微粒子間界面にナノ ZrO$_2$ が束縛・濃縮されており，100℃のアニー

第14章 有機・無機ハイブリッドナノ微粒子の創成

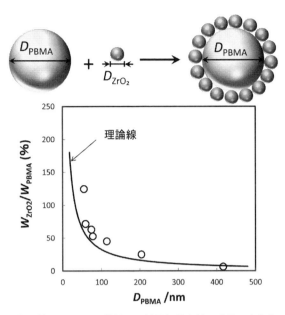

図9 ZrO_2の最大吸着量のPBMA微粒子の粒子径依存性。実線は(1)式からの理論曲線

リング後も厚さおよそ8nm程度ZrO_2微粒子層が残存している様子が観察された（図7(c)）。熱処理後もラテックス膜は透明であったことからZrO_2微粒子間同志の凝集は起こっていないものと考えられる。また，厚さ$100\mu m$程度の透明かつ自立性のある透明なPBMA-ZrO_2ハイブリッドラテックス膜が形成可能であった（図7(c)）。

図9には，PBMA微粒子表面上に吸着したZrO_2の最大吸着量の値（W_{ZrO2}/W_{PBMA}（%））をPBMAの粒子径D_{PBMA}に対してプロットしたものを示す。ZrO_2の最大吸着量は遠心分離操作を数回繰り返し，ハイブリッドラテックスのみを単離精製を行い，乾燥後，熱重量分析から決定した。ZrO_2の最大吸着量は親粒子の粒子径D_{PBMA}の増加と共に急激に減少していることが分かる。図9の上に示すような直径D_{PBMA}を持つPBMA粒子の全表面積が直径D_{ZrO2}からなる微粒子で丁度覆われたような単純な幾何学モデルを考える。この場合，(1)式の関係が成り立つ。

$$\frac{W_{ZrO2}}{W_{PBMA}}(\%) = \frac{4D_{ZrO2}}{D_{PBMA}} \frac{\rho_{ZrO2}}{\rho_{PBMA}} \times 100 \tag{1}$$

ここでρ_iはi種の密度である。表面に吸着しているZrO_2量はPBMA微粒子の粒子径に反比例の関係にある。また図9の実線は，$D_{ZrO2}=6nm$，$\rho_{ZrO2}=5.96 gcm^{-3}$，$\rho_{PBMA}=1.10 g\ cm^{-3}$の値を使って計算した理論曲線である。単純なモデルであるにも関わらず，実験結果を良く説明していると思われる。図5，8において透明なハイブリッドラテックス膜が得られたZrO_2量（80〜100%）は最大吸着量よりも高いところにある。これは，ラテックス膜では微粒子が多面体へと変化することによってZrO_2を受け入れる表面積がさらに増加したことに対応しているものと考えられる。

ポリマーナノコンポジットの開発と分析技術

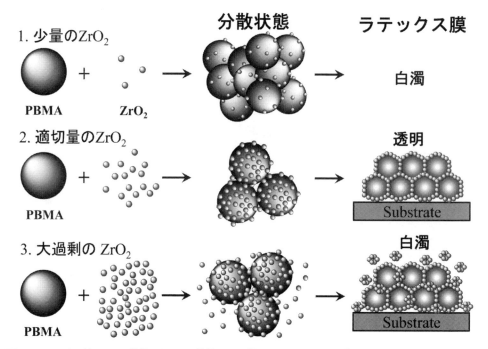

図10 アニオン性PBMA微粒子とZrO₂微粒子から得られるラテックス膜の透明性に関してまとめた図

　一般に，高分子中に屈折率が異なる異物が混合すると散乱が生じ結果として不透明化するのが常である。しかし本研究で得られた結果は加える異物のサイズを10nm以下まで小さくして，かつ高分子中あるいは薄膜中で凝集することなくナノ分散できれば，透明なハイブリッドフィルムが得られるということを意味している。本研究においては水中，高分子微粒子表面にZrO_2ナノ微粒子をナノ集積化し，さらにそのようなハイブリッド微粒子をガラス基板表面に集積・緻密化を行うことによって達成できたものと考えられる。

　図10は集積法による透明なハイブリッドラテックス膜の形成に関してまとめたものである。PBMA微粒子の全表面積に比べ加えたZrO_2の全表面積が小さい場合には，激しい凝集が起こり結果として白濁したラテックス膜が得られる。PBMA微粒子の全表面積が覆われる程度若しくはそれ以上のZrO_2が加えられた場合には，PBMA粒子が2，3個つながったラズベリー状のハイブリッド微粒子が生成し，透明なハイブリッドラテックス膜が生成する。一方，大過剰のZrO_2量では過剰のZrO_2が乾燥後ラテックス膜内で凝集するために白濁したものと考えられる。

　本研究の集積化の主な相互作用は静電相互作用である。このことを確かめるために非イオン性の界面活性剤エマルゲン1150S-60と非イオン性の水溶性開始剤2,2'-azobis[2-methyl-N-(2-hydroxyethyl) propionamide] V-086を用いて乳化重合を行い，粒子径87nm，ζ-電位－3.8mVの非イオン性のPBMA微粒子を合成した。また，界面活性剤として臭化セチルトリメチルアンモニウム塩，カチオン性開始剤2,2'-azobis（2-methylpropionamidine）dihydrochloride

第14章 有機・無機ハイブリッドナノ微粒子の創成

図11 PBMA微粒子とZrO₂とから得られるラテックス膜の光学写真
(a)カチオン性PBMA；(b)非イオン性PBMA

V50を用いて乳化重合を行い，粒子径119nm，ζ-電位+35mVのカチオン性PBMA微粒子を合成した。図11にはそれらとZrO₂微粒子から得られるハイブリッドラテックス膜の光学写真を示す。いずれのZrO₂量においても不透明なラテックス膜が得られた。以上の結果より，本研究における集積法による透明ハイブリッドラテックス膜の形成には，静電的な相互作用が重要な役割を果たしているものと結論される。

透明なハイブリッドラテックス膜に関して632.8nmの波長で屈折率およびアッベ数の測定を行った。結果を図12に示す。ZrO₂の体積分率ϕ_{ZrO2}（％）は以下の式から計算した。

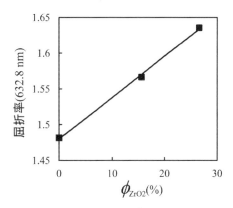

図12 PBMA-ZrO₂ハイブリッドラテックス膜の屈折率とZrO₂の体積分率ϕ_{ZrO2}（％）との関係

$$\phi_{ZrO2} = \frac{\dfrac{W_{ZrO2}}{\rho_{ZrO2}}}{\dfrac{W_{ZrO2}}{\rho_{ZrO2}} + \dfrac{W_{PBMA}}{\rho_{PBMA}}} \times 100 \tag{2}$$

PBMA単独のラテックス膜の屈折率は1.4816，ハイブリッドラテックス膜の屈折率は$W_{ZrO2}/W_{PBMA}=1$で1.5665，アッベ数は51.5，$W_{ZrO2}/W_{PBMA}=2$で1.6356，アッベ数は50.3であった。屈折率はϕ_{ZrO2}と共に直線的に増加する様子が観察された。以上，集積化による有機・無機ハイブ

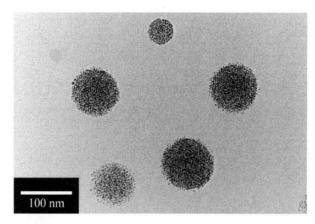

図13 疎水化 ZrO_2 とブチルアクリレート（BA）とのミニエマルション共重合によって得られたハイブリッド微粒子の TEM 写真

リッド化によって透明性を維持しながらラテックス膜の光学特性を制御できる可能性が見いだされた。ハイブリッドラテックス膜内では屈折率が大きく異なる PBMA と ZrO_2 が規則構造をもって配列した構造をとっており，そのような膜の光学特性にも興味が持たれる。

3 ミニエマルション法による ZrO_2 内包高分子微粒子の合成

集積法は高分子微粒子の外側に機能性微粒子を集積する方法である。これに対して微粒子内部にも ZrO_2 を内包することが可能である。図3(b)に示したミニエマルション法である。この方法を用いた場合，モノマー滴内に ZrO_2 微粒子をナノ分散させる必要がある。以前の研究で，様々な表面処理剤を用いて水中にナノ分散している ZrO_2 微粒子の疎水化処理の検討を行ったところ，炭素数4以上のカルボン酸を加え，さらにトルエン／メタノールを用いた溶媒交換法を用いることによってトルエン中に凝集することなくナノ分散できる疎水化処理法を見いだした[33, 34]。この方法で表面処理した ZrO_2 は乾燥後も様々な有機溶媒に再ナノ分散でき，透明な分散液を与える。

1例として，メタクリル酸とヘキサン酸を重量比で4：6，ZrO_2 に対して30wt%で疎水化処理した ZrO_2 を用いた。モノマーとしてアクリル酸ブチル（BA）を用い，BA 中に疎水化した ZrO_2 を60wt%ナノ分散させ，ヘキサデカンをハイドロホーブとしてミニエマルション重合を行った。その時得られたハイブリッドラテックスの TEM 写真を図13に示す。ZrO_2 が凝集することなく PBA 微粒子内でナノ分散している様子が観察される。ヘキサン酸だけで疎水化した ZrO_2 を用いた場合には，微粒子内部で ZrO_2 が凝集した構造になっていた。高分子微粒子内部で ZrO_2 をナノ分散させるためには重合官能基を有するメタクリル酸が必要であった。PBA 微粒子内部で ZrO_2 を架橋点としたネットワーク構造が重合中 ZrO_2 微粒子間の凝集を抑制しているものと考え

第14章 有機・無機ハイブリッドナノ微粒子の創成

られる。また，このハイブリッド微粒子から非常に透明性の高いラテックス膜が得られることも分かった。

4 おわりに

本稿ではラテックス膜の屈折率などの光学特性を制御するための2つの方法について筆者らの研究結果を中心に解説した。1番目の方法は微粒子集積法を利用したものである。100nm程度の高分子微粒子形状を積極的に利用することによって新規な有機・無機ナノハイブリッド光学材料の創製に繋がるものと期待される。2番目の方法は，ミニエマルション重合法を利用したものである。これらの方法を用いることによって高分子の弱点である屈折率の向上が期待される。本稿が高分子微粒子の光学特性を制御する方法としてお役にたてれば幸いである。

謝辞

エネルギーフィルターTEM測定に関してご助言およびご指導を頂いた，独立行政法人産業技術総合研究所ナノテクノロジー研究部門堀内伸博士に深謝申し上げます。本研究は，文部科学省科学研究費補助金新学術領域研究「元素ブロック高分子材料の創出」（領域番号2401）／課題番号JP25102506およびJP15H00721を受けて行われた。

文　献

1) 中條善樹監修"有機-無機ナノハイブリッド材料の新展開"，シーエムシー出版 (2009).
2) T. Wang, J. L. Keddie, *Adv. Colloid Interface Sci.*, **147-148**, 319 (2009).
3) H. Zou, S. Wu, J. Shen, *Chem Rev.*, **108**, 3893 (2008).
4) J. A. Balmer, A. Schmid, S.P. Armes, *J. Mater. Chem.*, **18**, 5772 (2008).
5) F. Caruso, *Chem. Eur. J.*, **6**, 413 (2000).
6) M. Ishii, H. Nakamura, H. Nakano, A. Tsukigase, M. Harada, *Langmuir*, **21**, 5367 (2005).
7) M. Ishii, H. Nakamura, H. Nakano, A. Tsukigase, M. Harada, *Langmuir*, **21**, 8918 (2005).
8) M. Ishii, H. Nakamura, *Langmuir*, **21**, 11678 (2005).
9) Y. Hongta, J. Peng, J. Bin, *J. Colloid Interface Sci.*, **370**, 11 (2012).
10) C. Hailin, Y. Bing, S. Z. Xiu, *Optics Express*, **19**, 12799 (2011).
11) M. Husseman, E. E. Malmstrom, M. McNamara, M. Mate, D. Meccerreyes, D. G. Benoit, J. L. Hedrick, P. Mansky, E. Huang, T. P. Russell, C. J. Hawker, *Macromolecules*, **32**, 1424 (1999).
12) W. X. Huang, J. B. Kim, M. L. Bruening, G. L. Baker, *Macromolecules*, **35**, 1175 (2002).
13) C. Z. Li, B. C. Benicewicz, *Macromolecules*, **38**, 5929 (2005).
14) 大久保政芳，"総論－高分子微粒子の精密合成反応"，蒲池幹治，遠藤剛，岡本佳男，福田

猛監修,"新訂版ラジカル重合ハンドブック", p.358, NTS (2010).
15) I. Tissot, C. Novat, F. Lefebvre, E. Bourgeat-Lami, *Macromolecules*, **34**, 5737 (2001).
16) I. Tissort, J. P. Reymond, F. Lefebvre, E. Bourgeat- Lami, *Chem. Mater.*, **14**, 1325 (2002).
17) K. Landfester, *Top. Curr. Chem.*, **227**, 75 (2003).
18) D. Suzuki, H. Kawaguchi, *Colloid Polym. Sci.*, **284**, 1443 (2006).
19) K. Furusawa, C. Anzai, *Colloid Polym. Sci.*, **265**, 882 (1987).
20) R. H. Ottewill, A. B. Schofield, J. A. Waters, N. St. J. Williams, *Colloid Polym. Sci.*, **275**, 274 (1997).
21) F. Caruso, R. A. Caruso, H. Mohwald, *Chem. Mater.*, **11**, 3309 (1999).
22) R. A. Caruso, A. Susha, F. Caruso, *Chem. Mater.*, **13**, 400 (2001).
23) K. Yamaguchi, T. Taniguchi, S. Kawaguchi, K. Nagai, *Colloid Polym. Sci.*, **282**, 684 (2004).
24) M. Watanabe, S. Kawaguchi, K. Nagai, *Colloid Polym. Sci.*, **285**, 1139 (2007).
25) T. Taniguchi, T. Ogawa, Y. Kamata, S. Kobaru, N. Takeuchi, M. Kohri, T. Nakahira, T. Wakiya, *Colloids Surf. A.*, **356**, 169 (2010).
26) R. Li, X. L. Yang, G. L. Li, S. N. Li, W.Q. Huang, *Langmuir*, **22**, 8127 (2006).
27) J. Y. Wang, X. L. Yang, *Colloid Polym. Sci.*, **286**, 283 (2008).
28) H. Minami, Y. Mizuta, T. Suzuki, *Langmuir*, **29**, 554 (2013).
29) N. Puretskiy, L. Ionov, *Langmuir*, **27**, 3006 (2011).
30) W. Ming, D. Wu, R. van Benthem, G. de With, *Nano Lett.*, **5**, 2298 (2005).
31) T. Chen, P. J. Colver, S. A. F. Bon, *Adv. Mater.*, **19**, 2286 (2207).
32) A. Schrade, Z. Cao, K. Landfester, U. Ziener, *Langmuir*, **27**, 6689 (2011).
33) 川口正剛, コンバーテック, 108 (2013).
34) 一条祐輔, 松本睦, 箱崎翔, 榎本航之, 西辻祥太郎, 鳴海敦, 川口正剛, ケミカルエンジニアリング, **57**, 60 (2012).

ポリマーナノコンポジットの開発と分析技術

2016年9月30日　第1刷発行

監　　修　岡本正巳　　　　　　　　　　　　　（T1022）
発行者　辻　賢司
発行所　株式会社シーエムシー出版
　　　　東京都千代田区神田錦町1-17-1
　　　　電話 03(3293)7066
　　　　大阪市中央区内平野町1-3-12
　　　　電話 06(4794)8234
　　　　http://www.cmcbooks.co.jp/
編集担当　伊藤雅英／廣澤　文

〔印刷　あさひ高速印刷株式会社〕　　　　©M. Okamoto, 2016

落丁・乱丁本はお取替えいたします。

本書の内容の一部あるいは全部を無断で複写(コピー)することは，法律で認められた場合を除き，著作権および出版社の権利の侵害になります。

ISBN978-4-7813-1178-4　C3043　¥64000E